# 동강 아리랑


동강 아리랑

# 동강 아리랑

수문 주말시리즈 18

진용선 씀

수문출판사

**내가** 처음으로 동강을 마음에 담게 된 것은 20여년 전인
고등학교 2학년 때라 생각된다.
동강 근처에서 자란 친구를 따라 어렵게 찾아간 곳은 정선
신동읍 고성리였다. 길조차 제대로 나지 않아 숲을 헤치고
산성에 이르렀을 때 다가온 적막감. 그 날을 아직도 나는 잊지
못한다. 난생 처음으로 산성에 올랐는데도 불구하고 나는
자유롭지 못했다. 멀리서 나를 내려다보는 깎아지른 듯한 절벽이
너무 크게 느껴졌다.
 그 후 여러 해가 지나 다시 찾은 산성에서 그 절벽은 사랑스런
눈으로 나를 내려다보고 있음을 알 수 있었다. 나는 이미 그 품
속에 있었기 때문이다. 눈을 비비고 사방을 둘러볼 때 역사 속에
깃든 아름다움도 조금씩 볼 수 있었다. 강을 차지하기 위해 뺏고
빼앗기는 싸움을 되풀이했을 신라와 고구려 사람들의 거친
숨소리를 느낄 수 있었다. 그 때 부터 틈만나면 산성에 올라
굽이굽이 휘돌아 치닫는 동강을 바라보며 풀벌레 소리,
바람소리에 귀를 기울였다. 소골 마을 앞 몽돌밭에 누워서는
여울에 감기는 물소리를 음악처럼 들을 수 있었다. 동강에서
화려한 꿈이 달아나고 잃어버렸던 꿈에 차츰 젖기 시작했다.
 동강은 참으로 단아한 강이다. 적어도 영월댐 문제로 언론에
뜨기 시작하기 전까지만 해도 고요했다. 사람들은 물론 풀 한
포기까지도 강이 주는 너그러움 속에서 살았다. 그 뿐 만이
아니다. 물길을 타고 서울로 내려가던 떼군들의 구구절절한
아라리가 골골이 배어있는 강이다. 그러한 모습들이 좋아 강마을
역사와 땅이름과 옛이야기를 꼼꼼히 기록하기 시작했다.
살아가는 모습 하나하나를 필름에 담고, 어려울 때 힘이
되어왔던 소리들을 녹음했다. 그저 한 번 들러서 뒷짐 짚고
바라보는 감성과 동정의 눈길에서가 아니라 질곡의 삶에

다가가고 싶은 마음에서였다. 댐 건설을 두고 찬반으로 나눠진
마을 사람들의 갈등이 불거지면서 마음의 상처가 더 깊어지진
않을까 걱정하기도 했다. 그러나 동강이 더 이상 인간의
이기(利己)나 속기(俗氣)의 희생물이 되어서는 안된다는 생각은
예나 지금이나 조금도 변함이 없다.

『동강 아리랑』에 실린 글들은 지난 1988년부터 조사한 내용과
1997년부터 국립민속박물관 영월댐 수몰지 유적조사 보고서를
쓰면서 정리한 내용을 대폭 보완하고 수정해 놓은 것들이다.

 나는 이 책이 동강을 바로 이해하고 강마을 사람들의 심성을
살피는데 조그만 보탬이 되길 바란다. 더불어 이러한 이해와
사랑을 통해 후손에게 옛 모습 그대로 흐르는 동강이
되었으면 한다.

 이 책이 나오기까지에는 많은 분들의 도움이 컸다. 동강이라는
인연으로 만난 이들에서부터 아리랑이란 인연으로 만난 이들
모두에게 감사를 드린다. 그리고 이 책의 출판을 선뜻 허락해 준
수문출판사 이수용 사장님의 배려에 감사를 드린다.

우이령보존회 부회장으로 동강 살리기에 남다른 애착을 갖고
몸으로 뛰는 분이기에 나의 과문함이 더더욱 부끄러워진다.

1999년 5월 아리랑학교에서

진 용 선 씀

# 차례

# 1. 동강의 역사와 개관

# 1.동강의 개관

## 천혜의 비경 동강의 수난

작지만 너무나도 아름다운 강, 사람들은 동강(東江)을 가르켜 비경이라고 말한다. 지도를 펼쳐보면 정선에서 영월까지 푸르른 실금 하나로 구불구불 그어진 강, 이름 조차 낯선 동강이 이렇게 시끌벅적 세간의 관심을 끌게 된 것은 바로 영월댐이 들어선다는 이야기가 나오기 시작하면서 부터다.

1993년 초부터, 건설부는 남한강에서 발생하는 홍수를 막을 수 있고 2천년 이후 발생하는 물부족 현상을 해소하기 위해 동강 하류인 영월읍 거운리에 길이 325미터, 높이 98미터, 저수용량 7억여 톤 규모의 다목적 댐 공사를 착공하여 2001년에 완공한다고 1996년도에 발표했다.

1990년 읍내가 수몰되는 등 호된 물난리를 겪은 동강 하류 영월 주민들은 이때까지만 해도 영월댐 건설에 누구도 반대하지 않았다. 오히려 군 번영회와 단체들이 나서서 조속한 건설을 주장했다. 하지만 동강 상류인 정선에선 읍소재지가 수몰된다며 대규모 반대시위를 하곤 했으나 오래가지 못했다. 해가 가면서 댐 건설에 찬성하던 영월 주민들이 차츰 생각을 바꾸기 시작했다.

영월댐의 안전성 문제와 환경 문제에 뒤늦게 눈을 돌리기 시작하면서 댐 반대운동이 시작된 때도 이 무렵이다. 하지만 순박한 강마을 사람들에게 시련이 닥친 것도 이때부터다. 이미 충주댐이나 용담댐 등 다른 곳에서 보상을 받아 부를 거머쥔 외지인과 묘목 상인들의 부추김이 시작되었다.

보상금이라고 해야 농가부채를 갚고 나면 그만인 강마을 사람들에게 유혹은 현실로 다가왔다. 대대로 부쳐오던 밭은 물론 자투리 땅에도 빚을 내어 배나무 사과나무 등의 유실수나 화훼를 빼곡히 심었다. 곧 쓰러져갈 것 같던 빈 집도 깔끔하게 수리를 했다. 그리곤 보상받을 날짜만을 손꼽아 기다렸다.

그러나 1996년 부터 미미하게 일기 시작한 댐 반대 움직임이 전국적인 이슈로 등장하면서 강마을 사람들은 자기의 이해 득실에 따라 갈등을 빚기 시작했다.

1998년에는 국회의원들도 댐 건설 전면 재검토를 촉구하는 결의안을 국회에 제출했고 종교인, 예술인 등 각계 각층에서도 잇따라 반대 성명서를 냈다. 환경부 조차 영월댐 환경영향 평가서의 내용이 부실하다며 승인을 하지않자 댐 건설 반대 운동은 가속도가 붙기 시작했다. 지난 1998년 부터는 영월댐 문제가 전국적인 이슈로 등장하면서 댐반대 움직임은 절정에 달해 전 국민 80퍼센트 가까이가 반대하고 있다. 동강이 속해있는 정선 김원창 군수와 영월 김태수 군수도 댐 건설 반대를 공식 발표했고, 강원도 김진선지사도 1999년 4월 영월댐 건설 반대를 공식적으로 발표하고 나섰다.

그러나 안정성과 생태계 보존에 심각한 결함을 안고 있다는 온갖 반대 여론에도 불구하고 건설부는 아직도 영월댐 건설을 밀어부치기 식으로 추진하려는 움직임을 보이고 있다.

댐건설을 두고 이러쿵 저러쿵하는 가운데 동강이 서서히 언론에 뜨면서 하루가 달리 태초의 고요함과 멋이 사라져 가고 있다. 발빠른 레저 업자들은 '사라질 비경' 등을 운운하며 동강으로 몰려들었다. 몇년 전까지 한 두 곳에 불과하던 레프팅 업체가 우후죽순 격으로 난립해 돈벌이에 나섰다. 주말이면 동강 입새는 관광버스와 차량과 사람으로 뒤섞였다. 동강의 비경을 찾아 온 사람들도 환경은 뒷전이었다.

강변으로 찻길이 나면서 강변에 널린 꽃들과 나무들을 뿌리채 캐간다. 동강이 사람의 손길을 타면서 '엄마야, 누나야 강변 살자' 는 동요도 더 이상 그리움을 자아내지 못한다. 수달이 물을 드나들고 호사비오리나 원앙

등이 노닐던 동강에는 호젓하던 모습이 사라져갔다. 동강이 언론에 뜨기 시작하면서 부터 고요한 정적이 유유하게 흐르던 강가에서 가슴 설레던 모습은 옛 이야기가 되어 버렸다.

## 선사유적과 민속의 보고(寶庫)

예로부터 남한강 수계에 속하는 동강은 이렇게 요란스런 강이 아니었다. 태백산에서 시작하여 임계쪽을 두루 휘돌아 흐르는 골지천과 평창 발왕산 쪽에서 시작되는 송천이 정선 북면 아우라지에서 만나 조양강(朝陽江)이라는 이름으로 흐른다.

조양강은 흐르면서 오대천과 동대천을 달고 흘러 정선읍 가수리에 이르러서야 비로소 동남천 물줄기와 만나 동강이 된다.

가수리에서 굽이 돌아 51킬로미터를 흘러 영월읍에서 다시 평창쪽에서 흘러오는 서강(西江)과 만나 남한강이라는 이름으로 단양, 충주, 여주를 거쳐 서울에 이르고 멀리 황해 바다로 달음질 친다.

이렇듯 지금은 정선읍 가수리에서 영월까지를 동강이라 하고 정선 북면 아우라지에서 가수리까지를 조양강으로 구분하지만 조선시대에 간행된 『신증동국여지승람(新增東國與地勝覽)』에는 지금의 조양강을 '대음강(大陰江)'으로 표기해 놓았다. 그러나 『여지도서(與地圖書)』등 조선 후기의 문헌 등에는 조양강을 '동강(桐江)'으로 기록해 놓았고, 지금의 동강은 '연촌강(淵村江)'이라고 해 강의 특성에 따라 기록해 놓았다. 따라서 현재 사용되는 '동강(東江)'이라는 이름은 일제시대에 행정구역을 개편하면서 동서남북 식의 지류에 따른 편의에 의해 생겨난 것으로 보인다.

하지만 이와는 달리 정선에서 영월로 내려가던 떼꾼들은 정선 아우라지에서 영월까지의 물길을 뭉뚱그려 '골안'이라고 했다.

제 이름을 잃고 흐르는 동강은 선사시대부터 하나 둘씩 사람들이 몰려들어 터를 일구고 살던 강이었다. 이런 까닭에 강 일대는 아득한 옛날부터 살아 온 사람들의 흔적이 곳곳에서 되살아난다. 정선군 신동읍 운치리, 덕천리, 고성리 일대는 빗살무늬토기 조각, 민무늬토기 등이 출토된 신석기시대 유적지가 즐비해 역사의 산 교육장이 되고 있다. 또 정선읍 가

정선에서 영월로 흐르는 동강 물길이 한눈에 들어오는 『대동여지도』

수리, 굴암리, 신동읍 운치리, 덕천리, 고성리 등지에는 고인돌 군락 등의 청동기시대 유적과 적석총 등 아직 조사되지도 않은 철기시대 유적이 산재한 선사유적의 보고이기도 하다.

동강 굽이 마다 발견되는 고인돌은 선사시대부터 사람들이 살아온 역사를 말해 준다

마을 곳곳에 남아 있는 십여기가 훨씬 넘는 고인돌은 이들이 살아 온 역사와 살아 온 모습 등을 가늠케 해 준다.

이와 함께 영월읍 삼옥리 완택산성과 신동읍 고성리에 있는 고성리산성은 그 옛날 한강 상류

동강 지역 주민들만이 만들어 쓰던 환경친화적인 섶다리

인 동강 지역을 확보하기 위해 얼마나 치열한 싸움을 했는가를 묵묵히 말해주는 역사의 터전이기도 하다. 이렇게보면 동강 일대는 전부가 선사유적의 보고요 살아있는 역사박물관이라고 해도 과언은 아니다.

동강은 선사유적의 보고일 뿐만 아니라 민속의 보고이기도 하다. 30여년 전까지만 해도 강변 곳곳에 오순도순 마을을 이루고 살던 사람들은 옥수수, 감자, 콩 등이 주식이 되다시피 했다. 논농사는 아예 엄두도 내지 못하다보니 쌀밥은 아이를 낳고서나, 큰일 때 한 술 먹어보는게 고작이었다. 오죽하면 동강에서 산 사람들은 평생 쌀 한말도 못먹고 죽었다고 했을까. 아직까지도 동강 주변 마을에서 맛볼 수 있는 가수기, 콩등치기, 올창묵과 같은 옛 음식을 통해 버거웠던 식생활의 일부분을 살필 수 있다. 또한 강마을 사람들이 의지하고 살아왔던 성주, 안택 등의 민간신앙에서부터 아플 때 이를 퇴치하기 위해 썼던 민속적 민간의약에 이르기까지의

모습이 다른 곳과는 달리 원형을 잃지 않고 고스란히 남아 있다.

해마다 가을걷이가 끝나면 강 건너 마을을 오가기 위해 섶다리를 놓는 일도 벌써 수대째 되풀이하고 있다. 마을 주민들이 모여 두래로 놓는 다리, 이듬 해 봄 큰 물에 떠내려 갈 때까지 마을과 마을을 이어주는 한해살이 다리로 지금은 동강을 제외하곤 그 모습을 쉽게 찾아볼 수 없는 다리다.

이러한 강에는 쏘가리 등 온갖 종류의 물고기가 풍부했기에 어려서부터 고기를 잡아 허기진 배를 채웠다. 나무뿌리나 돌을 이용해 물고기를 기절시키기도 하고 통발을 만들어 고기를 잡기도 했다. 아직까지 동강에서 볼 수 있는 수많은 어로방식은 오랜 옛날부터 이어져 내려온 것이 대부분이다.

평화롭기만 하던 동강이 북적대기 시작한 때는 조선시대 경복궁 중수 때로 거슬러 올라간다.

임진왜란 때 불타버린 채 방치되었던 경복궁을 1867년 대원군이 나서서 중수를 하기 시작했으나 이듬해 재목장에서 큰 불이 나 대원군은 전국의 원목 산지에 재목을 급히 보낼 것을 명했다. 동강 상류인 태백산과 황병산, 노추산 등지와 켜켜이 들어선 산골짜기에 지천으로 널려있는 소나무가 뗏목으로 본격적으로 수송되기 시작한 것은 이 때 부터다. 정선과 함께 인제 등지의 소나무가 떼로 엮어져 내려갔다는 기록은 『영건일람(營建日覽)』에 자세하게 기록되어 있다.

## 정선아리랑이 흐르던 강

동강을 이야기하면서 빼놓을 수 없는 것이 바로 뗏목과 떼꾼에 얽힌 사연인 까닭도 여기에 있다.

동강은 1960년대 초반까지 정선에서 나는 목재를 서울로 뗏목으로 엮어 나르는 물길이었다. 뗏목 운반은 당시로서는 농사짓는 일 보다 훨씬 낳은 벌이여서 강마을 사람들에겐 솔깃한 유혹이 되곤 했다. 하지만 비온 뒤 큰 물을 타고 내려가는 일이 언제 죽을지 모르는 일이기에 가족들은 온갖 방법으로 만류하기도 했다. 정선에서 영월까지 뱀처럼 구불구불한 감입사

동강 물길을 타고 내려가던
뗏목

행천(嵌入蛇行川)의 거센 물길을 빠져나가는 골안떼는 언제나 목숨을 담보로 하지 않으면 안되었다.

위험한 일로 돈을 버는 사람들이 그러하듯, 떼를 타는 일이 손에 익으면서부터 생겨나는 것이 난봉 기질이었다. 우락부락한 모습에 인물값 하듯 주색을 공개적으로 밝혔고, 술은 마시든 안마시든 일행과 늘 '가보싯기'를 하는 평등함(?)이 뒤따랐다.

떼가 닿을만한 곳이면 떼꾼들을 상대로 하는 객주집이 들어서 문전성시를 이루는 것은 당연한 일이었다고 하겠다.

떼가 한창 내려가던 1960년 전까지만 해도 정선에서 영월까지 강변에는 백여 곳에 이르는 객주, 색주가가 몰려 들어 강변 경제권을 이루었다. 조양강 물길인 정선 북면 아우라지에서 동강으로 이름이 바뀌는 정선읍 가수리까지는 말할 나위없고, 가수리에서부터 해매, 운치리 점치, 덕천리 소골, 제장, 연포, 영월의 가정, 진탄, 만지 등으로 이어지는 객주집은 오가는 떼꾼들로 밤낮없이 흥청거렸다. 떼꾼들은 떼를 강가에 대고 객주집에 들려서는 술에 흥건히 젖어 노래를 부르곤 했다. 노래라고 해야 어려서부터 귀익은 정선아리랑 가락 일색이었다.

'떼돈 벌었다' 라는 말이 나올 만큼 떼꾼들이 운목으로 받는 운행삯(고전)이 큰돈이었기에 동강 물길에서 만큼은 남부러울 게 없었다. 이를 알고 있는 강변 객주집 여자들은 온갖 방법으로 떼꾼들의 주머니를 빈털털이로 만들기 일쑤였다. 뗏목은 강마을 사람들을 음으로나 양으로나 윤택하게 했다.

객주에서 하루를 쉰 떼꾼들은 굽이굽이 동강 물길을 타고 내려가다가 소나무 숲과 절벽이 어우러진 동강의 절경에 반하면 아라리가락과 타령이 저절로 흘러나왔다. 동강 물굽이는 단순히 흘러가는 물길로서 뿐만 아니라 이들이 부른 정선아리랑 가락까지도 흐르게 하는 힘을 갖고 있었다.

노래가 흐르고 강물위에 뜬 뗏목이라면 누구나 한 번쯤 타보고 싶은 서정을 갖기 쉽지만, 떼꾼들에게는 동강 물길은 처절한 싸움터 같은 곳이었다.

동강에서 떼꾼들이 가장 위험한 곳으로 여기는 곳으로는 평창군 미탄의 황새여울과 영월 거운리의 된꼬까리를 쳤다. 여기서 죽은 떼꾼들이 얼마나 많았는지 떼꾼을 보낸 아낙네들의 근심은 정선아리랑으로 배어나왔다.

우리집의 서방님은 떼를 타고 가셨는데
황새여울 된꼬까리 무사히 지나 가셨나

황새여울은 강 한가운데 바위에 황새, 청둥오리와 같은 철새들이 앉아 울었다고 해서 그렇게 불려진 이름이다. 그러나 그 아름다운 이름과는 달리 강에 삐죽삐죽 솟아 오른 바위들은 불어난 물을 빠른 속도로 타고 내려오는 뗏목을 산산조각 내고 떼꾼들의 목숨을 숱하게 앗아갔다.

뗏목이 줄지어 내려가던 1950년대 말 황새여울에서 죽거나 불구가 된 떼꾼들은 수없이 많았다. 정선의 내노라하던 떼꾼이었던 여량의 털보 김상식, 남한강에서 소문이 자자한 난봉꾼이었던 최동칠도 여기서 죽었다.

세상에서 부러울 게 없다던 떼꾼들도 죽으면 그만이었다. 목상으로부터 보상 한 푼 받지 못했다. 동료들도 죽었다는 연락만 객주집 등에 대충 취해주곤 그냥 떠났다.

## 어라연과 만지, 옛 지명의 신비

황새여울을 가까스로 지난 떼꾼들은 어라연(魚羅淵)에 이르러 한 숨 돌리게 된다. 강 한가운데에 상선암, 중선암, 하선암 등 집채 만한 바위 세 개가 나란히 버티고 있는 곳. 옛날 어린 나이에 죽은 단종의 혼이 어라연

주막의 전설로 유명한 만지. 댐 건설 예정지이기도 하다.

을 보고 신선처럼 살고 싶어하자 크고 작은 물고기들이 줄지어 진언했다는 전설이 깃든 곳이기도 하다. 그러나 시끌벅적한 오늘의 일을 알았을까. 단종의 혼도 여기서 머물며 살지는 못하고 떠났다고 한다. 떼꾼들도 동강 물길에서 가장 경치가 뛰어나고 '고기 반 물 반'이라는 어라연(魚羅淵)조차도 그저 한 숨 돌리며 지나가는 곳일 뿐이었다.

　어라연 바로 아래에 있는 된꼬까리도 정도의 차이일 뿐 황새여울과 비슷했다. 뗏목이 바위에 걸려 재껴 놓으면 또다시 걸리곤 했다. 긴 막대를 뗏목 밑으로 집어넣어 사투를 벌이다 걸렸던 뗏목이 쭉 미끄러져 내려가면 안도의 한숨이 나왔다. 긴장이 풀리자 떼꾼들의 입에서는 정선아리랑이 흘러나왔다.

　　　　황새여울 된꼬까리 떼 무사히 지냈으니
　　　　만지산 전산옥이야 술상차려 놓게

　만지(滿池)는 영월 거운리에 있는 마을이다. '찰 만(滿)'자에 '못 지(池)'라는 지명이 말해주듯 언제나 물이 가득히 고여 호수 같은 곳이다. 비가오나 가뭄이 심할 때나 마을 앞엔 늘 물이 가득해 뗏목을 대기가 좋았던 곳이다. 강을 따라 뗏목을 댈만한 곳에는 어김없이 객주집이 들어 섰

동강 12경의 으뜸이라 할(명승지) 어라연. 아름다움에 버금가게 전설도 많다.

다. 만지의 너대 곳 객주집 가운데 전산옥(全山玉)이 꾸리던 집은 단연 으뜸이었다. 떼꾼들의 까다로운 눈썰미에 쏙들 정도의 아양과 미모에다 취중객담까지 잘 받아주며 밤새도록 잘 어울려 떼꾼들의 인기를 독차지했다. 정선 떼꾼치고 전산옥 이름 석자를 모르는 사람은 없었다.

하지만 지금의 만지는 떼꾼들로 시끌거리던 옛날과는 다르다. 뗏목이 사라지면서 떼꾼들을 상대로 하던 객주집은 하나둘씩 문을 닫았고 전산옥도 떠났다. 전산옥이 꾸리던 집도 흔적이라야 여기저기 남아있는 축대와 돌무더기 뿐이다.

떼꾼들과 객주의 애환이 서려있는 만지는 영월댐 예정지라는 또 다른 애환을 만들어 가는 곳이기도 하다. '물이 차는 곳' 이라는 까마득한 옛날 생겨난 지명이 놀라우리만큼 현재를 염려스럽게 하고 있다.

## 말없이 흐르는 강

동강이 언론에 뜨자 사람들은 영월댐으로 어라연 같은 수많은 동강의 절경들이 잠길까 안타까와 하며, 다른 한편에서는 빚을 내어 애써 가꾸던 땅에 배나무 등의 과일나무를 심어놓고 보상을 기다리며 댐이 건설되기를 몽매간에도 잊지 못하고 있다.

산골짜기에서 버거운 농사만 짓느니 이 기회에 보상을 받아 읍내나 도회지로 나가 살아보자는 생각이었다.

24

하지만 시간이 흘러가면서 영월댐 건설을 놓고 찬성하는 쪽과 반대하는 쪽의 갈등이 점점 불거지기 시작했다. 강의 풍요로움과 너그러움에 살아가던 사람들이 이해에 따라 갑론을박 말들이 많아 하루가 달리 깊어가는 감정의 골을 메울 일도 앞으로 걱정이다.

동강은 오늘도 말없이 흐르고 있다. 자연과 후손에 대해 너무나도 크나큰 죄를 쉽게 짓고 있는 인간의 이기(利己)와 속기(俗氣)를 무언으로 항변하듯 흘러가고 있다.

댐건설과 보존이라는 갈림길에서 힘겹게 흐르는 1백여리 구절장강 (九折長江) 동강, 작지만 아름다운 그 모습 그대로 흐르게는 할 수 없을까.

# 2. 동강의 지형

　동강을 이야기할 때 자주 오르내리는 것이 바로 지질학적인 구조다.

　동강 유역은 대부분이 모암구조로 거의 대부분이 석회암층으로 이루어
져 있으며, 일부 지역만 퇴적사암층 구조를 보이고 있다.

　동강은 태백산맥의 지질 운동으로 형성된 감입곡류 지형으로 형성 연대
는 고생대 캄브로-오르도비스기인 4억 5천만년에서 5억년 전으로 거슬러
올라간다. 당시 동강 유역은 바다였기에 바다에서 볼 수 있는 염생 식물
화석도 발견되고 있다.

　오랜 시간에 걸쳐 진행된 대석회암 지대는 동강 유역 곳곳에 카르스트
작용이 이루어져 지표면에 돌리네, 우발레, 폴리에와 같은 수많은 와지를
형성시켜 놓았다. 동강유역은 높은 산이라고 해야 해발 8백미터를 겨우
넘지만, 산사면이나 산정상 곳곳에 카르스트 지형인 돌리네, 우발레, 폴
리에 등이 두루 발달된 특징을 보이고 있다. 이들 카르스트 지형은 높은
산이나 가파른 산사면이라고 해도 움푹 들어 가거나 평평해 대부분이 고
랭지 채소를 재배하는 밭으로 쓰이거나 마을이 들어섰다. 정선읍 가수리
의 가탄동우리와 갈매동우리, 신동읍 고성리의 덕새와 새덕, 평창 미탄면
의 고마루 등지는 카르스트 지형의 대표적인 곳이다.

　이와 같은 특징 외에도 석회암 지형을 감입곡류하면서 이루어진 동강은
하천 양안으로 50미터가 넘는 가파른 기암절벽을 무수하게 만들어 놓았
다. 석회암 기암절벽인 동강변에는 단층과 절리등이 잘 발달해 동굴, 용
천 등이 많은 것도 특징이다. 정선군 신동읍 덕천리 나리소에서부터 칠족
령, 제장, 연포로 굽이도는 지형은 뛰어난 경관을 연출해 놓았다. 또한 평
창군 미탄면 마하리의 백룡동굴을 비롯해 2백여 곳에 이르는 크고 작은

동강 여러곳에 물굴, 용천수가 솟아나고 있다.

동굴과 정선 신동읍 덕천리, 영월읍 문산리 등 60여 곳에 이르는 용천수는 석회암의 지반운동으로 만들어진 단층선, 틈서리, 절리에 의해 만들어진 대표적인 예라고 할 수 있다.

그런데 이런 크고 작은 동굴들과 지하로 무수하게 많은 단층선 절리를 따라 흐르는 지하수는 어느 방향으로 뻗어 있는지 알 수가 없다. 실제로 동강 물길에서 멀리 떨어진 정선군 신동읍 고성리 고림마을의 고림굴은 큰 장마가 지면 굴 안에서 엄청나게 많은 물이 물고기와 함께 쏟아져 나온다는 사실을 확인할 수 있다. 고림굴 입구의 해발고도가 동강보다 훨씬 높다는 점을 감안하면 장마시 어디에선가 유입된 물이 강한 압력을 받아 상승한다는 사실이 입증되는 곳이다.

동강 유역의 카르스트 지형은 지표 뿐만 아니라 지하에도 크게 발달되어 있어 댐 건설에 따른 안정성 논란을 유발시키기도 했다. 실제로 동굴 및 정천은 댐이 건설될 경우 지하수의 유출 통로가 될 수 있어 댐 안정성에 치명적인 결과를 가져올 수 있다고 조사된 바 있다.

특히 동강 유역은 석회암 단층과 공동이 매우 발달된 연약한 지반이기 때문에 댐이 들어설 경우 채워진 물에 의한 유발지진 발생 가능성도 있는 곳이라는 사실이 속속 드러나기도 했다.

동강은 지질 운동과 지형에 관한 연구가 아직까지도 이뤄지지 않은 지형으로 학술적 가치가 매우 높은 지형이다. 학자들은 동강 유역이 한반도 생성의 열쇠를 풀 수 있는 지역으로 여기고 있음을 한번 쯤 생각해 볼 필요가 있다.

# 3.동강의 생태

　동강은 가히 비경이다. 동강 상류 용탄에서부터 영월읍까지 수십 길 벼랑에 부딪친 여울물이 굽이돌아 흐르는 굽돌이는 수많은 소(沼)와 여울을 만들어 놓았고 눈부신 모래밭과 하얀 몽돌밭이 반달처럼 자리잡고 있다. 물굽이마다 빼곡한 절벽에는 수백여 곳에 이르는 석회암 동굴이 있어 울창한 삼림과 함께 생태계의 보고라는 수식어가 낯설지만은 않은 곳이다.

　동강에는 이루 헤아릴 수 없을 정도로 많은 생물들이 서식한다. 이러한 생물들은 아득한 옛날부터 강을 끼고 살아가는 사람들의 허기진 배를 채워주기도 했고, 때론 가까이에서 쉽게 구할 수 있는 약재가 되어 삶을 윤택하게 해 주기도 했다.

　동강에는 수많은 종의 어류가 서식하고 있다. 그 가운데 천연기념물 259호인 어름치는 동강 어디서나 흔히 볼 수 있다.

　바위 밑에서 겨울을 보내고 날씨가 풀리면 행동반경을 넓히는 어름치는 4월에 이르러 수십마리가 한꺼번에 산란탑을 쌓고 번식에 나서는 진풍경을 연출한다. 이밖에도 동강에는 보호어종인 묵납자루와 다묵장어를 비롯 버들치, 연준모치, 참중고기, 꺽지, 미유기, 쉬리, 무지개 송어, 퉁가리, 뚜구리, 쏘가리 등 34종의 담수어가 사는 것으로 밝혀졌으며, 이중 17종은 우리나라에서만 볼 수 있는 물고기다.

　동강을 굽이 흐르는 사행천이 빚어놓은 절벽은 철새들의 보금자리다. 이미 동강에서 텃새가 된 겨울철새 비오리는 우리나라에서 최대규모로 번식하고 있다. 천연기념물인 원앙과 비오리 새끼가 어미를 따라 종종 헤엄치는 모습은 어떤 수식어도 달리 필요치 않는 아름다운 정경이다.

동강의 가장 대표적인 어족인 어름치. 천연기념물 259호로 동강에서 유난히 많이 서식한다. (사진 석동일 씨 제공)

지난 1998년 9월 환경부 생태조사에서 총 72종의 조류가 관찰되었는데, 이 가운데 천연기념물 327호인 원앙과 324호인 소쩍새, 붉은배새매, 새매, 황조롱이, 솔부엉이 등 천연기념물 9종이 포함되어 있어 눈길을 끌었다.

우리나라에서는 번식 기록이 없어 멸종위기에 있는 천연기념물 검독수리도 살고 있었고, 특히 영월읍 문산리쪽에서 관찰된 천연기념물 242호인 까막딱따구리는 1991년 속리산에서 마지막으로 목격된 이래 처음 발견된 것이어서 조사자들이 흥분하기도 했다. 이들과 함께 수서성 조류인 어치, 직박구리, 박새, 멧비둘기, 검은댕기해오라기, 청둥오리 등 모두 39종의 조류가 동강 주변을 터전으로 살아가고 있다.

동강에 서식하는 동물을 이야기할 때 가장 자주 오르내리는 천연기념물 330호인 수달은 강변 곳곳에서 서식하고 있다. 1, 2급수의 하천에서 서식하는 야행성 포유류로 몸길이 63~80센티미터, 몸무게 5.8~10킬로그램 정도인 수계생태계 먹이사슬의 최상층에 있는 수달은 하천오염과 밀렵 등으로 그 수가 급격하게 줄어든 대표적 동물이다. 동강 인근에서도 오래전부터 수달의 서식처가 알려지면서 몸보신 약재로 암암리에 고가로 거래가 되기도 해 멸종위기에 이르는 듯 했으나 1998년 9월 산림청 임업연구원의 실태조사에서 15마리가 발견되었다.

영월읍 문산리 진탄나루와 신동읍 덕천리 백운산에서는 보호야생동물인 담비와 하늘다람쥐를 비롯해 멧박쥐, 멧돼지, 너구리 등이 다량으로 서식하고 있는 것으로 밝혀지기도 했다.

더욱이 1999년 2월에는 남한에서는 발견된 적이 없는 무산흰족제비와 북방토끼가 백룡동굴 부근에서 처음으로 발견되어 동강이 생태계의 보고

동강에서 텃새가 된 겨울철새인 비오리. 동강에서 가장 많이 산다. (사진 진익태 씨 제공)

수계 생태계 최상층의 수달. 천연기념물
330호로 보호받고 있다.
(사진 김철환 씨 제공)

바닷가에 자라는 흰대극과 매우 유사한
대극속의 식물. 아직까지 보고된 적이
없는 식물이다. (사진 현진오 씨 제공)

임이 다시 한 번 확인됐다.

1920년대 함경북도 무산에서 처음으로 발견된 길이 15~20센티미터,
무게 100그램 내외의 무산흰족제비는 족제비과의 동물로 평소에는 검은
색이나 겨울에는 하얗게 털갈이를 한다. 보통 쥐와 크기가 비슷해 쥐굴에
들어가 쥐를 잡아먹고 자기몸 보다 몇 배나 큰 산토끼까지 잡아먹는 세계
에서 가장 작은 육식 동물이다.

북한과 중국 접경지대에 주로 분포하는 것으로 알려진 북방토끼는 다른
토끼들과는 달리 산악지대의 음지에서 서식하는 것으로 백두대간을 타고
남쪽으로 내려와 동강 일대에 정착한 것으로 보고 있다. 이는 동강 일대
가 북방계통 동물들의 중요 서식처란 사실을 입증해 주는 사실이다. 이밖
에도 천연기념물 260호인 백룡동굴에서는 10년 전까지 붉은 박쥐가 살았
던 흔적을 발견했다.

동강에 사는 곤충으로는 천연기념물 32호인 늦반딧불이를 비롯 미기록
종인 총채날개나방류 애반딧불이, 노랑누에나방 등이 관찰되었다.

동강 일대에서는 다양한 종의 식물도 쉽게 볼 수 있다. 산림청 임업연
구원의 조사에 따르면 동강 주변에는 고비고사리, 층층둥굴레, 애기원추
리, 개부처손, 물쇠뜨기, 백부자, 큰제비꼬깔 등 37종의 희귀식물을 포
함, 500여 종의 식물이 자라고 있는 것으로 확인했다.

한국자연정보 연구원 노영대원장이 국내 처음 보고한 분홍색의 동강할미꽃 북방계 식물로 동강 일대가 남한 최대의
자생지이다(사진 석동일 씨 제공)

조사자들은 한결같이 동강 유역은 우리나라 어느 지역보다 희귀식물이 많이 서식하고 있다면서 우리나라 생물 다양성 보존에 중요한 지역이라고 강조했다. 특히 석회암 지대의 강변에서 무리를 지어 자라는 보호야생식물 24호인 연잎꿩의다리, 아직 남한에서는 자생지가 발견된 적이 없는 층층둥굴레, 바닷가 식물인 남한 최대 규모의 비술나무 군락 등이 식물분류학자인 현진오 씨에 의해 조사되기도 했다.

이밖에도 마땅한 이름이 없어 동강변 바위틈에서 연보라색깔의 꽃을 피우는 할미꽃은 동강할미꽃으로 명명했고, 미기록종인 애기방귀버섯과 작은주발버섯 등 55종의 버섯도 발견했다.

동강일대는 사람의 발길이 그리 미치지 못하고 생태계가 비교적 완벽하게 보전되어 생물의 신비와 실태를 푸는 장이 된다. 도감(圖鑑)에 조차 나와있지 않은 동식물이 곳곳에서 발견되기도 한다. 보다 구체적인 조사를 하면 할수록 학계에 보고조차 되지 않은 미기록종 생물들이 발견될 가능성은 얼마든지 있다. 동강에는 원시(原始)가 있고 수많은 생명체가 살아가기 때문이다.

이 소중한 동강 일대를 천연보호지역으로 지정해 보호해야 한다는 이유가 바로 여기에 있다.

# 4. 동강 찾아가기

## 1) 영월읍 삼옥리~거운리 섭새

동강에 들어선다고 하면 왠지 가슴이 설렌다. 그것은 이곳이 어느 강보다 더없이 깨끗하고 아름다운 모습을 지녔다는 생각 때문일 것이다.

동강 하류부에 해당되는 삼옥리를 가려면 고풍 완연한 영월역에서 38번 국도를 타고 태백 방향으로 500여 미터쯤 가다가 보면 기형적인 사거리가 나온다. 신호등도 없고 다른 차의 진행이 한눈에 들어오지 않아 무척 조심을 해야한다. 곧바로 직진을 하면 정선군 신동읍, U턴에 가까운 왼쪽은 영월로 되돌아가는 강변도로다. 여기서 10시 방향으로 반좌회전해 다리로 접어드는 길을 타야 한다. 다리 입구에는 둥글바위, 목골, 섭새 강변이라는 안내판이 어라연이라고 쓴 큼직한 안내판과 함께 서 있다. 다리를 지나 언덕을 넘어서면 하늘과 산에 몸담은 동강 물줄기가 시원스레 한눈에 들어온다. 동강의 입새에서 처음 맛보는 차분한 감흥이 뭉클 다가온다. 굽이굽이 산중 협곡을 타고 흘러온 구절장강(九折長江) 동강의 모습을 확인하는 순간이다.

도도히 흐르는 강물과 강 건너편에 차분히 드리워진 마을에 눈을 떼지 못하고 가다가 보면 강 한가운데에 둥그스름한 바위가 솟아 있는 것을 볼 수 있다. 자연암(紫煙岩)이라고 부르는 이 바위는 본래 강 옆 산자락과 바위 위쪽이 연결되어 넹그라니 물이 빠져나가는 문과 같았다고 한다. 그러나 일제시대에 뗏목이 걸리고 파손되는 일이 잦자 깨어버려 이제는 물 한가운데 섬과 같은 모습이 되고 말았다. 둥글바위 위쪽에 있는 둠벙소는 봉

32

래산의 기암절벽 아래로 휘도는 물길로 쏘가리, 잉어 등의 고기가 많이 잡혀 강태공들의 단골 낚시터로 명성을 날리는 곳이기도 하다.

물굽이를 막아선 바위 하나에 풍요로워진 마을은 어느새 둥글바위라는 이름으로 변했고, 강 옆 자갈밭이 마을관리 휴양지로 조성되어 해마다 여름이면 피서객들로 발디딜 틈 없는 곳이 되었다.

둥글바위를 뒤로하고 범재라는 마을을 지나면서부터는 동강 물길이 시야에서 사라진다. 마을 한가운데 길옆으로 외롭게 선 소나무를 지나 언덕배기에 이르면 아래로 물줄기와 다시 만난다. 다리 건너편엔 마을이 나직하다. 벌써 10여년 전부터 온천 개발로 들썩이던 마을이다.

강옆으로 바짝 달라붙어 이어지는 길을 따라 가다보면 또 한번 크게 휘도는 강줄기를 만난다. 완택산 기도원이라고 쓰인 안내판이 있는 작골을 지나면 목골이라는 마을에 이른다. 물이 굽이치는 곳은 어김없이 기암절벽이 빚어져 장관을 이룬다. 물이 휘도는 곳에는 소(沼)가 생겨나고, 감싸도는 곳에는 모래와 자갈이 퇴적되었다. 삼옥 둥글바위보다 더 긴 자갈밭을 갖춘 목골 마을관리 휴양지엔 강 건너편에 삼옥굴이라는 명소가 있다. 여름이면 마치 냉장고 속에 들어온 느낌이 드는 곳으로 천연기념물 수달 한 쌍이 사는 곳이기도 하다. 사람이 그리워서일까. 목골마을 사람들은 어서 한여름이 되기를 손꼽아 기다린다.

목골에서 영월읍 거운리 섭새로 가는 길 옆 밭은 온통 모래흙이다. 까마득한 옛날부터 쌓이고 쌓인 모래가 산을 이루었다. 오죽하면 마을 이름조차 본래는 섭사(涉沙)였을까.

거운교에 다다르면 강폭이 넓어져 앞이 탁 트인 강과 마주친다. 다리 입구에서 오른쪽으로 난 길을 따라 들어서면 자갈밭과 잔디밭이 어우러진 강변에 이른다. 이곳이 바로 섭새마을 관리 휴양지. 정선 운치리·덕천리와 평창 마하리, 영월 문산리에서 출발한 래프팅 고무 보트의 기착지이기도 하다.

최근에는 만지를 거쳐 어라연에 이르는 길이 이곳에서부터 이어져 수많은 관광객들이 찾는 곳이 되었다.


교통·숙박  서울 구의동 동서울 버스터미널에서 1일 8회(07:00, 08:30, 10:00, 11:30, 13:00, 14:30, 16:00, 17:30) 운행하는 영월행 무정차 시외버스를 이용. 요금은 무정차 8,100원. 2시간 30분 소요.

열차편은 서울 청량리역에서 1일 5차례(10:00, 12:00, 14:00, 17:00, 22:00) 운행하는 태백선, 영동선 무궁화호와 1일 1회(17:00)운행하는 새마을호 열차를 이용, 영월역에서 하차. 요금 새마을호 12,300원(주말 12,300원, 주중 11,100원) 무궁화호 열차 7,700원. 3시간 20분 정도 소요 된다.

승용차로는 영동고속도로 남원주 IC에서 중앙고속도로로 진입, 남하하다가 신림 IC로 빠진다. 402번 지방도로를 타고 황둔, 주천을 거쳐 영월로 오는 길이 제천을 거쳐 오는 길보다 30분 정도 단축된다.

영월 시외버스 터미널 및 영월역에서 거운리행 완행버스 하루 5회 운행.(06:21, 08:30, 13:00, 15:30, 18:00). 문산리 둥글바우·먹골 까지 약 15~20분 소요.

둥글바위 입구에는 산수가든(0373-374-2799), 민박휴게실(372-0714) 등의 민박집이 있다. 강변휴양지라 불편없이 쓸만한 간이 샤워장까지 마련되어 있다. 방값은 방 크기에 따라 2~5만원 선. 비수기일 때는 별 문제가 없지만 여름에는 빈방 여부를 미리 확인하고 예약하는 것이 좋다.

## 2) 영월읍 거운리 섭새~어라연

　동강이 언론에 오르내리며 가장 재미를 보는 곳은 아마도 거운리일 것이다. 예전 같으면 찬바람 도는 봄철에 동강을 찾아오는 이는 가뭄에 콩 나듯 했다. 그만큼 동강은 한여름 피서지에 불과했다. 그러나 영월댐 건설을 놓고 10년 가까이 계속되어 온 논란은 자연히 동강을 뜨게 했다.

　짧은 시간에 영월댐 현장을 돌아보고 그로 인해 수장될 동강 비경의 백미 가운데 하나인 어라연을 둘러보려면 거운리로 먼저 발길을 옮겨야 한다. '먼저'라는 말 속에는 보다 나은 '다음'이 있다는 가정이 있다.

　거운리에서 어라연에 이르는 길은 섭새에서 출발을 한다. 차를 타고 가기도 했지만 자연 보호 운동으로 걷는 길로 되어 이제 편안한 마음으로 주위에 빠져 들기를 권하고 싶다. 예전에는 거운분교를 지나 산길로 난 길이 험해 영월에 사는 사람들조차 감히 어라연을 갈 엄두를 내지 못했다. 그만큼 어라연은 동강의 비경이었다. 얼마 전까지는 만지의 골재 채취를 위해 강을 가로지른 가교를 이용했으나 어라연 등 자연훼손을 이유로 철거해 이제는 다시 예전 처럼 거운교를 건너 험한 산길을 타야 하는 수밖

동강 하류의 진입로로 각광 받는 섭새의 전경

에 없다.

섶새마을이 내려다보이는 산길을 따라 한 시간 넘게 흙길을 걷다가보면 강 건너편 칠부능선쯤에 붉은 깃발이 눈에 들어온다. 바로 말도 많고 탈도 많은 영월댐 예정지역 표시다. 이곳의 지명은 만지. '찰 만(滿)' 자에 '못 지(池)' 자다. 언제나 댐이 들어서지 않아도 물이 가득한 호수 같은 지역이라는 뜻이리라. 또한 물이 가득참으로 인해 다가 올 큰 시름을 거운(巨雲)이라 했는지도 모를 일이다.

댐 예정지를 지나 200여 미터 더 가면 만지마을이 나온다. 산비탈에 겨우 붙어선 듯한 마을로 겉보기와는 달리 민박과 가게로 짭짤한 수익을 올리는 곳이다. 만지 마을을 거쳐 만지나루에 당도하자 줄배 한척이 덩그러니 바람에 흔들린다. 왼쪽 산자락 아래가 바로 전산옥이 꾸리던 술집이 있던 자리다. 만지나루는 골안에서 가장 혹독한 여울인 된꼬까리 아래에 있는 나루로 며칠씩 묵으며 된꼬까리에서 호되게 부딪혀 산산조각난 뗏목을 고쳐 매던 곳이다. 그사이 전산옥의 매상은 급비탈로 치솟아 동강 물길에서 가장 유명세를 탄 여자였다. 화려했던 지난날도 뗏목이 사라지면서 옛이야기가 되었고 전산옥과 가족들은 강을 뒤로한 채 뿔뿔이 흩어졌다.

만지나루를 지나자 길은 곧 끝나고 어라연까지 약 700미터는 돌밭과 모래밭 길이다. 100여 미터도 채 가지 않았는데 폭포와 같은 된꼬까리의 물소리가 귓전을 세차게 울린다. 정선에서 내려오던 뗏목이 숱하게 부서졌던 곳. 내노라하던 떼꾼들이 불귀(不歸)의 객(客)이 되었던 곳. 저 물소리가 어우러진 여울은 어느새 래프팅 명소가 되어 시절을 달리 하고 있다.

어라연이 가까워지면서 물색깔은 깊이를 더해갔다. 징검다리를 건너 바위에 오르면 선계(仙界)에 빠져든 느낌이다. 어라연은 물 한가운데에 세 개의 큰 바위가 떠있다. 이름하여 상선암, 중선암, 하선암. 바위 위에서 내려다 보는 물 속은 인간세상이 아니었다. 물 위로 비치는 햇살도 저마다 다른 각도로 반사되어 계곡을 수놓고 있었다. 어라연은 물 반 고기 반, 물고기가 춤을 추는 곳이라고 해 열목어, 어름치, 황쏘가리의 집단 서식지이기도 하다.

교통·숙박  서울 구의동 동서울 버스터미널에서 1일 8회(07:00, 08:30, 10:00, 11:30, 13:00, 14:30, 16:00, 17:30) 운행하는 영월행 무정차 시외버스를 이용. 요금은 무정차 8,100원. 2시간 30분 소요.

열차편은 서울 청량리역에서 1일 5차례(10:00, 12:00, 14:00, 17:00, 22:00) 운행하는 태백선, 영동선 무궁화호와 1일 1회(17:00) 운행하는 새마을호 열차를 이용, 영월역에서 하차. 요금 새마을호 12,300원(주말 12,300원, 주중 11,100원) 무궁화호 7,700원. 3시간 20분 정도 소요.

승용차로는 영동고속도로 남원주 IC에서 중앙고속도로로 진입, 남하하다가 신림 IC로 빠진다. 402번 지방도로를 타고 황둔, 주천을 거쳐 영월로 오는 길이 제천을 거쳐 오는 길보다 30분 정도 단축된다.

영월 시외버스 터미널 및 영월역에서 거운리행 완행버스 하루 5회 운행.(06:21, 08:30, 13:00, 15:30, 18:00). 거운리 섭새까지 약 25분 소요된다.

거운리에는 여관은 없고 민박집은 많다. 섭새에는 여러 채의 민박집이 있는데, 거운분교 옆 강변상회(0373-372-0713)에서 민박도 하면서 주인 아주머니의 구수한 아라리 가락도 들을 수 있다. 어라연 근처에는 세 채의 민박집이 있다. 만지동엔 이준(0373-372-1463·7실), 백명준(0373-374-0725·2실) 씨의 민박집이 있고, 어라연이 내려다 보이는 너벨에는 이해수(0373-372-0825·5실) 씨의 민박집이 있다. 방은 크기와 인원에 따라 1실 2~3만원. 주말에 이용하려면 미리 예약을 하는 것이 좋다.

음식은 산골이라 도시 사람들에게 자신있게 내놓을 수 있는 것이 많지는 않지만 민박집에 부탁하면 쏘가리, 모래무지 등 동강의 물고기를 직접 잡아 매운탕을 정성스레 끓여주기도 한다. 값은 일정치 않지만 민물고기 매운탕은 4인 기준 2만원. 여름의 별미인 쏘가리 생탕이나 매운탕은 4인 기준 3만원 정도를 받는다.

### 3) 영월읍 문산리~진탄나루

어라연에서 물길을 따라 올라가면 문산리까지가 2킬로미터 남짓 하지만 험한 산 능선을 타지 않고는 불가능한 일이다. 그래서 문산리에 가려면 언제나 거운교를 지나 거운분교 앞으로 난 길을 따라 꼬불꼬불 절운재를 넘어다녀야 했다. 절운재를 넘어가는 데는 걸어가는 것도 좋지만 차를 이용하는 것이 더 낫다. 재를 넘어서기 전까지의 풍광이 썩 다가오지 않기 때문이다. 다행이 영월 읍내에서 하루 여섯 차례 거운리를 거쳐 문산리를 시내버스가 오간다. 거운에서 문산까지는 약 20여 분. 산 꼭대기에서 길을 휘돌아 내려오면서 마을이 서서히 눈에 들어오기 시작한다.

문산리에서 처음 마주치는 마을은 무내리다. 마을 한가운데서 솟아나는 샘물의 수량이 풍부하여 내를 이룬다고 해서 '물내리' 라 했는데, 그 말이 변해 '무내리' 가 되었다고 한다. 물이 좋아선지 마을 규모에 어울리지 않게 큰 송어장이 마을 한가운데에 있다. 마을을 가로질러 난 길을 따라 내려가자 문산나루터의 줄배가 기다리고 있었다. 강 건너 그무마을로 오가는 배였다. 뱃일을 보는 이병현 할아버지(71)의 느릿느릿한 말투가 느즈막히 흐르는 강물과 닮아 있었다.

할아버지는 그무마을에서 떼재를 넘어 동쪽 가정마을로 오가던 얘기를 들려 준다. 지게에 짐을 가득 지고 오가던 힘겨운 고개였다고 한다. 그무마을에서 띠재를 넘는데는 한시간 남짓. 그러나 강 옆 몽돌밭을 따라 돌아가면 무려 5시간 정도 걸린다. 산과 산을 휘돌아 흐르는 강물은 띠재 정상에서 보면 남북으로 거의 대칭을 이룰 만큼 굽이가 심하다.

38

문산리 마을간을 이어주는 가장 큰 나루터인 문산나루

문산리를 체험할 때 빼놓지 말아야 할 것 중에 하나가 바로 운중암이라는 암자다. 글자 그대로 구름 속에 있을 법한 암자라 찾아가는 길 또한 예사롭지 않다. 무내리 문산나루에서 왼쪽으로 가파른 '독진이베리'를 넘어야 한다. 옛날 이 고개를 넘던 옹기장수 한 사람이 지게에 지고 가던 독을 떨어뜨려 깼다고 해서 생겨난 이름이다. 오죽하면 독 하나 제대로 지고 가지 못했을까.

절벽에는 차 한 대가 가까스로 지나갈 만큼 길이 나 있고, 오른쪽 절벽 아래를 내려다보면 아찔하다. 혹 마주오는 차라도 만나면 운전 경력이 풍부한 사람이라도 한번 쯤 당황하기 마련이다. 어디론가 쉽사리 비키지도 못하고 진땀을 흘려야 한다.

절벽 옆으로 붙은 고갯길에 거의 오르면 강을 안고 흐르는 문산리 그무 마을과 마하리 쪽에서 흐르는 강줄기를 관망할 수 있다. 마치 공중에 나는 한 마리 새가 된 듯 시원함이 사무친다. 고갯길을 넘어 내려오면 왼쪽으로는 너른 골짜기가 나 있다. 골짜기로 난 길을 따라 10여 분쯤 산길을 오르면 운중암이 나타난다. 예불을 하기에조차 작은 암자지만 암자를 병풍처럼 감싼 절벽으로 쏟아지는 폭포는 이루 형용할 수 없다.

운중암에서 내려와 상류로 난 길을 따라 10여 분정도 가면 강 건너편으로는 진탄마을이 눈에 들어오고, 마하리에서 들어오는 길과 마주한다.

교통·숙박  영월 시외버스 터미널 및 영월역에서 문산리행 완행버스를 이용하면 된다. 하루 4회 운행.(06:21, 08:30, 15:30, 18:00). 문산리 강변까지 약 40분 소요. 문산리에는 민박이나 식사할 곳이 마땅치 않지만 마을 사람들에게 묵을 곳과 식사를 부탁하면 가능하기도 하다. 물론 적당한 값을 치루어야 한다.

## 4) 평창 미탄면 마하리~문희마을

동강에는 물안개가 핀다. 협곡을 에돌아 굽이치는 물길. 그 사이로 속살을 드러내는 동강의 진경을 보기 위해 사람들은 저마다 길을 택한다.

수줍음 가득한 새색시의 매무새를 닮은 동강의 모습. 비록 화려하거나 장엄하지는 않지만 언제나 소박한 물빛을 보기 위해 찾아드는 길은 평창군 미탄면 마하리 강변이다.

평창읍에서 42번 국도를 타고 20여 분쯤 달리면 미탄면에 이른다. 여기서 다시 정선 방면으로 5분 정도 가다가 태영석회라는 표지판이 나오면 우회전한다. 입새부터 약간은 스산한 느낌이 든다. 한탄리를 지나고 기화리를 지나면서 옆으로 나란히 흐르는 기화천 냇물은 진초록에 가깝다. 우리나라에서 처음으로 무지개 송어가 인공 방류된 곳이다. 지금도 마을 곳곳에 있는 송어양식장에는 팔뚝만한 송어가 물질을 하고 양식장을 벗어난 치어는 기화천에 한결 자유로이 몸을 맡길 것이다.

동강변의 아름다운 풍광이 어우러진 문희마을과 절매나루

　기화천을 끼고 마하 본동까지 내려가자 포장길은 끊겼다. 마하리는 풍수지리를 바탕으로 생겨난 땅이름이다. 마하리 마을 한 가운데 물을 먹는 말을 닮은 마산(馬山)이 있고, 머리 맞은편 길 옆에는 말을 몰고가는 구종(驅從)의 형국인 홀바우가 서 있는 갈마음수형(渴馬飮水形)의 지형이라고 한다.

　홀바우 아래에서 포장길은 끊기고 자갈길을 따라 500여 미터쯤 가면 기화천이 동강에 몸을 섞는다. 강 건너 진탄을 오가는 배는 건너편에서 한가로이 햇살을 받고 있다.

　기화천이 강물과 만나는 곳 못미처 상류쪽 산자락 아래로는 거친 길이 나 있다. 마하리의 대표적인 황새여울과 최근들어 언론에 자주 오르내리는 문희마을로 가는 길이다. 몇 년 전까지만 해도 강 옆으로 난 오솔길을 걸어다녀야 했다. 자동차가 드나들지 못하다보니 큼직한 생필품은 모두 지게로 져 날라야 했다. 그만큼 고된 길이어선지 마을 사람들은 벌금까지 물면서 길을 냈다.

　진탄나루에서 문희마을까지는 자동차로 대략 15분. 거친 돌밭길이라 4륜 구동차도 힘겨운 듯 요동을 친다. 걸어서는 약 1시간 길. 강변을 조용히 걸어가면서 강옆으로 자생하는 회양목에 한번쯤 눈길을 주고 비경에 취해보는 것도 좋다.

　문희마을에 거의 이르자 황새여울이 정적을 깬다. 여울살 바위 위에 황

41

새가 앉아 놀았다는 곳. 그러나 그 아름다운 이름과는 달리 정선에서 내려오는 뗏목이 숱하게 파손되고 떼꾼들 또한 목숨을 잃은 곳이다. 거운리 어라연 아래의 된꼬까리와 함께 가장 위험한 물길이었다. 예나 지금이나 그대로인 황새여울은 아직도 위험한 물길이긴 마찬가지다. 물길을 타고 내려오던 래프팅 고무배도 황새여울에서는 앞뒤를 못가리고 비틀댄다.

황새여울의 물소리에 귀를 씻고 마음을 씻고 발길을 돌리면 바로 문희 마을에 이른다. 평창, 영월, 정선이 강과 산을 경계로 접한 마을로 본래 이름은 '뉘룬'인데 언제부턴가 뜻조차 알 수 없는 '문희'가 되었다고 한다. 예전만 같아도 동강의 대표적인 오지마을 이었으나 지금은 이름값을 톡톡히 한다. 강변 곳곳에는 사람이며 차량이 비켜가기에 바쁘다. 특히 영화 '쉬리'의 영향 때문인지 동강에 서식하는 물고기 쉬리가 인기를 끌자 너도나도 강변으로 몰려드는 진풍경이 이어지고 있다.

문희마을에서 차량은 더 들어가지 못한다. 백룡동굴 입구를 볼 수 있는 절매마을에 가기 위해서는 마을 앞을 흐르는 무당소의 고요한 물길을 지나 나룻배를 이용해야 한다. 문희마을에서 간혹 등산을 즐기는 사람들이 문희마을 남쪽의 칠족령을 타고 정선군 신동읍 덕천리로 넘어간다고 한다. 칠족령에 오르면 겹겹으로 굽이도는 동강의 아름다운 모습을 만날 수 있어 좋다.


교통·숙박 서울 구의동 동서울 버스터미널에서 하루 8회 운행하는 정선행 시외버스를 이용, 미탄에서 내리거나 영월까지 와 정선행 시외버스를 타고 미탄에서 내리면 된다. 소요시간은 3시간 30분 정도. 미탄에서 마하리 까지는 시내버스가 하루 3회 운행.

승용차로는 영동고속도로 새말 IC에서 안흥, 방림삼거리, 평창을 거쳐 미탄으로 오면 된다. 3시간 정도 소요.

마하리에는 여관은 없고 민박집은 많다. 마하 본동에는 김석규(0374-332-4135)씨의 민박집이 있다. 마하리 강변에서 문희마을로 가다가 보면 왼쪽으로 두룬산방 엄삼용(0374-334-0920) 씨의 민박집이 있다. 흑염소 백여 마리를 방목하는 까닭에 10여 명이 먹을 수 있는 흑염소 요리는 사

동강 물길을 차지하기 위해 고구려가 남하하면서 쌓은 고성리 산성

전에 주문하면 조리해 준다. 문희마을에는 문희산장(0374-332-5999 · 10
실)과 우문제(0374-333-9435 · 8실) 씨의 민박집이 있다. 강건너 절매에
는 백룡동굴을 전국에 알린 정문룡(0373-378-0115) 씨 집도 미리 연락하
면 절매나루를 건너가 민박을 할 수 있다. 방값은 2만원 선. 민박과 함께
백반, 송이닭백숙, 황기백숙, 매운탕 등을 파는데, 자연산 송이 2개를 넣
어 조리하는 송이닭백숙이 최고의 인기라고 한다.

## 5) 정선군 신동읍 고성리~덕천리 · 운치리

동강의 비경을 꼽으라면 어디를 꼽을까. 동강이 흔히 영월 동강으로 알
려지면서 동강하면 먼저 떠올리는게 어라연이었다. 그도 그럴 것이 언론
에서 동강을 이야기 할 때는 영월 동강이고 어라연 뿐이었다. 오래전부터
동강의 백미라고 하는 고성리와 덕천리는 세간의 이목에서 멀어진 듯 하
다. 그러나 동강에 빠져든 사람들은 한결같이 고성리와 덕천리를 동강의
핵심으로 여기는데 주저하지 않는다. 속살이 깊은 고성리와 덕천리에 은
밀하게 숨어 있는 것은 무엇이기에 감각적인 아름다움을 넘어서는 것일까.

고성리를 가려면 영월에서 38번 국도를 타고 정선군 신동읍으로 간다.
영월에서 신동까지는 약 30분 거리. '아리랑의 고장'이라고 손님을 반기
는 큰 표석을 지나 신동읍에 들어서면 먼저 오거리에 이르게 된다. 오른

43

고성산성에서 남쪽으로 바라본 산지에 싸인 덕천리

쪽으로 가면 함백 방면. 왼쪽으로 틀면 신동읍사무소로 들어가는 길이다. 이 길 옆으로는 곧게 뻗은 길을 따라 1킬로미터쯤 가면 왼쪽으로 유문동으로 들어가는 좁은 길이 보인다. 여기서 시멘트 도로를 타고 약간은 언덕길을 오르는 듯 5분 정도 가면 다시 두 갈래 길을 만난다. 왼쪽으로 난 길은 산꼭대기를 굽이돌아 넘어가는 길이고 직진 방향의 길은 폭이 좁고 긴 터널을 빠져 나가는 길이다.

터널이라고 해야 중형버스 이상은 다니지 못하고, 반대편에서 차가 올 때는 터널 밖에서 한참을 기다려야 한다. 터널 안에 들어서면 아무런 조명시설도 없어 캄캄하다. 암흑 속에서 다가가는 미지의 세계. 터널을 빠져 나가면 또다른 세계가 기다릴 듯한 설레임이 앞선다. 아니나 다를까, 아래로 보이는 꼬부랑길은 사진으로 보던 동강의 물굽이와 거의 비슷하지 않은가. 왜 이곳에서부터 굽이굽이 에도는 동강의 모습을 각인시키려는 것일까.

포장 도로를 따라 10여 분쯤 가면 마을 한가운데 커다란 느티나무가 있는 창마을을 지난다. 1910년 전까지 신동읍이 평창군 동면에 속해 있을 때 평창의 동창(東倉)이 있던 곳이어서 지금도 창마을이라고 한다. 창마을을 지나 고성분교가 시야에 들어오면 왼쪽으로 울창한 숲이 보이고 빛바랜 정자 하나가 서 있다. 숲 옆으로 난 길이 고성리 산성에 오르는 길이다. 해발 4백여 미터의 야트막한 산에 있는 고성리 산성은 옛날 고구려

44

가 남진을 하면서 쌓은 성으로 추정된다. 성 안을 둘러보면 멀리 동강 상류와 겹겹으로 휘도는 하류가 한눈에 들어와 천혜의 요새임을 짐작할 수 있다.

고성리에 들어와 마주 대하는 것들은 모두 옛것들이기에 먼저 옷깃을 고쳐 맨다. 산성에서 내려온 뒤 고성분교를 지나다 보면 왼쪽 밭에 덩그라니 선 고인돌을 만나게 된다. 그 뒤편에 또 고인돌.

그렇다. 고성리와 덕천리가 은밀히 숨기고 있는 것은 바로 선사 유적이다. 아득한 옛날부터 이 골짜기에 들어와 살기 시작했던 사람들의 역사는 신석기 시대로 거슬러 올라간다.

고성분교 뒤에서 30여 미터쯤 가면 두갈래 길이 나온다. 왼쪽으로 들어서 다시 1킬로미터 정도를 가면 덕천리 소골 강변에 선다. 순간 자신의 모습은 왜소해지고 장엄한 눈 앞에 펼쳐진 백운산과 칠족령의 산세에 휘감긴다. 오른쪽으로 발길을 돌려 소골마을에 들어서면 강물에 퇴적된 모래흙이 겹겹으로 쌓였다.

가만히 들여다 보면 모래흙 곳곳에는 깨진 토기 조각이 즐비하다. 동강 최대의 선사유적지. 10여년 전쯤 대학 박물관 조사로 세상에 드러난 이래 깊은 잠에서 깨어났지만 이곳에서 조사된 선사유적은 빙산의 일각일 뿐이다. 밤나무 밑 큰 고인돌은 찾는 이 없이 세월의 바람에 서글픈 모습이다. 옆으로는 훼손된 고인돌이 군락을 이루고 있다. 소골뿐 아니라 운치리 납운돌 강변, 덕천리 제장 강변, 바새 강변으로 이어지는 퇴적지는 모두 선사유적이 남아 있는 곳이다. 역사유적박물관은 바로 이런 곳을 두고 하는 말이다.

덕천리에서 위로 눈을 들어보면 거대한 산이 안개에 묻혀있다. 해발 882.5미터의 백운산. 보기에도 아찔한 단애들을 불러모아 자연의 오케스트라를 연출하는 산이다. 온갖 희귀 동식물들이 서식하고 석화(石花)가 수줍게 피어나는 산이다. 백운산을 피해가는 동강 물길은 수많은 비경을 창출했다. 백운산 아래로 휘도는 물굽이 가운데 덕천리 나리소는 정적이 무겁게 깔린 비경이다. 병풍처럼 가파른 벼랑 밑을 돌아 흐르는 강은 나리소를 지나면서부터 더더욱 굽이치기 시작해 제장, 연포에 이르러서는 절정에 이른다.

동강의 매력에 이끌린 사람들은 덕천리에서 백운산을 오르거나 강 옆으로 난 자갈밭 길을 따라 걷고 또 걷는다. 걷다가 자갈밭에 누워 늘어지게 낮잠을 한숨 자고 난 뒤로도 들려오는 것은 잔잔한 여울 소리와 물을 박차고 날아오르는 새소리뿐이다.


교통·숙박  서울 청량리역에서 1일 5차례 (10:00, 12:00, 14:00, 17:00, 22:00) 운행하는 태백선, 영동선 무궁화호 열차를 이용, 예미역에서 하차. 주말열차(금·토·일 22:30, 토·일 08:10)를 이용하는 것도 좋다. 평일요금 7,700원. 3시간 40분 안팎 소요.

승용차로는 영동고속도로 남원주 IC에서 중앙고속도로로 진입, 남하하다가 신림 IC로 빠진다. 402번 지방도로를 타고 황둔, 주천, 영월, 석항을 거쳐 신동읍에 들어서 38번 국도를 타고 가다가 유문동이라고 쓰인 이정표를 따라 들어가면 된다.

예미역 아래에서 고성리 운치리행 25인승 마을공용 버스(0373-378-1189)가 하루 5회 운행한다(06:00, 08:30, 12:00, 16:00, 18:40). 운치리를 향하다가 고성산성 입구인 고성분교 앞에서 내린다. 예미역에서 고성리까지는 25분 소요.

고성리에는 두채의 민박집이 있다. 래프팅 업체인 고성리버(0373-378-0292·6실)와 이재립(0373-378-0804·2실) 씨의 민박집이다. 고성리버에는 작은 방에서부터 십여명 이상이 숙박할 수 있는 큰 방도 있다. 방의 크기와 인원에 따라 1실 2만~10만원이다. 미리 부탁하면 식사도 가능하다. 덕천리에는 소골에는 최돈옥(소골상회·0373-378-0838·5실) 씨의 민박집이 있고, 연포에는 변만용(0373-378-1148·3실) 씨의 민박집이 있다. 방값은 2만원.

40여명 정도의 단체라면 20여분 거리 산간에 아담하게 자리한 정선아리랑학교(0373-378-6004)를 이용하는 것도 좋다. 답사 전에 굽이굽이 동강 물길을 따라 흘러간 정선아리랑과 떼꾼들의 삶, 동강의 선사유적등을 자세히 배울 수 있다.

동강의 북쪽 길목인 귤암리에서 본 수리봉(나팔봉)

## 6) 정선읍 광하리~귤암리 · 가수리

동강에 댐이 건설된다는 얘기가 들리기 시작할 무렵 가장 민감한 반응을 보인 사람들은 수몰지 주민과 상류인 정선 주민들이었다. 1990년 호된 수해를 입은 영월 주민들이 댐 찬성으로 일관할 때 정선 사람들은 물이 역류되어 읍내가 수몰된다며 반기를 들었다. 군민 궐기대회를 열고 서명운동을 하곤 했으나 시간이 지나면서 흐지부지 되었다.

그리 길지 않은 시간 동안 참으로 많은 것이 변했다. 영월에서는 댐 반대 궐기대회가 이어지고 곳곳에 현수막이 나부끼는데 정선은 조용하기만 하다.

정선읍내에서 남서쪽 평창 미탄으로 이어지는 42번 국도를 따라 10여 분쯤 가면 고개를 만난다. 소나무가 울울창창한 고개를 넘어 내려가다보면 회동계곡으로 들어가는 길이 있고 10여 미터 지나 왼쪽으로 크게 한굽이를 돌면 멀리 강을 가로지르는 광석교가 한눈에 들어온다. 아래쪽에 있던 다리가 영월댐이 건설될 경우 만수위가 되면 잠기게 되자 헐어버리고 교각을 높인 다리다. 알게 모르게 영월댐은 진행되고 있는 모습이었다. 이 다리에 이르기 전 삼거리에서 오른쪽 아래로 갈라져 나간 길을 따라가면 조양강, 동강변 길이 계속 이어진다.

광석교 아래를 지나자 콘크리트 길은 좁아지기 시작했다. 오른쪽으로는

47

높은 산이 강물에 얼비쳐 젖어들고 왼쪽으로는 차창으로 다 올려다보지 못할 만큼 수십 길 절벽이 금새 덮쳐올 듯 서있다. 글자 그대로 여울물길이 너른 광하리를 지나면 곧 귤암리 마을 표석이 기다린다. 강물 건너에 유독 뾰족하게 솟아난 봉우리는 나팔봉(喇叭峰). 임진왜란 당시 향임좌수 전민준이 정선 관·민을 피신시켰던 나팔동굴이 있는 산으로 수리봉이라 부르기도 한다. 높은 산이면 으례히 붙는 산 이름 수리봉이 여기서도 예외는 아니다.

수리봉 아래로 펼쳐진 귤암리 상귤하마을에 들어서자 길 옆으로는 고인돌 하나가 자리하고 있다. 기원전부터 사람이 들어와 살던 곳. 귤암리에는 이밖에도 두 곳의 고인돌이 마을과 강변에 더 있다.

수리봉 아래를 흐르는 조양강의 강폭은 좁다. 폭이 좁은만큼 강은 더 깊은 물길을 만들어 조용히 흐른다. 그러나 조용함은 오래가지 못했다. 깎아 지른 듯한 절벽 아래의 가리탄 여울 물소리는 절벽을 울려 반사될 만큼 큰 소리로 흐르고 있다. 옛날 이곳을 내려가던 뗏목이 여울 밑의 바위에 걸려 애를 먹던 곳이기도 하다.

귤하마을을 지나 500여 미터쯤 내려가자 강 건너로 폐교된 귤암분교가 눈에 띈다. 잠수교를 건너 다가가면 강 건너편에서 볼 때와는 달리 음산하다. 비포장 길을 따라 골짜기로 1킬로미터 정도 오르면 개울가에 7미터쯤 되는 긴 바위가 드러누워 있다. 정선 땅에서 가장 유명한 전설 가운데

동강 12경이 시작되는 상류 가수리 느티나무와 마을풍경

하나를 낳은 옷바위다. 옛날 이 바위가 서 있을 때 사람들이 이 바위에 무명과 명주로 옷을 해 입힐 정도였다고 한다. 넘어진 채 숱한 나날을 보낸 옷바위는 예전의 이름에 걸맞는 모습이 아니다. 단지 의암(衣岩)이라는 마을 이름만 남겨 놓았을 뿐이다.

의암에서 돌아서서 다시 잠수교를 건너올 때 귤암분교 교정을 쩡쩡 울리던 아이들의 목소리가 들려오는 듯 했다. 잠수교에서 하귤하를 거쳐 가수리에 이르는 4킬로미터 남짓한 길에는 다시 가파른 절벽이 길 옆에 늘어선다.

조양강이 동남천과 만나 동강이 시작되는 마을 가수리. 가수분교 교정의 나이가 700년이나 되는 느티나무가 마을의 역사를 말해주고 있다. 가수의 본 이름은 수며(水旅). 옛날 신라가 한수유역을 점령하면서 생겨난 지명이다. 그 말이 변해 지금은 '수미'로 불리는 곳이다.

수미마을은 마을 형국이 조리와 같아 쌀을 씻을 때 가득 차면 부어내는 것처럼 돈을 벌었을 때 떠나가지 않으면 알거지가 된다고 한다. 떠나기를 꿈꾸는 사람들. 이런 꿈은 동강 주변 마을에서 가장 적극적인 댐 건설 지지로 나타나기도 했다.

강 건너 북대마을은 마을 형국이 마치 배(船)와 같아 우물을 파지 않는 마을이다. 우물을 팠다가는 언젠가 침몰하고 말 것이라는 믿음이 지배하고 있다

수미에서 동강 물줄기 옆으로 난 길을 따라 2킬로미터쯤 곧게 뻗은 물길은 가탄마을에 이르러 북서쪽으로 크게 굽이돌기 시작한다. 가탄마을에서 내려오면 강 건너편에 물굽이에 휩싸인 마을 하나가 아름답게 들어서 있다. 땅이 기름져서 마을 이름을 '유지'라고 했다는데, 한참을 바라봐도 인기척이 없다.

유지마을이 보이는 곳에서부터 강변 도로는 폭이 넓고 말끔하게 정돈되어 있다. 도로만큼 강폭 또한 드넓어선지 강 건너 해매마을이 아득하게 느껴진다. 가수리의 끝마을인 해매마을을 지나 언덕길을 넘어서면 정선군 신동읍 운치리, 고성리로 이어진다.

광하리, 귤암리, 가수리를 흐르는 강물을 벗삼아 내려왔다. 차를 타고

는 50분 정도. 두리두리 살피기라도 한다면 한 시간이 훨씬 더 걸리는 길이다. 물길과 도로가 가까이, 때로는 적당한 거리를 두고 평행선으로 내려오는 길이기에 걷는 것이 차를 이용하는 것보다는 한결 좋다.

**교통 · 숙박**  서울 구의동 동서울 버스터미널에서 하루 8회 운행하는 정선행 시외버스를 타고 정선에서 내리면 된다. 4시간 정도 소요. 요금은 12,400원.

정선에서 가수리 가탄까지는 시내버스가 하루 4회(06:20, 09:40, 15:00, 18:05) 운행한다.

승용차로는 영동고속도로 하진부 IC에서 진부, 숙암을 거쳐 정선읍내로 와 다시 32번 국도를 타고 영월방면으로 10여분쯤 가다가 광석교 아래로 든다.

귤암리 · 가수리에 민박집은 거의 없다고 해도 과언이 아니다. 해가 저물어 오고가지 못할 상황이라면 마을 주민들에게 민박을 청해 보는 것도 좋은 방법이다. 식사 또한 부탁을 하면 메뉴가 다양하지는 않지만 산골의 특미를 맛볼 수 있어 민박도 재미있다.

# 2. 동강 유역의 지명유래

# 1. 영월군

## 영월군 영월읍 삼옥리(三玉里)

영월군 소재지인 영월읍 북동쪽에 있는 마을이다. 본래 영월군
천상면(川上面) 지역으로 1914년 행정구역 통폐합에 따라
땍베리, 막터, 먹골, 번재, 벌말, 사지막, 산등, 상촌, 섭새,
성안, 송이골, 웃구룬, 작골 등을 합하여 삼옥리(三玉里)라고
하였다.

동강 하류의 마을로 물굽이에 의해 퇴적된 모래가 많아
'사모개'로 부른 것이 변해 '삼옥'으로 되었다고 한다. 또
산여옥(山如玉), 수여옥(水如玉), 인여옥(人如玉)이라 해 산좋고
물좋고 인심좋은 마을이란 뜻에서 비롯되었다고도 한다.

주요 성씨로는 영월 엄(嚴)씨, 정(丁)씨 등이며, 현재 행정
3개리에 130여 가구 450여 명의 주민들이 잎담배, 고추, 콩 등의
밭농사와 포도 등의 농사를 지으며 살고 있다.

거운교
섬새
▲ 633.4 m
바디레뜰
머골
재골
막터
사지막
큰묵밭
완택산성
솔치 597.2 m
당물이재
옻물내기
작골
삼옥재
삼옥
박달골
산도아치
웃그름
벌말
삼옥교
살댐여울
붕어나루
번재
안돌이
자연암
둠벙소
봉래산
799.8 m
꽃밭여울
땍베리
고한
사북
저새
38
영월

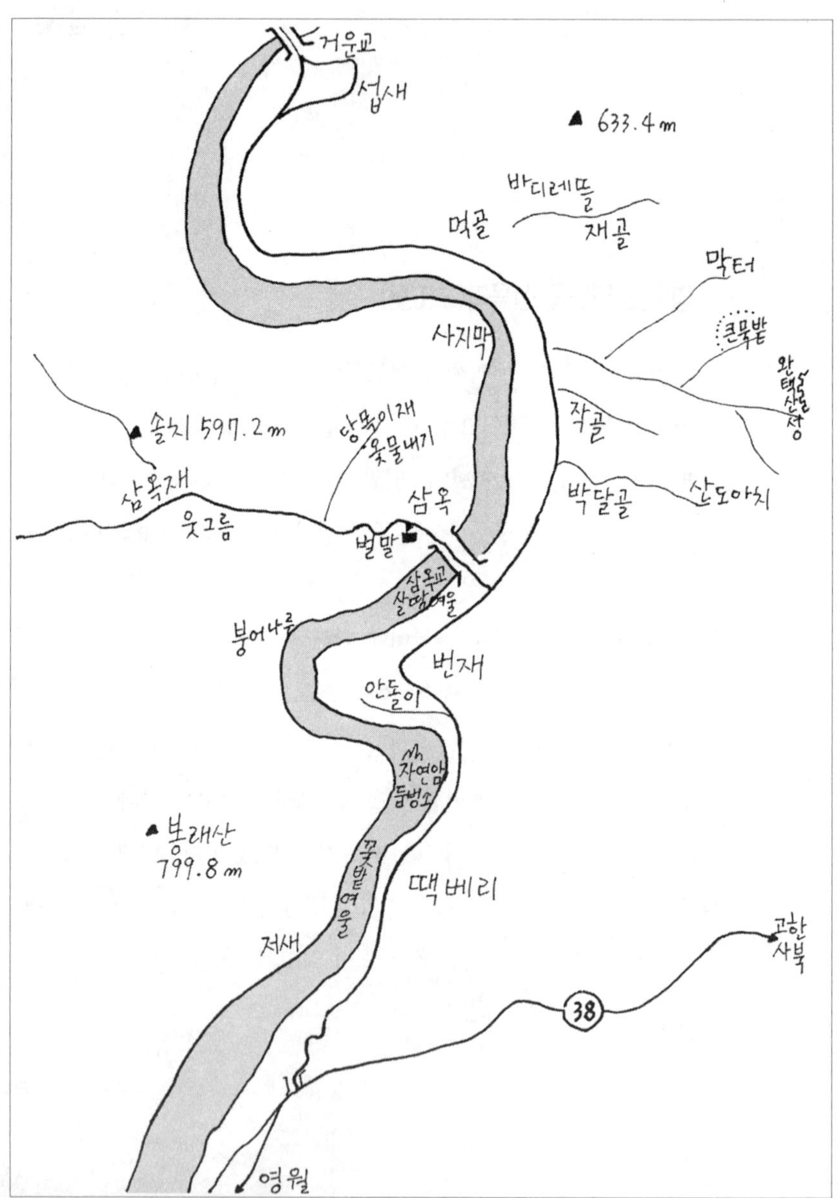

영월군 영월읍 삼옥리

**땍베리** 삼옥리 남쪽에 있으며 '닥바우'라고도
한다. 일설에는 벼랑에 닥나무가 많아 생겨난
이름이라고 하나 확실하지 않다. 지금처럼
도로가 개통되기 전까지만 해도 사람들은 봉래산
아래 꽃밭여울 위로 난 길을 이용해 읍내로
다녔고, 땍베리로는 겨우 한 사람 정도만이
벼랑에 딱 붙어 서서 갈 수 있을 정도였다.
30여년 전까지만 해도 10여 가구가 넘게
살았으나 지금은 3가구 만이 살고있다.

**꽃밭여울** 땍베리 아래에 있는 여울이다. 여울
가에 해마다 봄철이면 연분홍색을 띤 철쭉꽃이
핀다고 해서 '꽃밭여울'이라고 한다.

**번재(番峙)** 둥글바위 앞에 있는 마을이다.
영월읍내에서 삼옥으로 가는 도로가 나기 전까지
이곳에 가기 위해서는 벼랑 밑을 여러번 돌아서
다녔다고 해서 '번재'라고 한다.

**자연암(紫煙岩)** 번재 앞 강 한가운데에 우뚝
솟은 큰 너럭바위로 '둥글바우'라고 한다.
옛날에는 바위와 바위 사이를 잇는
'문아구리'라는 바위가 있어 정선에서 내려오는
골안 뗏목이 이곳을 지나다가 바위에 부딪쳐
파손되는 일이 잦자 일제시대 때 깨어 없앴다고
한다. 봉래산과 강변 모래사장과 함께 어우러진
경치가 아름다워 해마다 여름이면 많은 사람들이
찾는 관광지가 되었다.

영월읍에서 동강으로 거슬러 올라가다 첫 번째의 명소인 전설의
'둥글 바우'

**갈미여울** 둥글바위 뒤에 있는 여울이다.

**둠벙소** 자연암 밑에 있는 소(沼)다. 깊은 물
속에서 주로 서식하는 쏘가리등이 많이 잡혀
낚시꾼들이 즐겨 찾는 곳이기도 하다.

**붕어나루** 번재와 아랫벌말 사이에 있는
나루터다. 강물이 굽이 도는 까닭에 늘 물이
고여 있어 붕어가 많이 산다고 해서
'붕어나루'라고 한다.

**안돌이** 번재에서 땍베리를 지나 강길 옆으로 난
길에 있는 바위다. 지금의 도로가 나기 전에는
벼랑 밑으로 다니던 사람들이 이 바위를 겨우
안고서 돌아갈 정도로 길이 좁았는데, 옛날
이곳을 지나던 먹골 처녀와 번재 총각이 길에서
마주쳐 서로 안고서야 겨우 비켜 돌았다고 해서
'안돌이'라고 했다는 얘기가 전해져 내려온다.

**벌말** 삼옥리의 본마을로 넓은 평지에 마을이
형성되었다고 해서 '벌말'이라고 한다. 1914년
일제에 의한 행정구역 통폐합 전까지만 해도
천상면(川上面)소재지로 시장이 형성될 정도의
큰 마을 이었다.

**살땀여울** 벌말 앞에 있는 여울이다. 예전에
겨울이 되어 강물이 줄어들면 물길을 막아
돌담을 쌓고 싸리나무로 발을 엮어 만든 '살'을
설치해 고기를 잡던 여울이라고 해서
'살담여울'이라고 했다. 그후 이 말이 변해
'살땀여울'이 되었다. 물고기가 많이 잡히던
여울로 예전에는 이곳의 살담을 송아지 한
마리와도 안 바꿀 정도로  가치가 높았다고 한다.

**당목이재** 벌말 북서쪽에 있는 고개로  고개
마루에 당(堂)이 있었다고 해서 '당목이재'라고
한다.

**옻물내기** 당목이재에 있는 샘물이다. 땅속에서
차디찬 물이 솟아 올라 오랜 옛날부터 옻오른
사람들이 이 물을 먹으면 낫는다고 해 많은
사람들이 효험을 보았다고 한다.

**삼옥재** 삼옥리 아랫말에서 영월읍 속골로
넘어가는 고개다.

**웃구름** 벌말에서 송이골로 들어가는 부분을
말한다. 오래 전부터 날씨가 흐리거나 비가 오면
골짜기 위로 구름이 짙게 드리워졌다고 해서
'웃구름'이라는 지명이 생겼다고 한다.

**웅덩바우** 아랫벌말 강가에 있는 바위다. 바위
한가운데가 움푹하게 들어가 웅덩이가 졌다고
해서 '웅덩바우'라고 한다.

**박달골** 벌말 동쪽에 있는 골짜기다. 골짜기
안에 박달나무가 많아 생겨난 이름이라고 하나
확실하지 않다. 오히려 '크다'는 의미를 가진
옛말 '붉'에서 취해진 지명으로 보는 것이
타당할 것 같다.

**작골** 박달골과 먹골 사이에 있는 큰 골짜기다.
병자년(1936년) 홍수 전까지만 해도 농사가
잘되는 옥토였다고 하나 당시 홍수로 많은
밭들이 자갈에 뒤덮여 현재의 모습이 되었다.
현재는 네가구가 살고있다.

**산도아치** 작골 안쪽에 있다.

**완택산성(完澤山城)** 먹골 뒤에 있는
석축(石築)산성이다. 『동국여지승람』이나
『영월읍지』등의 기록에 따르면 합단(哈丹)이
쳐들어 왔을 때 마을 사람들이 피신했다고 한다.
이 성의 동쪽, 남쪽, 서쪽은 절벽으로 되어있고,
북쪽도 경사가 심한 천험의 요새로 상동에서
연하리로 내려오는 적과 동강물길을 타고
내려오는 적을 한눈에 조망할 수 있다.
 성에서 동남쪽으로 연하리 꽃밭머리가
내려다보이는 800미터 능선에는 망대로 보이는
돌무더기가 있으며, 여기서 서남쪽으로 능선을
따라가면 흙을 다져 쌓은 토성의 흔적도
남아있다. 능선을 따라 서쪽으로 가면 북쪽으로
향한 경사지 아래에 분지가 있다. 이곳에는
강돌이 상당히 넓게 분포되어 있는데 이곳이
본영지로 추측된다.

**목골** 번재와 섭새 사이에 있는 마을로 목골로
불리기도 한다. 마을 앞으로 보이는 강 건너
벼랑에 검고 큰 굴이 있다고 해서 '먹굴'이라
했는데, 이 말이 변해 '목골'이 되었다.

동강서쪽 통로인 영월에서 가다 만나는 첫 큰 마을인 먹골(목골)

**바디레뜰** 목골 마을 뒤쪽에 있는 넓은 뜰이다.
미나리과에 속하는 바디나물이 많아
'바디레뜰'이라고 한다.

**사지막(砂地幕)** 먹골 강 건너편에 있는
마을이다. 오래 전 이 마을에 처음 정착을 한
사람들이 모래땅 위에다 움막을 짓고 살았다고
해서 '사지막'이라고 했다.

**섭새(涉沙)** 삼옥리와 거운리가 접하는
강마을이다. 옛날부터 상류에서 굽이치는 강물이
범람하여 마을 전체가 모래와 자갈로 뒤덮였던
곳이다. 마을 주민들이 농경지를 개간하면서
모래가 쌓인 내를 건너 다녔다고 하여
'섭사(涉沙)'라고 했는데, 이 말이 변해
지금은 '섭새'라고 한다

**재골** 목골 뒤에 있는 긴 골짜기로 굽이가 심한
고개가 많다고 해서 '재골'이라고 한다. 옛날
거운리 길운 사람들이 이 골짜기를 넘어
다녔다고 한다.

**어선골** 재골과 만지 사이에 있는 골짜기로
'어신골'이라고도 한다. 골짜기 안의 모습이
배(船)와 같다고 해서 생겨난 지명이라고 하나
확실하지 않다.

영월읍으로부터 동강을 찾는 이들이 몰리는 삼옥리 섭새 강변

## 영월군 영월읍 거운리(巨雲里)

　영월군 소재지인 영월읍 서북쪽에 있는 마을이다. 옛날에는
'거탄소(居呑所)'라는 천민 집단 거주지가 있어 고리짝등을
생산해 생계를 유지하며 살았다. 1937년 이전 까지만 해도 삼옥,
문산과 함께 천상면(川上面)지역에 속해 있었으나 행정구역
통폐합으로 영월읍에 속하게 되었다.

　영월군을 북에서 서로 굽이쳐 흐르는  동강변의 마을로 산이
높고 골이 깊어 안개와 구름이 많이 끼는 지역이기도 하다. 이
때문에 거운과 함께 인근 지역에는 절운재, 길운, 무운, 옆굴운,
달운, 뉘운, 팔운 등의 구름(雲)과 관련된 지명이 생겨나게
되었다. 거운리는 아랫말(거운분교 일대), 중말(마을회관 부근),
윗말(송어장 부근)로 이루어져 있으며, 만지(滿池)를 제외한
대부분의 마을은 영월댐 건설 예정지 하류에 있다.

　행정 1개리에 61가구 190명의 주민들이 잎담배, 옥수수, 고추,
콩 등의 밭농사를 지으며 살고 있다. 섭새 거운교 주변 마을과
만지 주민들은 동강을 찾는 관광객들을 상대로 영업을 하거나
어업에 종사하며 살고 있다.

문산리
팔운
절운재
어라연
어라사터
너벨
693.5 m
노루목
된꼬까리
아창골
소금실
쉼맛들
느릅재
만쇠
전산집터
길운
노가리
본골
만지
안검은골
선바우
상여바우
숯검은골
덕멍기
거운초등
용마굴
영월댐 예정지
편채
안여울
거운교
섭새

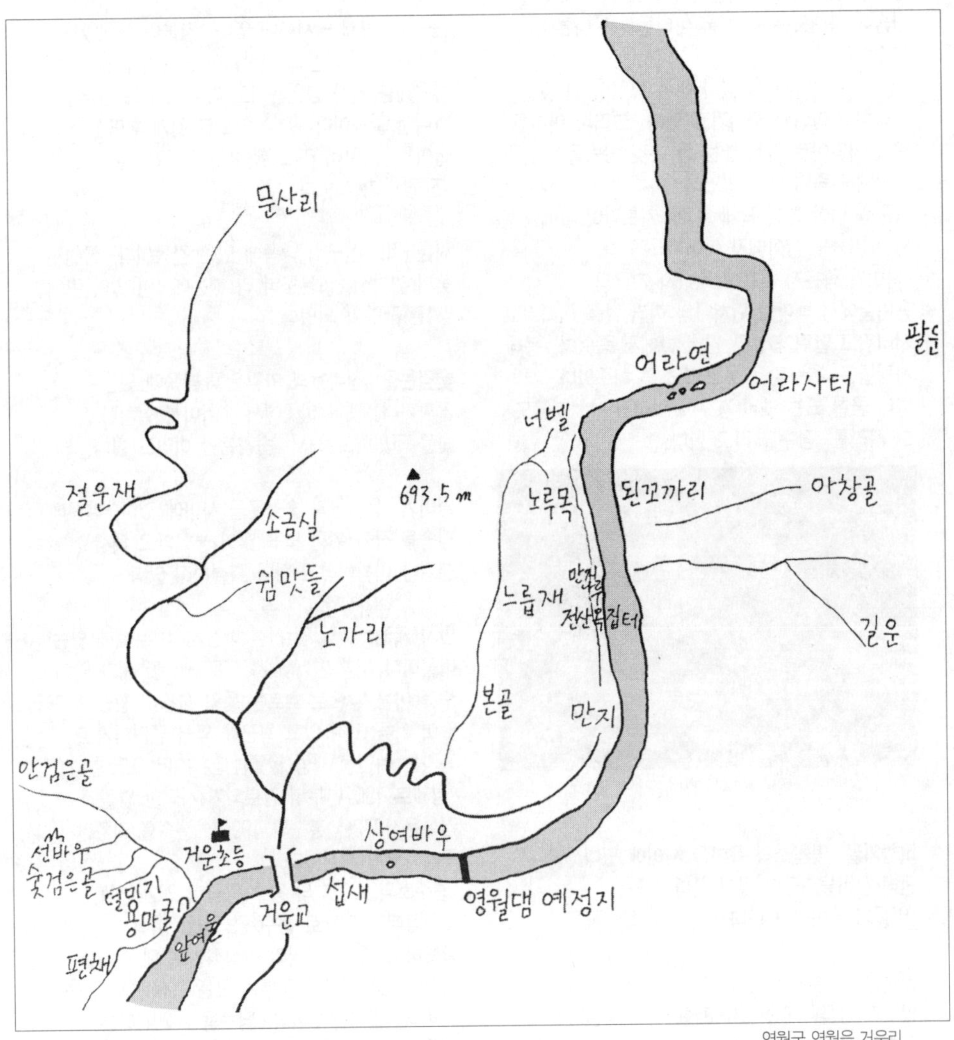

영월군 영월읍 거운리

**용마굴** 거운교 아래쪽에 있는 굴로 용마전설을
담고 있다. 옛날 거운리 정(丁)씨네 집안에서
아들을 낳았는데, 삼일만에 시렁 위에 올라앉아
병정놀이를 하고 밤이면 영월까지 삼십리 길을
단숨에 다녀오는 등 보통 아이들과는 다른
모습이었다.
　집안에서는 장수가 났다 하여 역적이 될 것을
두려워해 아이를 죽이기로 했다. 그러나 아이를
큰 연자방아로 눌러 놓는 등 온갖 방법을
동원해도 죽일 수가 없었다. 마침내 아이에게
독주를 먹여 잠이 들게 한 후 겨드랑이 밑에
있는 비늘을 잡아떼자 아이가 죽었다.
　아이가 죽은지 사흘이 지나자 지금의
용마굴에서 백마가 뛰쳐나와 여러 날을 이리뛰고
저리뛰고 날뛰다가 강 건너 밭에서 죽었다. 동네
사람들은 죽은 말을 묻고 벌초를 해주었다.
말이 묻힌 묘는 옛날 홍수에 없어졌으나 지금도
그 자리를 '장수묘'라고 한다.

아이가 죽은지 사흘만에 용마가 뛰어 나왔다는 용마굴

**비둘기굴** 딱발소와 용마굴 사이에 있다. 굴
안에 산비둘기들이 많이 산다고 해서
'비둘기굴'이라고 한다.

**납작굴** 비둘기굴 남서쪽에 있는 굴이다. 굴
입구가 납작하게 생겼다고 해서 '납작굴'이라고
한다.

**편채** 납작굴 위쪽에 있는 넓은 들이다.

**진구비** 편채 남서쪽에 있다. 강물이 불어났을
때 거운리와 문산리 사람들이 당목이재와
삼옥재를 지나 영월읍내로 다니기 위해 넘어
다니던 길목이다. 강물 옆으로 길게 휘어진
굽이를 '긴구비'라고 했는데, 이 말이 변해
'진구비'가 되었다.

**짜른구비** 진구비 남쪽에 있는 길목이다. 굽이진
곳이 짧아서 '짧은구비'라 했는데, 이 말이 변해
'짜른구비'가 되었다.

**숯검은골** 선바우와 안검은골 남쪽에 있는
골짜기다. 옛날 이곳에서 숯가마를 설치하고
숯을 구웠다고 해서 '숯검은골'이라고 한다.

**덜미기** 용마굴과 숯검은골 사이에 있다. 예전에
짐승을 잡기 위한 덫을 많이 놓았다고 해서
생겨난 이름이라고 하나 확실하지 않다.

**만지(滿池)** 영월댐 건설 예정지 바로 위에 있는
마을이다. '찰 만(滿)'자, '못 지(池)'자가 말해
주듯 마을 앞으로 흐르는 동강 물길이 항상 호수
같이 가득 고여 있고 최근에 와서 댐이야기로
혹자는 예언성 지명(豫言性地名)이라고도 한다.
　실제로 1957년부터 검토되기 시작한 영월댐
건설은 1972년 홍수와 1990년 홍수를 거치면서
구체화되기 시작했다.
　충주호와 소양호의 용수 공급이 2020년에
포화상태가 되므로 용수 공급원을 미리
확보하고, 한강 유역의 만성적인 수해 피해를
해결한다고 생각한 정부는 오는 2000년까지 높이
98미터, 길이 325미터, 담수용량 7억 여톤
규모의 댐을 만지 아래에 건설할 것을 결정했다.
　그러나 1999년 이후로 예정된 댐 착공은
건설부와 환경단체와의 논란에 지지부진한
상태다. 80퍼센트가 넘는 국민의 반대와 함께
수몰 예정지역의 보상문제로 인한 주민들의
집단적인 반발이 있기도 하지만 댐이 완성될
경우 만지에서부터 52킬로미터 상류 지점까지
모두 물에 잠기게 된다.

60

동강에서 가장 인기 있었던 만지나루의 전산옥 집터를
가리키고 있다

**만지나루** 만지에서 강 건너편 길운으로
건너가는 나루터다. 나루터 입새에는 정선에서
영월을 거쳐 서울로 오가던 떼꾼들을 상대로
술장사를 했던 전산옥(全山玉)의 집터가 아직
남아 있다.
 전산옥이 꾸리던 객주집은 당시 영월까지 가던
골안 떼꾼들에게 가장 인기가 높았다고 한다.
떼꾼들의 까다로운 눈썰미에 쏙 들 정도의
미모에다가 취중객담까지 잘 받아주고 밤새도록
어울려, 떼꾼치고 전산옥 이름 석자 모르는
사람이 없었다고 한다.
 특히 뗏목이 당도하는 서울 광나루, 삼개나루
등지에서는 '미금의 썩재이(石貞) 보다 골안
전산옥이 낫다'는 말이 날 정도로 서울에서까지
인기가 높았다고 한다. 지금도 정선아리랑에는

 황새여울 된꼬까리 떼 무사히 지냈으니
 만지산 전산옥이야 술판차려 놓게

라는 유명한 가사가 있다.

**길운(吉雲)** 만지나루 동쪽 건너편에 있는
마을이다. 이 마을에 있는 앞구봉의 봉우리에
구름이 드리우고 비가 오면 풍년이 들었다고
해서 '길운(吉雲)'이라고 했다. 땅이 기름지고
농사가 잘되어 오래 전부터 사람들이 정착했다.

**아창골** 만지나루 건너편 길운과 팔운 사이에
있는 골짜기다. 옛날 어린아이가 죽으면 이
골짜기에다가 묻고 짐승들이 파헤치지 못하도록
돌을 쌓아둔 무덤인 애창이 있었던 곳이라 하여
'애창골'이라고 불렀는데, 그 말이 변해
'아창골'이 되었다.

**된꼬까리** 어라연 아래에 있는 여울목이다.
물굽이가 심하게 치도는 곳에 강쪽을 향해 고깔
모양의 누렇고 큰 바위가 서있다고 해서 생겨난
이름이다.
 된꼬까리에서 '된'은 꼬까리가 심하다는 뜻인
'되다'에서 나온 말로 옛날 뗏꾼들은 이 바위를
가리켜 '문둥바우'라고 해 뗏목을 부딪히지 않기
위해 사투를 벌이곤 했다. 그러나 경험많은
앞사공이 바위를 피해가도 뒷사공은 떼를
틀지못해 부딪혀 죽거나 다치는 일이 허다했다.
 정선에서부터 영월로 가던 골안 뗏목길 가운데
위험한 곳으로는 아우라지 밑의 상투비리,
용탄의 범여울, 마하리의 황새여울, 거운리의
된꼬까리가 있었는데, 이 가운데 된꼬까리가
제일 넘어가기 버거운 물길이었다.
 예나 지금이나 다를 바 없이 된꼬까리는 동강
물길 가운데서 가장 물살이 심하고 위험해
고무배를 타고 내려가다가 뒤집혀 사상자를
내기도 한다.

동강 물길에서 가장 위험한 여울 된꼬까리

**어라연(魚羅淵)** 만지나루터 위에 있다. 푸르른
강물에 옥순봉(玉筍峰)을 중심으로 기이한
모양을 한 세 개의 봉우리(三仙岩)가 솟아 있고
그 위에 솟은 소나무들은 계곡의 바람소리와
어우러져 마치 한 폭의 산수화를 연상케 하는
곳이다.

어라연의 본래 지명은 어라연(於羅淵)으로
지금의 절터라고 하는 곳에 어라사(於羅寺)라는
절이 있었다.

어라연에는 여러 가지 이야기가 전해져
내려오는데, 1530년(중종 25년)에 발간된
『신증동국여지승람(新增東國輿地勝覽)』에는
다음과 같은 얘기가 있다.

어라사연(於羅寺淵)은 군의 동쪽
거산리(巨山里)에 있다. 아조(我朝) 세종(世宗)
13년에 큰 뱀이 있었는데, 어떤 때는 못에서
뛰어놀기도 하고, 어떤 때는 물가를 꿈틀거리며
기어다니기도 했다. 하루는 물가의 돌무더기
위에 허물을 벗어놓았는데, 길이가 수십
척(尺)이고, 비늘은 돈 같으며 두 귀가 있었다.
고을 사람들이 비늘을 주워서 조정에 보고하자
조정에서는 권극화(權克和)를 보내어
증험(證驗)하게 하였다. 극화가 못 한가운데서
배를 띄우니 폭풍(暴風)이 갑자기 일어나서
끝내 자취를 알 수 없었다. 뒤에 뱀도 또한 다시
보이지 않았다고 한다.

동강 12경 최고의 절정을 이루는 아름다운 어라연

**너벨** 만지나루와 어라연 사이 동쪽 산사면에
있는 마을이다. 구절양장 굽이치는 어라연의
절경을 바라볼 수 있는 마을로 산 너머
마을이라는 뜻이 '너메', '너벨'로 변한
것이라고 한다. 일설에는 어라연의 고여있는
물을 뜻하는 '느뱅이'가 '너벨'로 불려졌다고
하나 확실하지 않다.

지금은 1가구가 민박집을 운영하며 어라연을
찾는 관광객을 상대로 닭, 염소요리 등을 팔며
생계를 잇고 있다.

**팔운(八雲)** 어라연 건너편에 있다. '구름
운(雲)'자가 들어가는 마을 가운데 여덟번째
마을이라고 해서 '팔운'이라고 불렀다고 한다.
몇 년 전까지만 해도 네집이 농사를 짓고
살았으나 지금은 모두 떠나고 아무도 살지
않는다.

## 영월군 영월읍 문산리(文山里)

거운리 북쪽에 있는 마을이다. 동강 물길을 끼고 형성된
마을로 1914년 일제가 우리나라의 토지를 수탈하기 위한
목적으로 시행한 지방행정구역 통폐합 때 '문천리(文川里)'와
'거산리(巨山里)'를 병합하여 생겨난 이름이다

문산리는 본래 영월군 천상면(川上面)에 속해 있었으나 1931년
3월 군내면(郡內面)에 포함되었다. 신동읍 운치리에서부터
본격적으로 시작된 사행천(蛇行川)의 하류 지역 강변 마을로
영월 엄(嚴)씨들의 집성촌이다.

행정 2개리 65가구 260여 명의 주민들이 문애리, 금이, 달운,
가정, 뉘룬 등의 마을에서 콩, 옥수수, 고추, 팥 등의 농사와
약초를 재배하며 살고 있으며, 1996년에는 화훼 작목반이
구성되어 국화, 안개꽃 등 시설작물도 재배하고 있다.

어라연 용왕을 모시는 용왕굿에서 생겨난 대동놀이가 발전한
문산 농악으로 유명한 마을이기도 하다.

미탄
평창군 미탄면 마하리
재치
궁굴터교
감자골
권
우중암
달윤
진탄나루
두루니
용머리굴
진탄
진배미
구름머리재
방우리
씨름바우
엽굴윤
양지뒤룬
물푸레작골
수리봉
곤두리
왕새여울
무당소
문희
독진이뻐럼
쇠목여울
음지뒤룬
무내리
막툭이
문산나루
그무(금이)
절매
문산분교
능덕암산
804.5m
절윤재
내미리
가정
떼재
거운리
논들
무윤
두꺼비바우

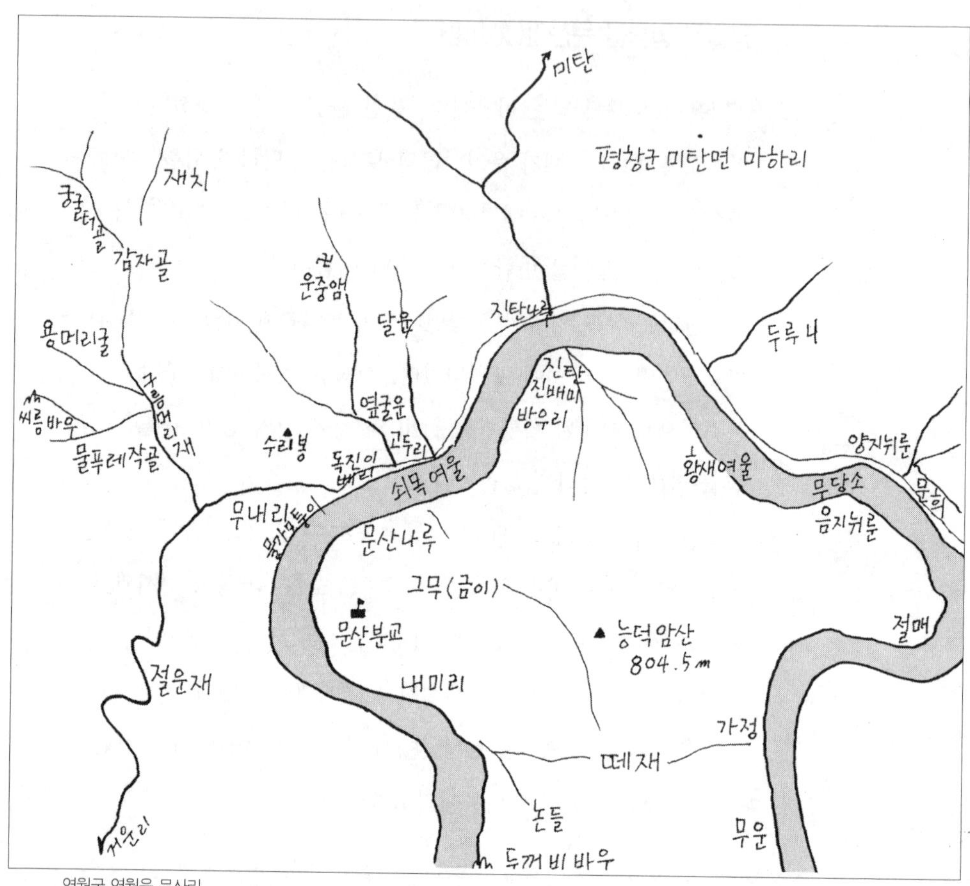

영월군 영월읍 문산리

**무내리(文川里)** 문산리의 본마을로 거운리로
넘어가는 절운재 밑에 있다. 마을 한가운데서
솟아나는 샘물의 수량이 풍부해 내를 이룬다고
해서 '물내리'라는 지명이 생겨났으며, 이 말이
변해 '무내리'가 되었다. 그후 일제시대에
우리말 지명을 한자식으로 바꾸는 과정에서
'문천리(文川里)'로 되었다.
　무내리에서 솟아나는 샘물은 마을의 간이
상수도와 송어 양식장에 쓰인다.

물이 좋은 물내리가 변한 무내리

**물가 모퉁이** 무내리 송어 양식장이 있는 샘터
주위를 가리켜서 '물가 모퉁이'라고 부른다.

**옻물터굼** 무내리 구름머리재 어귀에 있는
골짜기다. 골짜기 안에 들어서면 옻나무가 많아
'옻밭굼'이라고 불렀다. '굼'은 '야트막한
골짜기에 있는 작은 계곡'을 가리키는
우리말이다.

**감자골** 무내리 북쪽에 있는 마을이다. 너른
골안의 지형이 마치 감자 구덩이와 같이
움푹하다고 해서 생겨난 지명으로, 옛날 마을
사람들이 이 골짜기를 지나 궁굴터골을 거쳐
북면 마차리 빈터거리로 넘어다니곤 했다.
10여년 전까지 네집이 살았으나 지금은 아무도
살지 않는다.

**궁굴터골** 감자골 서쪽에 있는 골짜기로 오래 전
무내리 사람들이 북면 마차리
학전이(빈터거리)로 넘어 다니던 길이 나 있었다.
　일설에는 땔나무를 해오던 사람이 나무단을
골짜기 아래로 굴렸다고해서 '궁굴터골'이라고
하나 확실하지 않다. 오히려 석회석 지대의
침식작용으로 인한 돌리네(doline) 현상으로
지형이 궁그른 형태여서 생겨난 이름인 듯 하다.

**옆굴운** 독진이 베리에서 무내리로 넘어가는 곳에
있다. 무내리 북쪽 용머리굴에서 왕겨를 풀어
넣으면 옆굴운굴로 흘러나와 굴이 서로 통한다는
이야기가 전해 내려오고 있다. 강 옆에 위치하고
있어 물안개가 자주 낀다고 해서 '옆굴운'이라고
한다.
　옆굴운 굴에는 이무기가 살아 마을에 가뭄이
들때면 문산리 사람들이 개 머리를 나무에
매달아 넣었다고 한다. 지금은 한집이 살고
있다.

**고두리** 무내리 동북쪽에 있다. 옛날 돗자리나
발을 엮을 때 쓰이는 고드레돌을 이곳에서 많이
주웠다고해서 생겨난 지명이라고 하지만 확실치
않다. 독진이 베리 아래에 있는 마을로 예전에는
세집이 살았으나 지금은 아무도 살지 않는다.

**수리봉** 그무 마을 서쪽으로 강 건너에 있는
봉우리다. 봉우리가 가파르고 뾰족해
'수리봉'이라고 한다.

**독진이 베리** 고두리를 지나 쇠목여울로 가는
가파른 고개다. 옛날 옹기장수가 좁고 가파른 이
고개를 넘어가다가 지게에 지고가던 옹기가 굴러
떨어져 깨어졌다고 해서 '독진이 베리' 라고
한다.

**쇠목여울** 독진이 베리 앞에 있는 여울로 영월,
평창, 정선 3개군의 경계가 되는 곳이다. 예전에
평창 마하리와 정선 신동읍 덕천리에서 오는
소장수들이 건너다니던 여울이라고 해서 '쇠목
여울' 이라고 한다.
　당시 소를 팔기 위해 오가던 사람들은 나룻배에
소를 태울 수 없었으므로 물살이 빠르지만 얕은
쇠목여울을 건너다녔다고 한다.

**문산나루** 문산 1리 그무마을과 문산 2리를
오가는 나루터다. 지금은 줄을 끌어 당기는 배가
오간다.

**잣바우** 문산나루 남쪽에 있는 바위산으로
정확한 유래는 알 수 없다. 문산리와 거운리의
경계를 이루고 있다.

**방우리(放牛里)** 쇠목여울 건너 거산리 강가에
있는 들판이다. 옛날 소장수들이 쇠목여울을
건너기 전 소에게 풀을 뜯어먹이며 쉬던
곳이어서 '방우리(放牛里)' 라 불렀다고 하나,
일설에는 소 목에 매단 방울소리가 울리던
곳이라고 해서 '방울이' 라 한 것이 '방우리' 로
변했다고도 한다.

**달운(月雲洞)** 고두리 북쪽에 있는 마을이다.
구름이 많이 끼는 산골 마을이어서 생겨난
지명으로, '달(月)' 은 옛말에 '산골짜기' 를
뜻했다. 지금은 한집이 살고 있다.

**금이(그무)** 무내리마을 앞 강 건너편에 있는
마을이다. 옛날 이 마을에 부자들이 많이 살아
'금이' 라고 불렀다고 한다. 30여년 전까지만
해도 정선 떼꾼들을 상대로 한 주막이 있어
떼꾼들로 붐비던 마을이다. 문산분교가 있는
마을로 지금은 22채 40여 명의 주민들이 살고
있다.

문산리나루에서 바라 본 금이(그무)

**댕댕이골** 금이 동쪽에 있는 골짜기다. 뿌리가
목방기(木防己)라 하여 이뇨제로 쓰이는
댕댕이덩굴이 골짜기 안에 많아
'댕댕이골' 이라고 한다.

**논들(畓坪)** 금이 남쪽에 있는 논이다. 옛날에는
밭이었으나 강물을 이용해 벼를 재배하면서부터
'논들' 이라고 불렀다.

**두꺼비바우** 논들 남쪽 동강 물길 바로 옆에
있다. 우뚝 솟은 바위가 마치 두꺼비가 쭈그려
앉아 있는 모양이라고 해서 '두꺼비바우' 라
한다.

**띠재** 그무에서 가정리 가랍마을로 넘어가는
고개로 '떼재'라고도 한다. 고갯길에 초여름이면
흰 꽃이 피는 띠가 많이 자란다고해서
'띠재'라고 불렀다고 하지만 확실하지 않다.
 옛날 정선 신동읍 덕천리 연포(베르메)
사람들이 영월로 가기 위해 가정을 거쳐 그무로
넘어 다니던 고개다.

**진배미** 방우리를 지나 진탄으로 가는 길이다.
이곳에 사래가 긴 논이 있었다고 해서 '긴 논'을
뜻하는 '진배미'라고 했다. 영월, 평창, 정선
지역에선 구개음화 현상으로 '긴'을 '진'으로
발음한다.

**진탄(長灘)** 평창 마하리 남쪽으로 강 건너에
있는 마을이다. 마을 앞으로 흐르는 여울이
길다고 해서 '진여울'이라고도 하는데, 마을
이름도 여울 이름에서 따온 것이다.
 마하리에서 흘러내리는 여울이 동강과 만나는
곳 맞은편 마을로 10여년 전까지만 해도 열
한집이 살았으나 지금은 4가구의 주민들이
밭농사를 지으며 살고 있다.

동강의 서쪽 통로인 평창 미탄 마하리에서 들어와 만나는
강건너 마을 진탄

**음지뉘룬** 진탄 동쪽에 있는 마을이다. 동강을
사이에 두고 평창 마하리를 양지뉘룬이라하고
문산리 쪽을 해를 등진다고 해서 '음지뉘룬'이라
한다.

**절매(折梅)** 음지뉘룬과 가정리 사이에 있는
마을이다. 마을 형상이 꺾어놓은 매화처럼
생겼다고 해서 생겨난 지명이라고 하나 확실하지
않다. 옛 지도에는 절며(折旀)라고 나와있는
것으로 보아 '강이 굽이도는 지형에 형성된
땅'으로 보는게 타당할 것 같다. '며(旀)'는
동강변에 많이 나타나는 지명으로 옛날
신라(新羅)가 이 지역을 차지하면서 생겨나게 된
지명으로 볼 수 있다. 지금은 두 집이 있으나
한집만 사람이 살고 있다.

**가정(柯亭)** 그무마을 동쪽 띠재 너머에 있는
마을로 '가랍마을'이라고 한다. 옛날에 이
마을에 큰 가랍나무(떡갈나무)가 있어서
'가랍마을'이라고 했으나 나중에 한자(漢字)로
표기되면서 '가정리(柯亭里)'로 변했다.
 마을 앞 강 조금 하류 건너편은 평창군 미탄면
마하리로 천연기념물 제 260호인 백룡동굴이
있다. 10여년 전까지만해도 15가구가 살았으나
지금은 세집에 5명이 고추, 옥수수 등의 농사를
지으며 살고 있다.

**가정 나루** 가정 마을에서 정선 신동읍 덕천리
거부기(龜浦)로 오가는 나루터다. 몇 년
전까지만 해도 덕천리 주민들이 배를 타고
건너와 영월 등지로 다니곤 했다.

**무운(舞雲)** 가정마을 남쪽 강가에 있는
마을이다. 굽이쳐 흐르는 동강 물길에 안개가
끼면 춤추는 모습과 같다고 해서 '무운'이라고
한다. 10년 전까지만 해도 네집이 살았으나
지금은 아무도 살지 않는다.

# 2. 평창군

## 평창군 미탄면 마하리(馬河里)

　미탄면 소재지 동쪽에 있는 마을로 영월읍 문산리와 강을 끼고
마주하고 있는 마을이다. 1914년 행정구역 통폐합에 따라
두운리(斗雲里)와 문희리(文希里)를 병합하여 마하리(馬河里)로
불렀다. 보통 행정구역이 통폐합되면 마을 이름의 첫머리를 따서
지명을 정하는 것과는 달리 마하리는 마을의 지형지세로 인해
생겨난 지명이다.

　마하리 본동마을 한가운데로는 머리를 물에 담그고 물을 먹는
말(馬)의 형국을 한 마산(馬山)이 있고, 머리 맞은편에는 말을
몰고가는 구종(驅從)의 형국인 홀바우가 서 있는
갈마음수형(渴馬飮水形)의 지형이다. 마하리는 말의 형국을 한
마산과 마을을 흐르는 긴 여울을 따서 생겨난 이름이다.

　영월댐이 건설되면 산봉우리를 제외한 마을 대부분이 물에
잠기는 곳으로 양지마을, 음지마을, 문희, 두루니 등지에서
29가구 90여 명의 주민들이 고추, 옥수수, 콩, 채소 등의
밭농사와 잎담배 등을 재배하며 살고 있다.

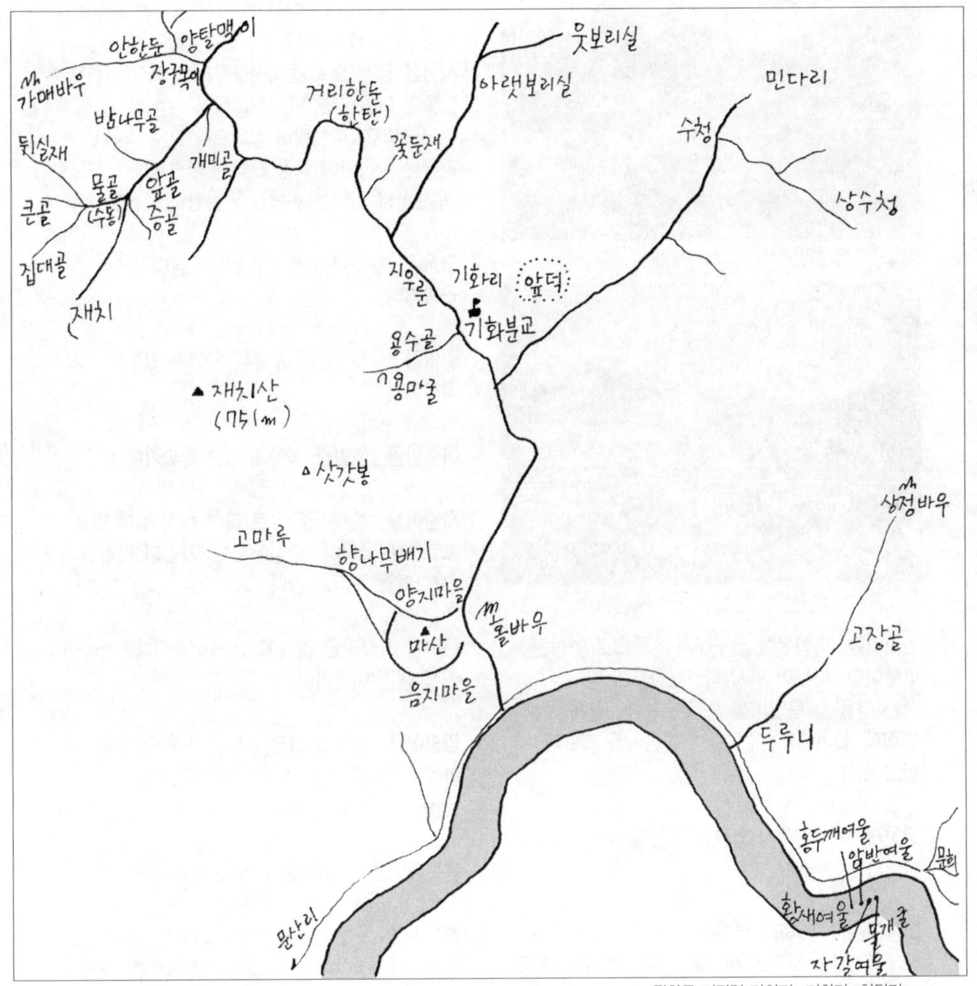


평창군 미탄면 마하리, 기화리, 한탄리

**양지마을** 마하본동 입구에 있는 말 머리모양을
한 바위에서 오른쪽으로 형성된 마을이다.
마을이 산을 등지고 남동쪽을 향하고 있어 항상
해가 든다고 하여 '양지마을'이라고 한다. 현재
아홉집 30여 명의 주민들이 밭농사를 지으며
살고 있다.

항상 해가 드는 양지마을

말의 형국을 한 마산에서 유래한 마하리

**음지마을** 마하본동 입구에서 왼쪽으로 형성된
마을이다. 마을이 북서쪽을 향하고 있어
'음지마을', '응달마을'로 부르는데, 현재
15집에 40여 명의 주민들이 밭농사를 지으며
살고 있다.

**달운재** 마하리에서 영월읍 문산리 달운마을로
넘어가는 고개다.

**마산(馬山)** 마하리 본마을 마을 한가운데 있는
산이다. 산의 형국이 머리를 남쪽으로 두고 물을
먹고있는 말과 같다고 해서 생겨난 이름이다.

**홀바우** 마산의 말머리에 해당하는 바우
맞은편에 서있는 바위다. 바위가 홀로 우뚝
솟아있다고 해서 '홀바우'라 한다.

**향나무배기** 음지마을 서쪽에 있는 약간 평평한
땅이다. 향나무가 많이 자라고 땅이 평평해
'향나무배기'라고 한다. 향나무배기 위쪽에 옛날
호랑이가 사람을 잡아먹은 호식총 터가 있다고
한다.

**두루니** 마하본동 동쪽에 있는 마을이다. 골짜기
안에 있는 마을이 산으로 둘러싸였다고 해서
'두루니'라고 불렀다고 한다. 몇 해 전까지만
해도 자동차가 드나들 수 없는 마을이었으나
지금은 강 옆으로 문희마을까지 이어지는 길을
만들어 마을 통행이 수월해졌다.
 5년 전까지 다섯집이 살았으나 모두 떠나고
지금은 한집만이 동강을 찾는 관광객을 대상으로
'두룬산방'이라는 민박집을 운영하며 살고 있다.

**고장골** 두루니에서 상수청으로 넘어가는
골짜기다.

**윗밤골** 문희마을과 두루니 사이에 있는
골짜기다.

**아랫밤골** 윗밤골 북쪽에 있는 골짜기다.

**자갈여울** 문희마을 바로 아래 음지 뉘룬 앞을
흐르는 여울이다. 수심이 얕고 자갈이 많아
'자갈여울'이라고 한다.

**큰여울** 자갈여울 아래에 있는 여울이다. 여울이
커서 생긴 이름이다.

**암반여울** 큰여울 아래에 있는 여울로 강물
아래로 커다란 암반에 있다고 해서
'암반여울'이라고 한다.

**홍두깨여울** 암반여울 아래에 있다.

**황새여울** 두루니마을 앞으로 흐르는 강에 있는
여울이다. 물살이 센 여울목으로 뾰족한 바위가
물길에 널려있어 황새, 청둥오리와 같은
철새들이 먹이를 찾아 날아들던 곳이라고 해
'황새여울'이라고 한다. 그러나 황새여울은 옛날
뗏목이 내려가다 걸리거나 줄이 끊어져 파손되는
일이 잦았던 곳이다. 여울목 한가운데에는 물이

동강 12경의 하나인 황새 여울은 떼가 걸리거나 파손되는 일이 잦았던 곳이다.

쏠리는 '승문이 바우'라는 큰 바위가 있어 뗏목이 피하지 못하고 휩쓸려 들어가면 뒤엉키는 일이 잦았다. 주변의 다양한 크기와 색깔, 모양의 바위가 또한 절경을 이룬다.
 황새여울은 정선 북면의 상투비리, 용탄의 범여울, 거운리의 된꼬까리와 함께 골안 뗏목길의 위험한 여울 중의 하나였다.

**상정바우**  두루니 뒷산에 있는 바위다. 바위 모양이 상장(喪杖)과 비슷하다고 하여 '상정 바우'라고 한다. 옛날 상정바우 위 능선으로 정선군 신동읍 운치리 수동으로 넘어가는 길이 나 있었다.

**문희**  두루니 남동쪽에 있는 마을로 영월읍 문산리 뉘룬과 강을 끼고 마주보고 있다. 백운산 서쪽 능선 아래에 자리하고 있는 마을로 지금은 네집이 옥수수, 고추 등의 농사를 지으며 살고 있다. 최근 들어 래프팅을 즐기는 관광객들이 늘어나면서 이들을 대상으로 식당과 민박집을 운영해 소득을 올리기도 한다.

**서낭골**  문희마을에서 칠족령으로 가는 골짜기를 말한다. 옛날 골짜기 안에 성황당이 있었다고 해서 '서낭골'이라고 한다.

**물개굴**  문희마을 서쪽 강 건너 벼랑 아래에 있는 굴이다. 얼마 전까지 물개가 살았다고 해서 '물개굴'이라고 한다.

**무당소**  문희마을 위쪽에 있는 소(沼)다. 옛날 마을 사람이 물에 빠져 죽어 무당을 데려다가 굿을 했는데 그 무당까지 빠져죽었다고 해서 '무당소'라고 한다.

**백룡동굴**  문희 북쪽 백운산 자락인 마하리 산 1번지에 있는 자연동굴이다. 석회동굴로 규모가 큰 이 동굴은 동굴 가까이에 놓여져 있던 온돌과 토기 조각으로 보아 8.15광복 이전 마을 사람들에 의해 발견된 것으로 알려져 왔으나 1976년 문희마을에 사는 정무룡(鄭茂龍) 씨 형제가 동강 수위면에서 15미터 가량 위에 있는 벼랑의 출입이 불가능했던 동굴에 구멍을 내고 동굴 내부의 규모와 경관을 처음 알렸다고 해서 동굴을 배태하고 있는 백운산(白雲山)의 '백'자와 정무룡 형제의 돌림자인 '룡'자를 따서 '백룡동굴'이라고 불렀다.
 1976년 한국동굴학회 주관으로 한·일 합동 동굴 조사를 실시하였고, 1977년 12월 천연기념물 제206호로 지정되었다. 남한강 상류인 동강 물길이 굽이쳐 흐르는 절벽 위에 총 길이 1천 2백미터의 굴과 3개의 가지굴이 있다.
 굴 내부의 종유석과 석순은 세계에서 가장 아름답다고 한다. 이 동굴 내부에는 관박쥐, 돌좀벌레, 장님굴새우, 물좀나비 등 30여 종의 생물이 서식하고 있으나 영월댐이 건설되면 수장될 것이라고 해 안타까움을 주고 있다.

국내 석회동굴 중 가장 빼어난 모습을 그대로 간직하고 있는 동굴로 천연기념물인 백룡동굴. 영구히 비공개 동굴의 일부(사진 석동일 씨 제공)

## 평창군 미탄면 기화리(琪花里)

마하리 북쪽에 있는 마을이다. 옛날부터 꽃이 많다고 하여
기화(琪花)라고 하였는데, 1914년 행정구역 통폐합에 따라
보리실, 용수골을 병합하여 기화라 부르게 되었다.

창리천이 서에서 동쪽으로 마을을 가르며 흐르고 있는데, 이
물을 이용하여 송어, 향어 양식이 활발한 지역이기도 하다.

주요 성(姓)씨로는 평창 이(李)씨 15가구, 경주 이(李)씨
3가구, 전주 이(李)씨 등 47가구 150여 명의 주민들이 보리실,
지우룬 등지의 마을에서 옥수수, 콩 등의 밭농사를 지으며 살고
있다.

동강의 평창군쪽 지천에 자리한 기화리

**지우론** 기화리의 본마을로 창리천을
중심으로해서 형성된 마을이다. 지금은 20여
가구가 옥수수, 콩 등의 밭농사와 송어 양식
등을 주로하며 살고 있다.

**아랫보리실** 용수골 북쪽에 있는 마을로
'맥곡(麥谷)'이라고도 한다. 일설에는 보리가
잘돼 생겨난 지명이라고 하나, '벼랑'을 뜻하는
말인 '벼리'가 모음변화로 '버리', '보리'로
변해서 불려지다가 한자로 바뀌면서 보리
맥(麥)자를 차용해 쓰게 되었다.
 10여년 전까지만 해도 15가구가 살았으나
지금은 2가구만이 옥수수, 콩, 감자 등의 농사를
지으며 살고 있다.

**웃보리실** 아랫 보리실 위쪽에 있는 마을이다.
고려 고종 4년(1217년) 7월에 충청도 제천에서
패해 도망온 거란(契丹)군을 김취려(金就礪)
장군이 이곳에서 서북병마사 최원세(崔元世)와
합세하여 격파시켜 북쪽으로 쫓아냈다는
이야기가 전해 내려오고 있다. 지금은 두집
6명의 주민들이 살고 있다.
**앞덕** 기화리 마을회관 뒤 폿대봉 아래에 있는
산으로 산등이 평평하다고 해서 '앞덕'이라
한다. 석회암이 빗물에 침식되면서 지표에
형성된 와지(窪地)를 '덕'이라고 한다.

**꽃둔재** 용수골 앞 서쪽 산골짜기로 해마다
봄이면 진달래꽃이 많이 핀다고 해서
'꽃둔재'라고 한다.

**용수골** 기화리 남쪽 삿갓봉 능선 아래에 있는
골짜기다. 옛날 이 골짜기에 있는 굴에서
용마(龍馬)가 났다고 해서 '용수골'이라고 한다.

**용마굴** 용수골에 있는 굴이다. 굴의 길이가
1백미터 되는 굴로, 이 굴에서 옛날 용마가
났다고 해서 '용마굴'이라고 한다. 이 굴
안에서는 항상 맑고 깨끗한 물이 흘러나오는데
장마가 져도 물의 양이 변하거나 흙물이 나오지
않아 신성한 물로 여긴다.
 마을에 가뭄이 들어 논물을 대지 못할 때면 굴
밑에 있는 산제당(山祭堂)에서 마을 사람들이
햇곡식으로 밥을 지어놓고 기우제(祈雨祭)를
지낸다. 제사를 지내고 난 후 개 머리를 잘라
피를 굴안에 뿌려야만 비가 오는데, 이 일은
가까운 백운리 사람만이 할 수 있다고 한다.

진탄나루 옆을 흐르는 기화천

# 평창군 미탄면 한탄리(寒灘里)

미탄면 소재지의 남동쪽에 있는 산간 마을로 일명 '한여울'로
불려졌다. 옛 지명은 한둔으로 1914년 행정구역 통폐합에 따라
고마루(高尺洞), 물골(水洞), 재치(財峙)를 병합하여 한탄리라고
했다.

한탄리는 오랜 옛날부터 골짜기 골짜기에 화전을 일구면서
형성된 마을로 지금은 콩, 옥수수, 고구마 등의 농사를 지으며
살고 있다.

영월댐이 건설되면 거리한둔, 안한둔 아랫마을 등이 수몰되고
수몰되지 않는 마을도 창리천 옆으로 형성된 도로가 수몰됨에
따라 고립되는 피해를 입게 된다.

주요 성(姓)씨로는 평창 이(李)씨, 김해 김(金)씨, 영월
신(辛)씨 등으로 십여년 전까지만 해도 모두 50여 가구
2백여명의 주민들이 살았으나 모두 떠나고 지금은 27가구 60여
명의 주민들이 고추, 채소, 잎담배 등의 농사를 지으며 살고
있다.

**거리한둔** 한탄리 본마을로 '한탄'이라고도
한다. 창리천을 끼고 있는 마을로 도로에서
물골, 안한둔으로 갈라지는 곳에 위치하고
있다고 해서 '거리한둔'이라고 한다. 안한둔으로
향하는 길 입구의 마을은 집터가 좋으나 맞은편
개 형상의 개미골을 향한 호랑이 형국이어서
집을 새로 짓지 않는다는 속설이 전해 내려온다.
지금은 7가구 20여 명의 주민들이 밭농사를
지으며 살고 있다.

**개미골** 거리한둔 남쪽 물골로 가는 길 왼쪽에
있는 골짜기로 개 형국이라고 한다.

**물골** 거리한둔 남서쪽 골 안 산자락에 있는
마을로 마을이 고지대에 위치하고 있는데 비해
물이 풍부하다고 해서 '물골' 또는 '수동'으로
부른다. 지금은 두집에 5명이 살고 있다.

**증골** 물골에서 재치로 향하는 길 왼쪽에 있는
골짜기다.

**안한둔** 거리한둔 서쪽 산자락 아래에 형성된
마을이다. 높은 지대임에도 불구하고 아무리
가물어도 물이 좋은 곳이다. 10년 전까지만 해도
16가구가 살았으나 지금은 네집이 잎담배, 고추,
콩, 옥수수 등의 밭농사와 송어 양식을 하며
살고 있다.

**한둔재** 안한둔 남쪽에 있는 해발 751미터의
재치산이다.

**가매바우** 안한둔에서 한둔재로 오르는 능선에
있는 바위이다. 바위 모양이 가마를 닮았다고
해서 '가매바우'라고 한다.
**큰골** 안한둔 마을 남쪽에 있는 골짜기다.
골짜기가 넓어 '큰골'이라고 불렀으며, 옛날
안한둔 사람들이 고개 너머 재치를 거쳐
문산리로 가거나 영월 마차로 넘어 다녔다.

**집대골** 한둔재와 큰골 사이에 있는 골짜기로
안한둔 사람들이 옛날 이 골짜기를 넘어 물골로
다녔다.

**뒤실재** 안한둔 마을 서쪽에 있는 고개로 마을
뒤쪽에 있다고 해서 '뒤실재'라고 불렀다. 옛날
물골 어린 아이들이 이 고개를 넘어 영월 마차의
율치초등학교를 다니곤 했다.

**밤나무골** 안한둔 마을 북서쪽에 있는 골짜기다.
골짜기로 올라가면 토종 밤나무가 많아
'밤나무골'이라고 했는데, 이 골짜기를 넘으면
미탄면 창리 돈너미에 이르게 된다.

**앞골** 거리한둔 마을에서 물골로 들어오는 길이
난 골짜기를 말한다.

**양탈맥이** 안한둔 마을 북동쪽 길 옆에 있는
산자락이다. 양지바른 곳이라고 해서
'양탈맥이'라고 한다. '맥이'는 산마루의 잘록한
부분을 말한다.

**서낭골** 안한둔마을 북쪽 아래에 있는 골짜기다.
골짜기 어귀에 서낭당과 성황목이 있었다고 해서
서낭골이라고 부른다. 옛날에는 이 골짜기를
타고 올라가 고개를 넘어 북쪽 내한탄 마을로
다녔다.

**새구장뎅이** 안한둔마을 북서쪽 서낭골 위쪽에
있는 산마루를 말한다.

**장구목이** 안한둔 마을 동쪽에 있는 재치산
자락이다. 산자락이 마치 장구 목처럼
잘록하다고 해서 '장구목이'라고 부른다.
산 자락에서 물이 나와 식수와 느타리버섯을
재배하는데 이용하기도 한다.

# 3. 정선군

## 정선군 신동읍 덕천리(德川里)

정선군 신동읍 소재지인 예미리 서북쪽에 있는 마을이다. 본래 평창군 동면 지역으로 고종 32년(1895년)에 정선군에 편입되었다. 그후 1914년 일제에 의한 행정구역 통폐합에 따라 소골(所洞), 제장(堤場), 바새(所沙), 연포(硯浦)를 병합하여 큰 산을 뜻하는 덕산(德山)과 내(川)의 이름을 따서 덕천리(德川里)라 하였다.

남한강 상류인 동강(東江)의 절경을 끼고 있는 마을로 물굽이가 심해 여러 곳의 모래 퇴적 지형이 형성되어 오랜 옛날부터 사람들이 마을을 이루고 농사를 지으며 살았던 흔적이 곳곳에 남아 있다.

1990년 단국대학교 박물관 팀이 소골 지역에서 신석기시대의 유적들을 대량으로 발굴해 대학박물관에 보관하고 있으며, 발굴지 주변 밭에서는 지금도 깨진 토기 조각들을 쉽게 찾아볼 수 있다. 이밖에도 소골, 제장 등지에는 훼손된 고인돌 등의 유적이 남아있으며, 아직도 채 발굴하지 못한 유물이 상당수에 이를 것으로 보고 있다.

덕천리 강변지역은 40여년 전까지만 해도 서울로 목재를 운송하던 떼꾼들이 쉬어 가던 객주집들이 들어서 강변 경제권을 이루기도 했다. 북서쪽 동강 하류로는 영월군 영월읍 문산리와 평창군 미탄면이 맞닿아 있다.

영월읍 거운리 만지(滿池)에 영월댐이 들어설 경우 마을 대부분이 수몰 지역인 덕천리에는 20여년 전까지만 해도 80여 가구가 넘게 살았으나 계속되는 이농현상으로 인해 지금은 39가구 159명의 사람들만이 밭농사를 지으며 살아가고 있다.

백운산
882.5m
칠족령
말썹굴
평창군
소통여울
가매소
소골
(소동)
백룡동굴
소골앞소
고인돌
거부기
(구포)
향교골
생쥐골
소동나루
바리소
용가
나리소
나리재
바새
(소사)
항방소
제장
포도밭
단배역
베틀굴
고인돌
곡우소
금새둥지
골덕내
古城
고림
앞병창
소사나루
물레재
샘터
연포분교
베르메
(연포)
삼형제바우
쇠메기
덕내
산개굴
영월군
큰봉
칼봉
찰봉큰재
검은들배기
두꺼비바우
뒤실
신병산
무랑골재
요골

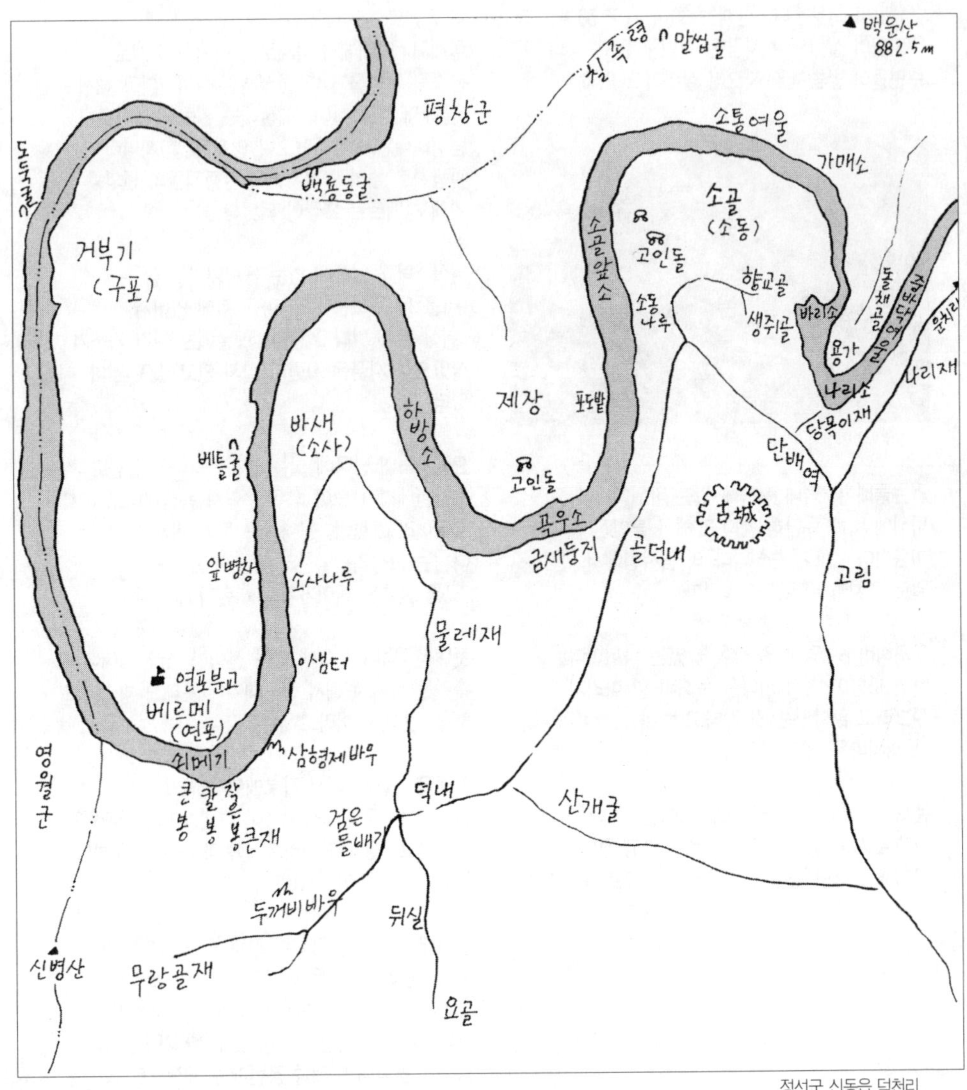

정선군 신동읍 덕천리

**덕내** 원덕천(元德川)이라고도 하며 덕천리에서
가장 높은 지대에 위치하고 있다. 마을 북쪽
골짜기 아래로 동강 물길이 흘러 '크다'는 뜻을
가진 '덕'을써 '덕내'(德川)라고 불렀으나
1914년 일제가 행정구역 통폐합을 하면서 한자식
지명으로 바뀌었다.
 국립지리원에서 발행한 지도에도 원덕천으로
되어 있으나 마을에서 수대째 살아온 노인들은
'덕내'라고 부른다. 한때는 30여 가구 50여 명의
주민들이 살았으나 지금은 11가구 20여 명의
주민들이 밭농사를 지으며 살아가고 있다.

고성리에서 덕천리 바새로 가는 길목에 있는 산골 마을인 덕내

**검은들배기** 덕내 뒤쪽에 있는 바위다. 다른
바위에 비해 유난히 검다고 해서 붙여진
이름이다. '배기'는 '박다'의 명사형에서 나온
말로 위치를 나타내는 말이다.

**두꺼비바우** 덕내 위 남쪽에 있는 바위이다.
바위 모양이 마치 커다란 두꺼비 한 마리가
쭈그리고 앉아있는 것 같다고 해서
'두꺼비바우'라고 부른다.

**큰재** 덕내에서 남서쪽으로 보이는 신병산의 큰
고개로 재가 험하고 커서 '큰재'라고 한다.
고개를 넘으면 영월읍 거운리 길운으로 통한다.

**무랑골재** 덕내에서 영월읍 거운리로 넘어가는
고개다. 골짜기 안쪽에서 많은 물이
흘러나오므로 '물안골'이라고 했는데 세월이
흐르면서 '무랑골'로 불려지게 되었다.

**물레재** 덕내에서 바새로 넘어가는 고개로
산중턱 굽이를 돌아 물레처럼 돌아간다고 해서
'물레재'라고 한다. 예전에는 일반 승용차로
넘어다니기가 힘들었으나 연포(硯浦)지역이
관광지로 널리 알려지면서 관광객들의 편의를
위해 시멘트로 포장이 되었다.

**뒤실** 덕내 남쪽에 있는 골짜기다. '실'은
'마을'을 뜻하는 말로 마을 뒤에 있어서
'뒤실'로 불렀다고 한다. 옛날에는 여러 가구가
살았으나 지금은 사람이 살지 않고 밭만 남아
있다.

**요골** 덕내 남쪽에 있는 골짜기다. 골이 깊고
충충한데다가 숲이 너무 우거져 음산하다고 해서
요골이라고 한다. 산나물을 뜯기 위해 온 산을
다니는 고성리, 덕천리 마을 사람들도
'요골'만큼은 들어가기를 꺼린다고 한다.

**푯대봉** 덕내 서쪽에 있는 산이다. 일제시대에
측량을 하기 위해서 산꼭대기에 푯대를 박았다고
해서 '푯대봉'이라고 부른다.

**산개굴** 골덕내에서 자르메로 넘어가는
골짜기다. 골짜기의 지형이 디딜방아의 살개처럼
생겼다고 '살개골'이라고 했는데 쉽게 발음하다
보니 '산개굴'이 되었다.

**골덕내** 제장 앞 강 건너편과 덕내 사이에 있는
골안마을이다. 마을 아래로 큰 물이 흐르므로
'골덕내'라고 불렀는데 지금은 거의 폐허가
되다시피 한 빈 집만 남아 있고 한 가구만 살고
있다.  골덕내 아래쪽 강변에는 제장으로 통하는
나루가 있다. 예전에는 소골에 있던 사람들이
줄어들면서 골덕내로 옮겨온 것이다.

**곡우소**  소골에서 골덕내로 가다가 제장을
중심으로 시계방향으로 휘어진 소(沼)를 말한다.

**단배역**  고성분교 뒤에서 덕천리 소골로
들어가는 협곡을 말한다. 오랜 옛날 이 골
오른쪽에 단맛이 나는 커다란 배나무가 있었다고
해서 '단배나무역'이라고 했는데 세월이
흐르면서 '단배역'으로 변했다.

**당목이재**  고성분교 뒤에서 소골로 들어가는
단배역 오른쪽에 있는 잘룩한 고개다. 옛날
고개를 오르는 길목에 성황당이 있어 '당목이
재'라고 부르는데, 고개 위에 올라서면
운치리에서 흘러드는 나리소와 주변의
기암절벽이 어우러진 매우 아름다운 경관을 볼
수 있다.

**소골(所洞)**  덕내 북쪽에 있는 마을이다. 옛날
고을 우두머리가 살았던 곳이어서 소골(所洞)로
불렀다고 하나 확실하지 않다. 예전의 문중
기록이나 개인 문집 등의 기록을 살펴보면
'소골(所洞)'을 '昭谷', '沼谷' 등으로 표기하고
있어 옛날 지명이 한자화 되는 과정에서 혼동을
가져 왔다고 볼 수 있다.
　석회암 절벽이 병풍처럼 둘러쳐진
칠족령(七足嶺) 아래 강변 마을로 1990년
단국대학교 박물관 팀의 지표조사를 통해 마을
앞 모래 퇴적층에서 신석기시대의 토기(土器)를
비롯한 유물이 대량 발굴되어 신석기시대의 집단
거주지로 확인되었다. 지금도 마을 한가운데
밤나무 밑에는 당시 발굴로 뒤집혀진 고인돌
1기가 남아있고, 주변의 밭에서는 깨진 토기
조각들이 쉽게 눈에 띄기도 한다. 그런데 오래
전부터 '소골'을 『정감록(鄭鑑錄)』에 나온 난을
피할 수 있는 십승지지(十勝之地) 중의 한
곳으로 보기도 한다.

십승지지의 하나로 옛부터 난을 피할수 있는 곳이라는 소골

　五旅之下 三峙之中 千人生活
　(오며지하 삼치지중 천인생활)
　(오며의 아래에 삼치의 한가운데 천씨 성을
　가진 사람은 살아남는다)
고 했는데, 오며(五旅)는 노며(魯旅), 수며(水旅),
갈며(葛旅), 하며(下旅), 지며(芝旅)이고
삼치(三峙)는 운치(雲峙), 점치(点峙),
독치(獨峙)로 모두 현존하는 지명이다.
『정감록』을 입증하기라도 하듯 소골에는 몇 년
전까지 천(千)씨 성을 가진 세 가구가 살았으며
지금은 한 가구만 살고 있다. 소골에는 한때
20여 가구 40여 명의 주민이 있었으나 지금은
6가구 20여 명 만이 밭농사 등을 지으며 살고
있다.

**소골앞 소**  소골 입구 소골상회 앞에 있는
소(沼)다. 칠족령 아래로·흐르는 너른 강 아래에
있으며 쏘가리, 팅바우, 괴리 등의 물고기가
많이 산다.

**소동나루**  소골에서 제장으로 건너가는 나루터로
소골상회 앞에 있었으나 소골 주민들이
줄어들면서 골덕내로 옮겼다. 오랜 옛날부터
소골에서 평창땅을 오갈 때 소동나루를
이용했다. 지금은 제장에서 포도농사를 짓는
주민들이 오고감을 쉽게 하기 위해 강 양쪽을
잇는 줄을 이어놓았다.

**고인돌** 소골 한가운데 있는 선사시대 지석묘다. 너비 1미터 40센티미터의 상석으로 길 옆에 있었으나 1990년 단국대학교 박물관에서 발굴조사를 하면서 밤나무 밑에 뒤집어 놓은 채 방치되어 있다.

동강변은 선사 유적지가 수 없이 많은 역사박물관이다. 그중에 방치된 소골의 고인돌

**칠족령(七足嶺)** 소골 앞에 병풍처럼 쳐진 벼랑 위의 고개로 평창군 미탄면 마하리 뉘룬으로 넘어가는 길이 나 있었다. 일설에는 제장 마을에서 옻을 끓일 때 이 진사 집의 개(犬)가 발바닥에 옻을 묻혀서 고개 마루턱을 올라다니며 발자국을 남겼다고 해서 '옻 칠(漆)'자, '발 족(足)'자를 써서 '칠족령'이라 했다는 얘기가 전해져 내려온다.
 본래는 절벽을 이루며 삐죽삐죽하게 대나무 순처럼 솟은 고개가 일곱이라 해서 칠죽령(七竹嶺)이라고 불렀다는 얘기가 있으나, '칠족령'(七足嶺)으로 부르는 것이 맞다. 조선시대 여러 문헌에도 보면 산허리를 산맥(山脈)으로, 산기슭을 산족(山足)으로 표기한 것으로 보아 소골 쪽으로 낭떠러지를 이루고 있는 여러 굽이의 산기슭을 상징 수인 '칠(七)'로 보아 '칠족령(七足嶺)'으로 부른 것이다.

**향교골** 소골 고인돌 뒤쪽에 있는 골짜기다. 옛날에 향교가 있었다고 해서 붙여진 이름이라고 한다.

**생쥐골** 소골상회 위쪽에 있는 골짜기다. 골이 작고 좁아 '생쥐골'이라고 한다.

**배비랑산** 소골 앞으로 뻗은 칠족령의 본 산인 백운산(白雲山)을 사투리로 발음해 부른 것이 '배비랑산', '배구랑산'으로 되었다.

**말씹굴** 소골 앞 깎아지른 듯한 칠족령 벼랑에 나 있는 자연동굴이다. 멀리서 보이는 동굴 입구가 말의 음부를 닮았다고 해서 붙여진 이름으로 깊이를 알 수 없다.

**가매소** 소골 위쪽에 있는 소(沼)다. 바닥이 석회암반이라 마치 가마솥처럼 움푹 파인 곳에 물이 고였다가 흐른다고 해서 '가매소'라고 부른다고 한다. 하지만 '큰'이라는 뜻을 지닌 '감'과 '소'의 중간에 매개모음을 개입시켜 '가마골'로 된 것이 변해 '가매소'가 되었다. 지명 앞에 붙는 '가마', '가매' 등의 말은 '지형이 가마솥 같아'라는 수식어가 아니라 '크다'는 뜻이다. 따라서 '가매소'는 '큰 소(沼)'라는 뜻이 된다.

**소통여울** 소골 북쪽에서 흐르는 물길이다. 여울이 좁고 긴 것이 마치 소 여물통처럼 생겼다고 해서 '소통여울'이라고 한다.

**중바닥여울** 운치리 점재(点峙) 아래에서
나리소까지의 긴 여울이다. 기암절벽을 옆으로
하고 길게 흐르는 여울로 깊이가 한길이 넘지만
옛날에는 바닥이 훤히 보일 정도라고 해서
중바닥여울이라고 했다.

나리소 위쪽에 있으며, 녹빛으로 흐르는 중바닥여울

**나리소** 소골 동쪽 벼랑으로 굽이도는 큰 소를
말한다. 가수리쪽에 흐르는 동강 물길이 벼랑에
막혀 휘돌면서 큰 소를 이루어 놓았는데 강변의
기암절벽과 소나무와 어울려 경치가 매우
아름다운 곳이기도 하다.
 '나리'는 '날'에서 온 옛말로 '흐르는 물', 즉
'내'(川)나 '강'(江)을 뜻하는
말이었다.《악범동동(樂範動動)》에도
'정월인(正月人) 나릿 므른 아으어져 녹져
ᄒᆞ논ᄃᆡ(정월의 냇물은 아 녹거나 얼거나 하는데)'
라는 말이 나온다. 또 옛말에 '아래로
움직인다(下動)'의 뜻을 가진 '눌'이라는 말이
연철 되어 '나리'로 되었다고도 볼 수 있다.
 '나리소'는 물이 깊고 조용한 까닭에 소를
둘러싼 절벽 아래에 굵기가 한아름 되는
이무기가 살면서 물 속을 오간다는 얘기가
옛날부터 전해져 내려온다.
 마을 노인들에 따르면 물에 잠긴 소의 절벽
아래에 있는 굴에 큰 물뱀이 살면서 해마다 3,
4월이면 운치리 점재로 올라갔다가 내려온다고
한다.

 30여년 전 읍내 사람들이 나리소에서 고기를
잡기 위해 꽝(다이너마이트)을 터뜨리자 온
강물이 붉어지고 뱀 동가리로 보이는 살점이
떠내려 갔다고 한다.
 최근 들어 나리재에서 바라보이는 나리소의
아름다움을 찾아 서울 등지에서 많은 답사·여행
객들이 다녀가기도 했다.

동강의 첫 물굽이가 깊은 소리를 이루는 나리소

**용가** 나리소 건너 소나무밭에 이르기 전 깨끗한
모래가 펼쳐져 있는 강변이다. 옛날 용이 하늘로
올라갔다고 해서 '용가'라고 하는데, 한국전쟁
직전까지 지금의 소나무밭에는 마을 주민들이
밭을 일궈 콩이나 옥수수 등을 재배하기도 했다.
 고대 중국에서부터 상상의 동물로 알려져 온
용(龍)은 뿔 달린 머리, 비늘로 덮인 굵은 뱀
모양의 몸통, 날카로운 발톱을 가진 4개의 다리,
내나 강이나 호수 등지에서 살며 춘분 때 하늘로
올라가 추분 때 땅에 내려오는데, 자유롭게
공중을 날면서 비구름을 몰아 풍운 조화를
부린다고 전해오고 있다.

**돌채골** 나리소 옆 용가에서 백운산 정상으로
올라가는 골짜기다. 골짜기가 돌로 이루어져
'돌추이골'이라고 한 것이 변해 '돌채골'이
되었다.
 가래나무, 더덕이 많은 골짜기로 알려져
있으며, 1995년 돌채골 위 백운산에 큰 불이 난
적이 있어 아직도 수목 사이에 앙상한
소나무들을 볼 수 있다.

**바리소** 나리소 아래에 있으며 하류로 흐르던
물이 빠져나가 형성된 소(沼)의 형태가 놋쇠로
만든 밥그릇인 바리와 닮았다고 해서
'바리소'라고 한다. '바리'는 오목 주발과
같으나 입이 좁고 중배가 나온 주발이다. 주변에
둘러 싸인 암반 때문에 물이 흐르지 못하고 고인
'바리소'는 소가 깊고 고기가 많다.

**제장(堤場)** 덕내 동북쪽 강 건너에 있는
마을이다. 일설에는 큰 장이 서던 곳이라고
하지만, 물굽이에 의해 형성된 지형이 마당처럼
평탄하게 생겼다고 해서 '제장'이라고 한다.
　마을 앞으로 물이 휘도는 배산임수(背山臨水)의
지형으로 고인돌과 같은 청동기시대 유적과
적석총 등 초기 철기시대 유적들이 있는 것으로
보아 이미 오래 전부터 사람들이 거주했음을
추측할 수 있다.
　수년 전에는 마을 뒤쪽에 큰 절이 들어선다는
얘기가 나돌던 곳으로 평창군 미탄면 마하리로
넘어가던 길이 나 있었다.
　양지바른 마을로 토양이 좋아 당도가 매우 높은
포도를 재배하는 농장이 있다. 지금은 4가구
10여 명의 주민들이 고추, 옥수수, 감자 등의
밭농사를 지으며 살고 있다.

**재골** 제장마을 앞으로 난 골짜기다. 재를 넘어
영월로 다니던 골짜기라고 해서 '재골'이라고
부른다.

**치재** 재골 위의 고개다. 일설에는 치가 떠내려
와서 생겨난 지명이라고 하나 확실하지 않다.

**금새 둥지** 제장 앞 강물이 굽이도는 절벽
꼭대기에 있는 황새 둥지다. 오래 전 벼랑 끝에
금새라고 하는 황새 한 쌍이 주먹만한 돌을
물어다가 진흙과 섞어 둥지를 만들고 살았다. 그
무렵 일본 순사의 앞잡이였던 한 사람이 총으로
쏘아 황새 한 마리를 잡자 남아 있던 수컷 한
마리는 며칠을 울다가 떠난 뒤 다시는 돌아오지
않았다. 지금도 벼랑 위에는 돌로 만든 황새
둥지가 보인다.

**하방소** 제장 아래로 흐르는 소다. 물굽이가
심해 아름다운 경치를 만들어 내며, 고성리 산성
위에서 바라보면 영어 알파벳 S자를 연이어 놓은
듯 제장 서쪽의 작은 벼랑, 바새 서쪽의 중간
벼랑, 연포 남쪽의 큰 벼랑이 겹쳐진 듯 보인다.
고성리 산성 서쪽 망루 자리에서 보면 하방소의
아름다움을 만끽할 수 있다.

고성산성에서 바라 본 하방소

**바새** 제장 남쪽에 있는 마을로 덕내에서
물레재를 넘어서면 이르게 되는 마을이다. 마을
앞으로 모래사장이 있어 붙여진 이름이라고
하는데 일제시대에 행정구역 통폐합을 하면서
'소사(所沙)'라고 부르기 시작했다. 그러나
단순히 모래가 있다고 해서 모래 사(沙)자를
붙였다기보다는 '사이'에 있는 마을이라는 순
우리말 지명에 단순히 '사(沙)'를 음만 따온
것으로도 볼 수 있다.
　마을 남쪽 강변에는 지름 1미터 가량 뚫린 땅
속에서 솟아 오르는 샘이 있다. 지금은 6가구
18명의 주민들이 밭농사를 지으며 살고 있다.

**삼형제바우** 바새 아래쪽에 있는 바위다. 큰
바위 세 개가 나란히 서 있다고 해서 '삼형제
바우'라고 부른다.

**베르메** '연포'라는 지명이 생기기 전 순 우리말
땅이름이다. 마을 앞을 휘돌아 흐르는 강이
낭떠러지인 '베루'여서 '베르메'라고 불렀으나,
일제가 행정구역을 개편하면서 한자를 취하면서
'연포'로 바뀌었다.

**연포(硯浦)** 바세 남쪽으로 강건너에 있는
마을이다. 마을 앞으로 동강이 휘돌고 그
신병산(神屛山) 벼랑이
둘러쳐져 있다고 해서 '연포'라고 한다. 물가의
낭떠러지도 '벼루' 또는 '베루'이고 먹을 갈 때
쓰는 도구도 '벼루' 또는 '베루'라고 부르다
보니 벼랑의 뜻이 연(硯) 자로 취해진 것이다.

강가에 나앉은 연포마을. 동강에서 바라본 정경

 지금부터 40여년 전까지만 해도 정선에서
내려오던 골안 떼꾼들을 상대로 하던 객주집이
있었으며 술시중을 들던 여자가 많을 때는
한집에 열 명이 넘었다.
 신동읍에서 서쪽 끝에 있는 마을로 학생 수가
세명 남짓한 예미초등학교 연포분교가 있으며
영월댐 건설 예정과 취학 학생수 미달로 1999년
8월이면 애석하게도 폐교가 될 운명에 처해있다.
7가구 20명의 주민들이 옥수수, 감자 등의
밭농사를 지으며 살고 있다.

**베틀굴** 바새 서쪽 강 건너 절벽에 있는 굴이다.
옛날 임진왜란 때에 마을 사람들이 피난해 굴
안에다 베틀을 옮겨 놓았다고 해서
'베틀굴'이라고 한다.

**칼봉** 연포 남쪽 신병산 자락의 봉우리로
뾰족하게 솟은 모양이 칼과 같다고 해서
'칼봉'이라고 부른다.

**작은봉** 칼봉 왼쪽의 봉우리다.

**큰봉** 칼봉 오른쪽에 있으며 봉우리가 크다고
해서 붙여진 이름이다.

**쇠메기** 큰봉 아래로 흐르는 강물을 말한다.
강물의 수심이 너무 깊어 옛날 강가에서 풀을
뜯어먹던 소를 메기가 끌고 들어갔다는 이야기가
전해져서 생긴 이름이다.

**도둑굴** 연포마을 남쪽 강 건너에 있는 굴이다.
옛날 도둑이 마을에서 소를 한 마리 훔쳐가 다
잡아먹을 때까지 몰랐을 정도라고 해서 생겨난
이름이다.

**거부기(龜浦)** 연포 북쪽에 있는 마을로
'구포(龜浦)'라 부르기도 한다. 마을 형국이
거북이가 물 속으로 들어가는 모습인
금구입수형(金龜入水形)이어서 '거부기'라고
하며 영월 가정(柯正)나루 건너편 마을이다.
현재 두가구가 살고 있다.

## 정선군 신동읍 고성리(古城里)

  신동읍 소재지에서 구레기고개를 넘어 북쪽에 위치하고 있다.
고방마을 앞산에 테뫼형의 옛성(古城里山城)이 있다고 해서
'고성리(古城里)'라고 전해져 내려왔다.

  고성리산성은 물론이려니와 고림(古林)의 소나무밭,
창마을(內倉)의 느티나무, 고성분교 옆의 대형 지석묘 등을 놓고
불 때 아주 오랜 옛날부터 많은 사람들이 거주했음을 확인할 수
있다.

  고성리는 본해 평창군 동면 지역이었으나 고종
32년(1859년)에 정선군에 편입되었고 1914년 행정구역 통폐합에
따라 신동면에 편입되었다. 옛날 평창군에 속해 있을 때
전세(田稅)와 대동미(大同米), 균세(均稅)를 징수하여 보관하던
동창(東倉)이 있을 정도로 가구(家口)수도 많았다.

  현재 신동읍내에서 가장 다양한 역사유적을 간직하고 있는
만큼 주민들의 의식도 남달라 해마다 고성산성제를 열어 성곽
보존운동과 관광상품화를 동시에 모색하고 있다.

  주요 성(姓)씨로는 전의 이(李)씨, 전주 이(李)씨, 정주
현(玄)씨 등으로 행정 2개리에 70여 가구 250여 명의 주민들이
창마을(內倉), 고림(古林), 고방(古芳), 자르메(柄山),
새나루(新津), 물추이(水村) 등지의 마을에서 고추, 고냉지 채소
등의 밭농사를 주로 지으며 살아가고 있다.

나리재
뒷덕
고인돌
古城
고성분교
큰먹골
국골
국골굴
고방정
고방
작은먹골
풋대봉
성재
굵은병
신배나무골
덕새
자르메
들띠
송솔밭
창마을
덧재
요골
새나루(신진)
물골
큰골
쌀골
물추이
(수촌)
안골
뒤실
벌말양지동굴
벌말(평리)
벌말굴
고림굴
고림
북실재
고성터널
예미리
신병산
작은골
터덕골
탕건봉
부처바우뒷골
큰골
새덕
절터
미구재
고고산

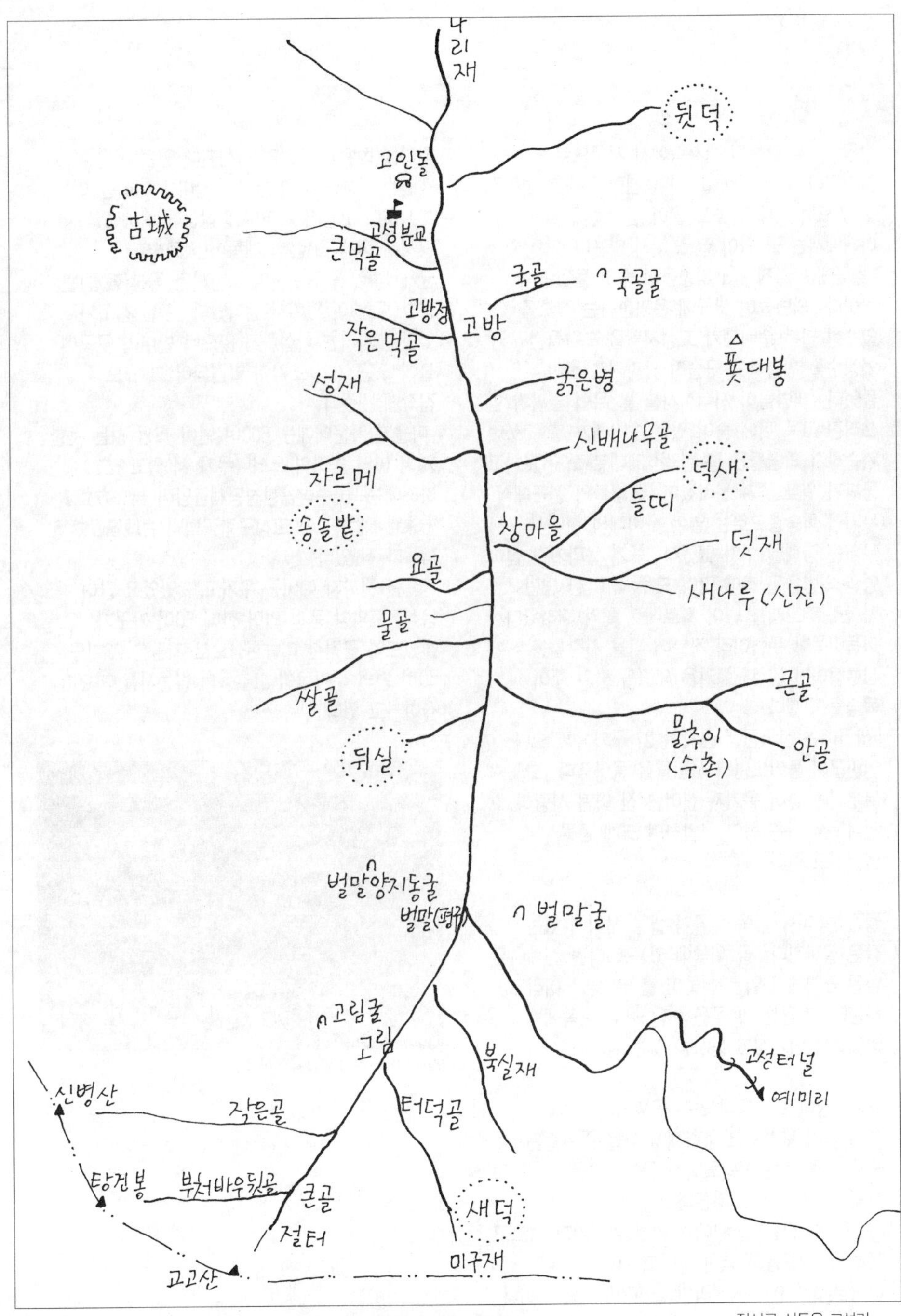

정선군 신동읍 고성리

**쌀골**  수촌 맞은편 산자락에서 서쪽으로 난
골짜기다. 자르메(柄山)와 덕천리 덕내로 넘어갈
수 있으며 지대가 높고 골이 깊어 산골
아래에서는 골 안이 잘 보이지 않는다.
 쌀골에는 일제시대 의병들이 숨어 들었던
곳이다. 의병들이 쌀골에 은거한다는 정보를
입수한 일본 수비대가 고성지역을 드나들던
엿장수를 위협하고 구슬려 골짜기로 찾아
들었다. 의병들이 저녁식사를 할 무렵 골짜기 안
쓰러진 고목 뒤에 숨어 있던 수비대가 총을 쏘며
기습하자 의병들은 총 한 번 제대로 쏘지 못하고
골짜기 위로 쫓겨 올라갔다. 의병들의 전근대식
무기인 화승총으로는 일본 수비대의 현대식
무기를 당해낼 수가 없었다. 쫓겨 올라가던 십여
명의 의병들은 총에 맞아 모두 죽고 한 명만
가까스로 고개를 넘어 자르메로 쫓겨 내려왔다.
어둑어둑할 무렵이라 자르메 마을 사람들은
피투성이가 된 채 쫓겨온 의병을 숨겨 주어
목숨을 구했다.
 쌀골에는 한국전쟁 전까지 3가구가 살았으나
인민군이 들어오면서 사람들을 몰아냈다. 그
뒤부터는 숲이 우거져 십여년 전 어떤 사람이
엄나무를 나흘 동안 작업하여 크게 돈을
벌었다고 한다.

**물골**  창마을 남쪽 요골과 쌀골 사이에 있는
작은 골짜기다. 골 위쪽에 있는 커다란 신배나무
밑동 근처에서 맑은 샘물이 흘러 ‘물골’ 이라고
하는데, 지금은 그 물을 이용해 골 위쪽에
비닐하우스를 짓고 농사를 짓는다.

**요골**  창마을 남쪽에 있는 골짜기다. 골짜기
안에 숲이 우거지고 충충해서 마을 주민들은
물론 나물 뜯는 사람들까지 들어가기를 꺼린다고
해서 ‘요골’ 이라고 부른다.
 협곡과도 같은 골 안에는 작은 물줄기가 흐르고
특히 살모사 등의 뱀이 많다고 한다. 골짜기
너머로 이어지는 덕천리의 골짜기도 ‘요골’ 이다.

**창마을(內倉)**  고성리 중심지에 있는 마을로
‘내창’, ‘창터’ 라고 한다. ‘창마을’ 이라는 이름은
조선시대 고성리 지역이 평창군에 속해 있을
당시에 전세(田稅)와 대동미(大同米),
균세(均稅)를 징수하여 보관하던 곡창(穀倉)인
동창(東倉)이 있어서 생겨났다. 옛날 창고가
있었던 자리는 확실하지 않으나 밭머리 곳곳에
불에 구운 기와 조각이 발견되어 그 규모를
짐작케 해준다.
 마을 한가운데에는 600여 년이 훨씬 넘은 듯한
20여 미터 높이의 느티나무가 서 있고, 그
아래에는 ‘군수방공한칠명세불망비(郡守方公漢
七永世不亡碑)’와 고성구장공덕비(古城區長功德
碑)’가 서 있다.
 몇 년 전까지 예비군 무기고가 있었고 간이
음식점, 약방 등이 있어 한때 50여 가구가
살았으나 급격한 이농현상으로 지금은 23가구
40여 명의 주민들이 고추등의 밭농사를 지으며
살아가고 있다.

조선시대 동창이 있었던 창마을

**국골**  창마을 뒷산에서 북쪽으로 난 골짜기다.
골짜기로 가는 곳곳에 구릉(邱陵)처럼 평평한
곳이 많아 '구골(邱谷)'이라 했는데 세월이
흐르면서 '국골'로 변했다.

**국골굴**  국골 해발 300미터 지점에 있는
자연동굴이다. 울창한 수목 사이로 입을 벌리고
있는 듯한 이 동굴은 입구가 넓고 웅장하며, 굴
안을 들어서면 서쪽과 북쪽으로 가지굴이 나
있다. 깊이는 정확하게 알 수 없으나 한국전쟁
때 고방마을 주민들이 난을 피하던 곳으로 굴
안에 물이 있다고도 한다. 이 동굴 속에는
수천년 된 이심이(이무기)가 산다는 얘기도
전해져 내려온다.

고방마을 뒷산에 있는 국골굴

**푯대봉**  창마을 북쪽 해발 724미터의 봉우리로
1912년부터 1918년까지 일제가 우리의 농토를
수탈하기 위해 실시한 토지조사사업 때 땅을
측량하기 위하여 산봉우리에 삼각 기점을 잡고
푯대를 박은 곳이다. 운치리 돈니치와 고성리
고방과 내창의 경계가 되는 곳이다.

**들띠**  창마을에서 북쪽 푯대봉을 향해 난 골짜기
안에 있다. 골 안에 넓은 분지가 있어
'들덕'이라고 했는데 세월이 지나면서 '들띠'로
되었다.

**덕새**  창마을 뒤 들띠에 있다. 골 안쪽으로
산등이 평평하다고 해서 붙여진 이름이다.
석회암이 빗물에 용식되어 침식작용을
일으키면서 넓은 평지밭을 이룬 땅을 '덕시'라고
하는데 이 말이 변해 '덕새'가 되었다.

**신배나무골**  창마을 북동쪽으로 난 골짜기다.
옛날 골 안쪽에 아름드리 신배나무가 많이
있어서 '신배나무골'이라고 부른다.

**자르메(柄山)**  창마을에서 서쪽으로 덕내 사이에
있는 마을이다. 마을을 낀 산세가 마치 자라가
엎드려 있는 형국이어서 '자르메'라고 불렀다.
1914년 조선총독부가 전국 행정구역 개편을 할
때 순 우리말 이름인 '자르메'를 한자(漢字)로
바꾸면서 '병산(柄山)'으로 불렀다. 지금은
8가구 30여 명의 주민들이 고추등 밭농사를
지으며 살고 있다.

**송솔밭**  자르메 서남쪽으로 산자락 아래에
소나무가 많아 '송솔밭'이라고 했다. 송솔밭
아래쪽으로는 마을 주민들이 밭을 일구어 고추,
옥수수 등을 재배하고 있다.

**새나루(新津)**  창마을 동쪽 골 안쪽에 있는
마을로 현재 3가구 7명이 살고 있다.
'새나루'라는 이름은 마을 아래쪽에 언젠가는
새로운 나루터가 생기게 될 것이라고 내다본
예언성 지명(豫言性地名)이다. 실제로 1972년과
1990년에 남한강 하류 지방에 큰 홍수피해가
있자 충주댐만으로는 홍수조절이 불가능하다고
판단한 정부에서는 오는 2천년 초반까지 높이
98미터, 길이 325미터, 저수 용량 7억여 톤
규모의 댐을 영월읍 거운리 만지(滿池)에
건설하기로 했다. 댐이 완성될 경우 고성리로
들어차는 물이 새나루 바로 아래까지 와
나루터가 생길 것이라고 하는데, 먼 훗날을
내다보고 땅이름 하나 하나까지 지은 옛
사람들의 슬기로움에 그저 감탄할 뿐이다.

**덧재**  새나루에서 운치리 돈니치로 넘어가는 고개로 '큰재'라고도 한다. '덕'은 '큰 언덕'이라는 의미를 가지고 있기 때문에 '덕재'라고 불렀는데 세월이 흐르면서 '덧재'가 되었다.

**굵은병**  창마을과 고방마을 사이에 있는 둔덕처럼 생긴 산자락이다. 석회암 벼랑이 뭉툭하게 길 옆으로 드리워져 '굵은병'이라고 한다. '병'은 '벼랑'이다.

**고방(古芳)**  창마을 북쪽에 있는 마을이다. 고성리 산성 아래에 있는 마을로 예로부터 아름다움을 간직하고 있다고 해서 '고방'이라고 부른다. 지금은 5가구 20여 명이 살고 있다.

신동읍 예미에서 들어가 동강변에 있는 고방마을 고성분교의 어린이들. 백운산이 내려다보고 있다.

**고방정(古芳亭)**  고방마을 앞에 있는 정자다. 20여년 전 주민들이 지은 것으로 울창한 숲과 어울려 운치를 더해 준다.

고성리산성 아래 마을숲과 고방정

**큰먹골**  고방마을에서 고성분교 쪽으로 가 서쪽으로 고성리 산성을 오르는 골짜기다.   옛날 큰 먹구렁이가 사는 앞산에 오르는 골짜기라고 해서 '큰먹골'이라고 한다. 해마다 고성산성제를 치르며 길이 잘 단장되어 골 안쪽에 있는 밭까지 트럭이 올라갈 수 있다. 큰먹골을 오르면 오른쪽으로는 고성리 산성으로 오르는 계단이 있고 왼쪽으로는 자르메로 넘어가는 산능선길이 있다..

**성재(城峙)**  고방마을에서 서쪽으로 큰먹골을 따라올라가 덕천리 골덕내로 넘어가는 고개다. 고개 근처에 고성리 산성이 있다고 해서 '성재'라고 부른다.

**작은먹골**  고방마을 바로 앞에 있는 작은 골짜기다. 먹구렁이가 산다는 앞산을 오르는 작은 골짜기라고 해서 작은먹골이라고 부른다.

**고성(古城里山城)**  지방기념물 제 68호로 고방마을 앞산에 있는 석축 산성이다. 축성 연대를 알 수 없으나 삼국시대 고구려가 남진을 하면서 전초기지나 후방기지로서의 역할을 했던 요새로 추측된다. 5, 6세기 당시 고구려와 신라는 한강 유역을 확보하기 위해 밀고 밀리는 치열한 공방을 펼쳤는데, 고성을 끼고 있는 지역은 영서지방의 평창군에서 영남지방으로 통하는 요충지에 위치하고 있어 전략적으로도 중요한 거점이었다.
 당시 고구려는 한강 상류를 따라 남하하면서 충청북도 영춘에 온달산성을 전진기지로 삼고 영월 뱃나들이의 대야리산성, 정양리의 왕검성, 삼옥리의 완택산성, 신동읍의 고성리 산성을 연결해 한수유역을 확보하려고 애를 썼다.
 해발 720여 미터가 되는 산을 중심으로 띠를 두른 듯이 쌓은 테뫼형 산성인 이 성은 북쪽에서 남으로 약 80미터의 성곽이 완전한 형태로 남아 있고 동쪽과 서쪽은 이에 비해 외벽과 내벽이 무너져 있다.

동강 12경중의 하나가 되는 고성산성. 삼국시대 축성된
석축산성이다.

축조 방식은 장방형의 모가 난 큰 돌을 아래에
쌓고 위로 올라갈수록 10~15도 정도 기울여
쌓는 물림쌓기 방식으로 쌓았는데, 성을 연속해
쌓지 않고 가파른 지형을 이용해 네곳의 공간에
쌓은 것이 특징이다.
　성 위에서 보면 동쪽의 강 상류가 눈에 훤히
들어오고 남쪽으로는 구레기고개, 서쪽으로는
굽이도는 강줄기가 눈에 들어와 천연의 요새라고
할 수 있다.
　몇 년 전까지만 해도 성 안에서 밭을 일구다가
여러 개의 돌화살촉 등을 발견하기도 했다. 매년
고성리와 가까운 덕천리, 운치리 주민들이 힘을
모아 고성산성제를 열어 성곽 보존운동을 펼치고

있으며, 이러한 노력으로 최근 들어 많은
사람들이 찾는 역사의 산 교육장이 되고 있는
곳이다.

**고인돌**　고성분교 뒤 밭 한가운데에 있다.
선사시대 지석묘로 너비 2미터의 상석을 1미터
되는 지석이 고이고 있어 '고인돌'이라고
부른다. 상석에는 성혈이 30여 군데 눈에 띄며
이미 오래 전에 도굴된 것으로 보인다. 상석은
완전한 형태를 유지하고 있으나 지석은 하나만
완전하고 밭에서 나온 돌로 밑이 채워져 있다.
고성리 주민들은 상석에 있는 많은 성혈을 보고
옛날 고성리를 다스리던 귀족의 묘나 장군의
묘라고 믿고 있다.

**나리재**　고방에서 운치리로 넘어가는 나리소
옆의 작은 고개를 말한다. 지금은 고성리에서
운치리와 가수리로 통하는 도로가 나 있다.
　예전에는 지금의 길 아래쪽에 커다란 버드나무
한 그루가 서있어 고개를 넘다가 버드나무
아래에서 곡을 세 번하고 떨어져 죽는 사람이
많았다고 한다. 나리소 어귀까지 그늘을
드리우던 그 버드나무는 오래 전 병자년 수해 때
떠내려갔다고 한다.

고성분교 뒤 밭 한가운데 있는 고인돌

## 정선군 신동읍 운치리(雲峙里)

신동읍 소재지에서 북쪽에 위치해 남한강 상류인 동강을 끼고 있는 마을로
동쪽은 정선읍 가수리와 접해 있다. 본래 평창군 동면에 속해 있던 땅으로 고종
32년(1895년)에 정선군에 편입되었는데 운치리(雲峙里)라는 지명은 1914년
일제가 조선의 토지를 빼앗기 위한 목적으로 실시한 지방행정구역 통폐합 때
납운돌(納雲乭)과 돈니치(敦니峙)를 병합하면서 생겨난 이름이다.

백운산(白雲山)과 곰봉(雄峰) 사이로 흐르는 동강 변에 형성된 마을로 알려지지
않은 석회암 동굴이 많고 깊은 골짜기와 기암절벽의 봉우리들도 많이 있다.

한창때는 2백여가구가 넘게 살았으나 지금은 90여 가구 3백여 명의 주민들이
수동, 점치, 납운동, 돈니치, 설론, 터골, 번들 등지의 자연부락에서 고추, 콩,
옥수수 등의 밭농사에 종사하며 살아가고 있다.

주요 성(姓)씨로는 강릉 최(崔)씨, 경주 이(李)씨, 동래 정(鄭)씨 등이다.
영월댐이 건설되면 수동, 점치 마을이 완전 수몰되고 번들, 납운돌 마을은 거의
대부분이 수몰된다.

백운산에서 내려다 본 운치리 전경

평창군 미탄면
수갈령재
구름재
상정바우
점그늘
벌무골
삼형제바우
다운이소
고재뻘
가수리
가래나무골굴
용첨지밭골
가래나무골
수동
주춧구덩이
당방골
비둘기굴
범에굴
고석바우
효바우
번들
(번평)
산재골
만경
솔등강
독지
용구닝
형제바우
점치굴
지름베리
점치
점치나루
병목
백운산
설론
노루메
갈벌
운치분교
납운돌
운록샘
가마바우
얼음굴
탑저낭당이
탄광구렁
돈너치
박달아치
고성리

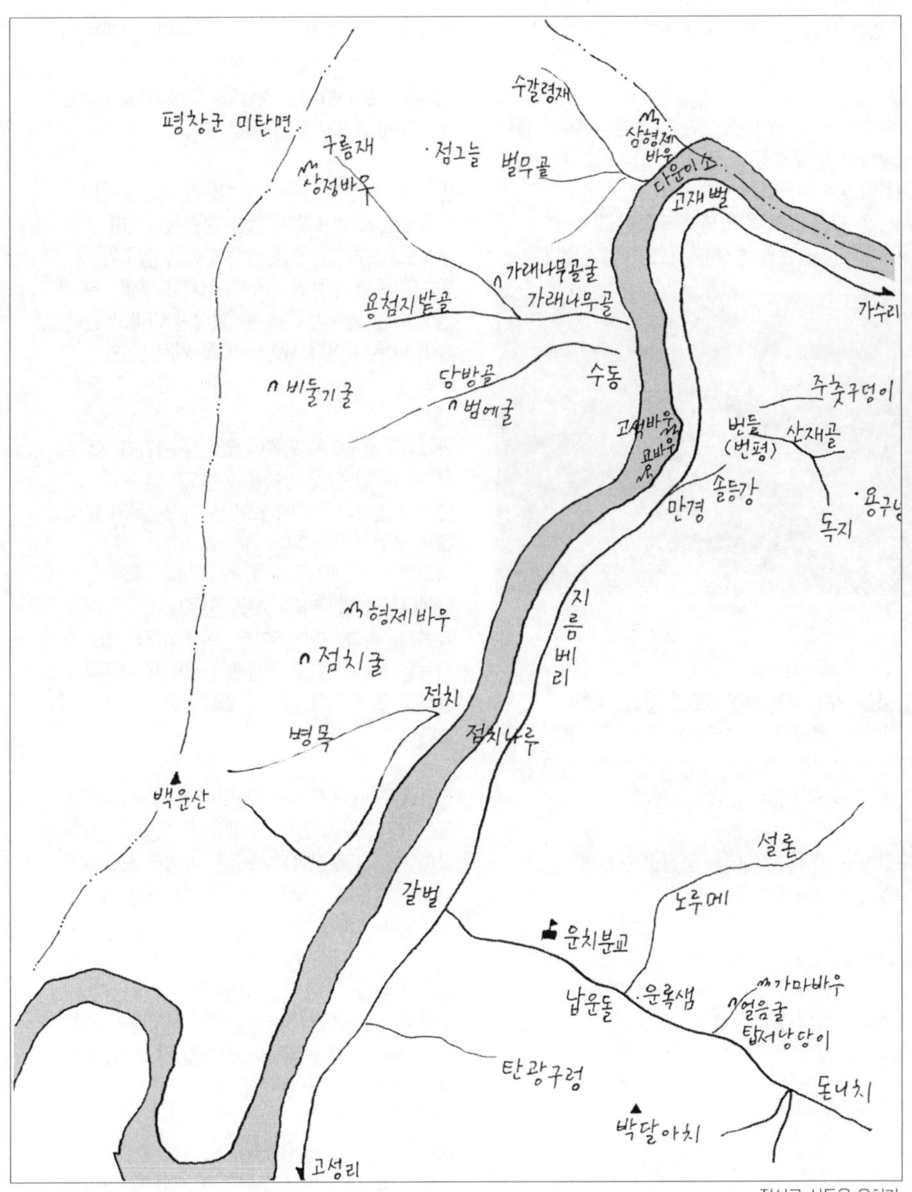

정선군 신동읍 운치리

**수동** 본래 지명은 지며(芝旀)였다. 서북쪽 강
건너 마을로 뒤로는 백운산(白雲山)을 등지고
있고 앞으로는 남한강 상류인 동강(東江)이
흘러가는 배산임수의 마을이다. 식수로 사용할
수 있는 물이 백운산에서 흐르고 앞으로는
강물이 풍부하다고 해서 '수동(水洞)'이라고
했다.
 해마다 시월이면 마을 앞으로 흐르는 강에 마을
사람들이 모여 이듬해 큰 물로 떠내려갈 때까지
겨울나기로 사용하는 섶다리를 놓곤 한다.
지금은 12가구 40여 명의 주민들이 고추,
옥수수, 감자 등의 농사를 지으며 살고 있다.

사람들이 만든 동강의 12경으로 꼽히는 운치리 수동섶다리

**담방골** 수동에서 백운산으로 올라가는
골짜기다. 바람이 불 때마다 계곡 주위의
나뭇가지들이 흔들리는 모습이 담방거린다고
하여 '담방골'이라 불렀다고 한다.

**수갈령재** 수동 북쪽에서 평창군 미탄면
수청리로 넘어가는 고개다.

**점그늘** 수동에서 구름재를 넘는 골 오른쪽에
있다. 옛날 쇠를 녹여 가마솥등을 만들던 집터가
있었다고 해서 붙여진 이름이라고 한다.

**벌무골** 수동 북쪽에 있는 골짜기다. 본래는
'풀미골(冶谷)'이었으나 세월이 흐르면서
'벌무골'로 변했다.  옛날 골 안에 쇠를 불리던
풀무간이 있어서 생긴 이름이다.

**범에굴** 담방굴 입구에서 백운산 정상을 향해
서쪽으로 오르는 길에 있는 자연동굴이다.
수직으로 내려간 구릉 안쪽에 동굴 입구가 나
있는데 주변 수목이 너무 우거지고 옛날부터
범이 살던 굴이라고 해서 '범에굴'이라고 한다.
숲이 너무 우거져 사람들이 잘 가지 않는
곳이다.

**가래나무골** 수동 위쪽에 있는 골짜기다. 옛날
성황당이 있던 곳 안쪽을 일컬으며 골짜기
안쪽에 한방의 약재로 쓰이는 가래나무가 많다고
해서 붙여진 이름이다.

**가래나무골 굴** 가래나무골 안쪽에 있는
자연동굴이다. 높이 3미터, 폭 5미터의 입구는
동쪽을 향하고 있고 동굴은 입구에서 서쪽과
동북쪽 두 갈래로 갈라져 있으나 깊이는 알 수가
없다.

**상정바우** 구름재에서 백운산으로 오르는 해발
960미터 고지에 있는 바위다. 금강산의 촛대봉과
같이 높이가 수십척의 뾰족한 바위로 모든
바위들 가운데 으뜸가는 바위라고 해서 생긴
이름이다.

**용첨지 밭골** 수동마을 뒤편에 있는 골짜기다.
구름재 아래쪽에서 옛날 용(龍) 첨지라는 사람이
험한 계곡에 밭을 일구어 농사를 짓고 살았다
해서 '용첨지 밭골'이라고 한다.
 본래 첨지(僉知)는
첨지중추부사(僉知中樞府事)란 벼슬
이름이었으나 훗날에는 나이가 들어 할 일이
없는 사람들을 가리켜 첨지라 부르기도 했다.

**구름재** 수동 위쪽에서 백운산 능선을 향해
오르는 고개다. 고개 앞으로는 동강물이 휘돌아
흐르고, 흐리거나 비가 온 후에는 항상 안개가
자욱한 고개로 이곳을 지나던 사람들이 구름을
뚫고 산을 넘어 다녔다고 하여 '구름재'라고
했다.
　옛날에는 구름재를 넘어 평창군 미탄면
수청리와 미탄면 마하리 문희마을로 넘어다니곤
했다.

**비둘기굴** 용첨지 밭골에서 서남 방향으로
백운산 중턱에 위치한 자연동굴이다. 입구는
기어들어 갈 만큼 좁으나 내부는 수십 평 정도
되며 동굴 남쪽으로는 햇빛이 들어올 정도로
구멍이 나 있다. 크고 넓은 동굴 안에 비둘기가
많이 산다고 해서 '비둘기굴'이라고 한다.

**수동나루** 수동에서 강 건너 번들로 건너가는
나루터다. 수동 위쪽의 가수리 가탄, 해매에서
굽이쳐 오는 물이 마을 앞에 이르러 폭이 넓어져
나루터가 생겨났다.
　평상시에는 줄을 당겨 오가는 철선(鐵船)을
이용하지만, 겨울이 다가오면 강물이 얼어붙기
전 마을 사람들이 모여 다릿발을 세우고 널레를
걸치고 그 위에 솔가지를 양 옆으로 놓아
지나가는 사람들의 물에 대한 두려움을 덜게
해주는 섶다리를 놓는다. 남한강 천리 물길의
빼어난 서정이 담긴 이 다리도 이듬해 장마가
지면 물에 휩쓸려 떠내려가고 찬바람이 나면
다시 놓는 일을 수백 년 째 되풀이하고 있다.

**용바우** 수동나루 아래쪽 강변에 있는 바위다.
직경이 4미터가 넘는 바위로 한가운데가 마치
칼로 썰어 놓은 듯 갈라져 있는데, 옛날
강물에서 용(龍)이 하늘로 올라갈 때 바위를
가르며 올라갔다는 얘기가 전해져 내려온다.
이곳은 물이 맑기로 소문이 난 곳으로 차돌메기
등의 고기가 많이 서식하는 곳이기도 하다.

나리소에 올라온 이무기가 용이 되어 바위를 깨트리며
승천했다는 용바우

**고석바우** 용바우 위에 있는 큰 바위다. 바위가
크고 높다고 해서 '고석바우'라고 한다.

**독지** 용바우에서 동쪽으로 6백여 미터 떨어진
곳에 있다. 바위로 된 산능선 끝에 있는 분지를
'독지'(篤地)라고 하는데, 1980년대 초반까지만
해도 5가구가 살았으나 지금은 사람이 살지
않는다.

**용구녕** 독지마을 북쪽에 있는 샘물이다. 옛날
용이 나온 구멍이라고 해서 '용구녕'이라는
이름이 생겨났다.

**번들** 수동에서 강건너 언덕 위에 있는
마을이다. 산사면에 형성된 넓은 평지를 '번들'
또는 '둔들'이라고 해서 마을 이름이
'번들(瓶坪)'로 되었다. 한때 17가구의 주민들이
살았으나 지금은 12여 가구 50여 명의 주민들이
고추, 배추 등의 농사를 지으면서 살아가고
있다.

**만경** 번들마을 뒤에서 납운돌 쪽으로 있는
벌판이다.

**너래반석** 번들 남쪽에서 마을로 들어가는
포장길 주변을 말한다. 옛날 길 주변에 넓적한
돌이 있었다고 해서 '너래반석'이라고 부른다.

**산제골** 번들마을 마을회관 뒤쪽에 있는
계곡이다. 예전에 골짜기 안에 산제당이
있었다고 해서 '산제골'이라고 한다.

**고재뻘** 수동 건너에서 가수리로 가는 도로 왼쪽
강변에 생긴 모래 퇴적층이다. 정선읍 가수리
쪽에서 흐르는 동강 물길이 수동 상류인 가탄과
해매에서 휘돌면서 강 어귀에 높은 모래
퇴적층을 만들어 놓아 '고재뻘'이라고 부른다.
옛날에는 여러 가구가 살았으나 애를 낳으면
고자(鼓子)를 낳는다고 해서 지금은 사람이 살지
않는다.

**잉어소** 고재뻘 건너편에 있는 여울이다.
옛날부터 잉어가 많이 산다고 해서 '잉어소'라고
한다. 소(沼)가 깊어 명주실 한 타래를 풀어도
모자랐다는 전설이 있는 곳이다.

**삼형제바우** 고재뻘 북서쪽 여울목 위에 있는
바위다. 사람 형상의 큰 바위 세 개가 솟아 있어
'삼형제바우'라고 한다.

삼형제가 어깨로 감싸듯 어우러진 삼형제바우

**평창마을** 번들 동쪽에 있는 강변 마을이다.
오래 전 평창에서 넘어온 사람들이 처음 살기
시작했다고 해서 '평창마을'이라고 한다. 지금은
2가구가 살고 있다.

**백운산(白雲山)** 운치리 동강 변에 있는 해발
882.5미터의 산이다. 신동읍 운치리와 덕천리,
평창군 미탄면을 가로막아 선 산으로 흰 구름을
연상하듯 능선에 항상 안개가 자욱하다 하여
'백운산'이라고 한다. 산세가 험한 산으로
1968년 울진, 삼척으로 침입해 북상하던 북한
무장간첩 15명이 백운산에서 예비군과 교전을 해
희생자를 내기도 했다.
　병풍과도 같은 벼랑을 한 곳에 모아 놓은 것과
같은 산으로 동강의 굽이치는 절경을 감상하기에
더없이 좋은 산이다. 또한 정상으로 이르는
길에는 돌이끼에 의해 형성된 석화(石花) 등을
관찰할 수 있다. 정상에서는 칠족령 능선을 타고
신동읍 덕천리 제장으로 이어지는 길이 나
있으며, 최근들어 널리 알려지면서 많은
사람들이 찾는 명산으로 각광을 받고 있다.

나리재에서 올려다 보는 백운산

**납운돌(納雲乭)** 동강변 납운교를 지나 갈벌
동쪽으로 난 골짜기를 따라 3백여 미터 들어간
곳에 있는 마을이다.　예미초등학교 운치분교가
있는 마을로 마을 앞 나주 정씨 비각 앞으로
흐르는 개울에 넙적개석(넓은 반석)이 있다고
해서 '너븐돌'이라고 했는데 일제시대에
한자어로 고치면서 '납운돌(納雲乭)'이 되었다.

일제시대 '납운돌'로 지명이 바뀌기 전까지만
해도 주민들은 '너븐돌'로 불렀으며, 옛 족보 등
문헌에는 광석리(廣石里)로 바르게 표기했던
것으로 보아 일제에 의한 한자어 지명이
발음대로 한자를 표기했거나 아니면 돌(乭)자
등을 넣어 격하시키려고 한 것이 분명하다.
 한때는 30가구가 넘게 살았으나 지금은 9가구에
20여 명의 주민들이 고추등 밭농사를 지으며
살고 있다.

**운록샘** 납운돌에서 돈니치로 가는 길 왼쪽에
있다. 땅 속에서 맑은 물이 솟아나오는 샘터이며
그 위로는 수령이 150년 되는 매체나무 고목이
그늘을 드리우고 있다.
 수년 전 경희대학교 대학생들이 농촌
봉사활동을 와서 샘 주변에 시멘트 공사를 해
깨끗하게 단장하고 시멘트 구조물의 기념비를
세워 놓았다.

**갈벌** 동강변에서 납운돌로 들어가는 길목
강가에 형성된 뻘이다.
 갈(葛)자가 붙은 마을은 흔히 '칡'과 관련해
생각하지만 오히려 '강' 또는 '늪'과 관련된
지명에 많이 붙는 글자다.

**탄광 구렁** 고성리에서 나리재를 넘어
오른쪽으로 난 골 안쪽에 20여년 전 무연탄을
캐던 흔적이 남아있다고 해서 '탄광 구렁'이라고
한다.

**점치** 수동 남쪽의 강변 마을이다. 전해
내려오는 말에 따르면 옛날 이곳에 유명한
점쟁이가 살았다고 해서 '점치'라고 한다.

육지의 섬마을이라 불리는 점치

백운산 자락이 뒤를 막아서 있고 배를 타고
건너야 하기에 육지에 있는 섬마을이라고
했는데, 일제시대에는 강변에서 사금을 채취하는
사람이 많았고 지금도 좋은 돌들이 산재해 있어
많은 사람이 찾는다.
 현재 4가구 10여 명의 주민들이 고추, 옥수수,
감자 등 밭농사를 지으며 강에서 쏘가리 등의
고기를 잡기도 한다.

**점치 나루터** 점치마을에서 갈벌 위쪽으로
오가는 나루터로 철선(鐵船)이 쇠줄을 이용해
오간다.

**지름베리** 점치 마을 앞 강 건너편에 있던
벼랑이다. 그림처럼 아름다운 풍광을 지녔던
벼랑으로 벼랑 밑으로 난 길을 다니기에 너무
미끄러워 '지름베리'라고 불렀다.
 1968년 백운산으로 숨어 들어온 무장간첩들을
소탕하기 위해 벼랑을 깎아 작전도로를 개설하기
전까지 사람들이 그 밑의 미끄러운 바위를
조심스럽게 밟고 다녔다고 한다.
 정선지방의 사투리에서 '기름'은 '지름'으로
발음했고 높은 벼랑을 뜻하는 '벼리'는 '베루',
'베리'라고 했다.

**점치굴** 점치마을 뒷산 해발 400미터 지점에
있는 자연동굴이다. 동굴 입구가 두 곳으로,
아래로 난 동굴로 10미터가량 들어가면 동굴
위로 난 구멍으로 하늘이 보이고, 위쪽으로 난
동굴에는 베틀이 있다는 얘기가 전해져
내려온다.

**형제바우** 점치굴 북쪽 해발 400미터 지점에
있는 바위다. 수직으로 우뚝 선 두 개의 바위
모양이 마치 의좋은 형제가 서있는 것 같다고
해서 '형제바우'라고 한다.

**병목** 점치마을에서 덕천리 민밭으로 넘어가는
고개다. 벼랑 아래에 있는 고개라고 해서
'병목'이라고 했는데 그 아래에는 수직동굴이
있다.

**노루메** 납운돌에서 설론으로 들어가는 입구로
'노루목'이 변해 생겨난 말이다.

## 정선군 정선읍 가수리(佳水里)

　정선읍 소재지 남쪽에 있는 강변 마을이다. 본래 조선시대에는 정선군
서상면(西上面)에 속했던 지역으로 가탄리(佳灘), 하미리(下旀),
수미리(水旀) 일부를 병합하여 가탄과 수미의 첫 글자를 따서
가수리(佳水里)라고 하였다. 그 후 광무 10년(1906년) 서상면과
서하면을 합쳐 서면으로 개편한 후, 1924년 4월에 서면이 정선면에
병합됨에 따라 정선면에 편입되었다.

　가수리는 수미마을 강 건너편 뒷대벌(北垈) 마을 강변 퇴적지형에서
지난 1997년 초기 철기시대의 민무늬토기등 수십여 점이 발견된 것으로
보아 이미 초기 철기시대 또는 그 이전에 사람들이 거주했음을 알 수
있다. 가수 분교 입구에 있는 높이 30미터, 둘레 7미터에 달하는
느티나무는 가수리의 역사를 말해 주는 것으로 강릉 유(劉)씨가 약
5백년 전 이 마을에 들어와서 심은 나무라고 전해진다.

　1983년 귤암리, 신동으로 통하는 길이 뚫려 버스가 들어오기
전까지만 해도 가수리 주민들은 너툰이재나 틀이재를 넘어 정선읍내,
영월 등지로 오가곤 했다. 가수리는 수미, 북대, 해매, 갈매, 가탄, 유지
등 6개의 마을로 이루어져 있다.

　주요 성(姓)씨는 강릉 유(劉)씨 35가구, 정선 전(全)씨 9가구, 강릉
최(崔)씨 10가구, 평창 이(李)씨 3가구, 김해 김(金)씨 2가구 등이다.
20여 년 전까지만 해도 1백40여 가구가 살았으나 지금은 50여 가구
2백여 명이 살고 있다. 주민 대부분이 옥수수, 콩, 고추, 감자 등의
밭농사를 지으며 수미, 북대에서는 논농사를 짓기도 한다. 수미
마을에선 느타리버섯을 재배해 농가 소득을 올리고 있다.

굴앙리
개바우
왕재
정선군 남면
자죽이등
망짝비리
무랑골
도둑구지 도둑굴
어선골
미실들
붉은병(오송적벽)
새물폴이 수미
북대
남천
남닥소
가수분교
가느골
장탄여울
갈미소
진게바우
갈매동우리
운고개
갈매
갈매벌
가탄동우리
둔지마을
가산
유지등
느짐맥이
해매
버무골
삼형제여울
해매나우
예봉
가탄나루
가탄
과석바우턴
새여울
꼬부랑재
유지
운치리
재골 모태이
틀이재

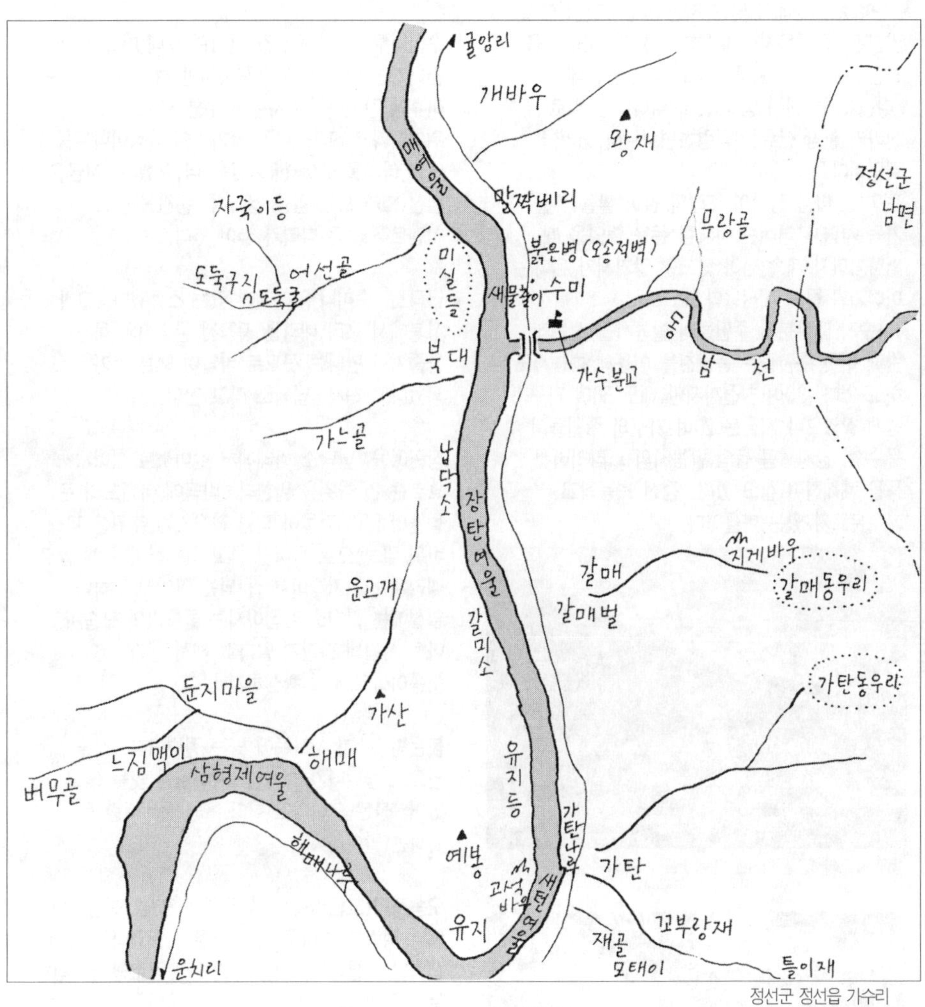

정선군 정선읍 가수리

### 수미(水旀)

 가수리의 중심마을로 마을 앞을 흐르는 강물이
아름답다고 하여 수미(水旀)라고 불렀다고 하나
'수며(水旀)'에서 나온 지명이다. 조선시대에
발간된 『정선읍지(旌善邑誌)』나 옛 지도 등을
보면 '수며리(水旀里)'라고 되어 있는데,
'며(旀)'는 신라 땅 이름을 나타내는 말로
신라가 한강 상류를 점령하면서부터 생겨난
지명이다.
 수미는 마을 형국이 조리와 같아 쌀을 씻을 때
가득 차면 부어내는 것처럼 돈을 벌었을 때
떠나가야지 계속 남아 있으면 알거지가 된다는
이야기가 전해 내려온다.
 가수리 대부분의 주민들이 밭농사를 짓는데
반해 이곳 주민들은 동남천을 이용해 논농사도
하고 있다. 30여년 전까지만 해도 30여 가구가
넘게 살았으나 지금은 20여 가구의 주민들이
옥수수, 감자, 콩 등의 밭농사와 느타리버섯
등을 재배하며 살고 있다. 정선 초등학교
가수분교가 있는 마을이다.

동강 12경의 1경을 이루는 가수리 느티나무와 수미마을 전경

느티나무 뒤에서 동강을 내다 보고 있는 가수분교

**수미나루**  수미에서 강 건너편 북대 마을로
건너가는 나루다. 2년 전까지만 해도 10월 중순
이후에 강에다가 Y자형 나무를 세우고 그
위에다가 켜고 난 나무 쪼가리인 쪽정이나무를
얹은 다리를 놓아 한 겨울을 나곤 했다. 지금은
철선(鐵船)으로 강을 건너며, 통관을 묻고
시멘트를 덮은 다리가 놓여 있다.

**납닥소**  수미나루 아래에 있는 소(沼)다. 고한,
사북에서 흘러 내려온 지장천 물줄기와 동강
물줄기가 만나는 곳으로 바닥이 너른 소가
되었다고 해서 '납닥소'라고 한다.

**장탄여울**  납닥소 아래에서 갈미소로 꺾여져
흐르는 긴 물길을 말한다. 바닥에 아름드리 큰
돌들이 많아 겨울이 되면 갑작스런 추위를 피해
바위 밑 틈으로 들어간 물고기를 잡기 위해 돌로
내려치는 고기잡이가 잘 되는 곳이기도 하다.
일설에는 갈미소로 굽어지는 물줄기의 모습이
마치 사람의 장단지 같다고 해서 생긴
이름이라고 하나 확실하지 않다.

**붉은병**  수미 서북쪽에 있는 절벽이다. 강물
옆으로 잘려나간 석회암 벽이 붉은 빛을 띄고
있어 '붉은병'이라고 한다. '병'은 '벼랑'을
뜻하는 말이다.

**오송적벽(五松赤壁)**  '붉은병'의 다른 이름이다.
옛날 벼랑에 소나무 다섯 그루가 있었다고 해서
생겨난 이름이다. 지금은 가수리 경로당 위 쪽에
두 그루만 남아 있다.

**새물출이**  붉은병 아래로 많은 물이
흘러나온다고 해서 생겨난 이름이다. 붉은병
아래로 도로가 개설되면서 지금은 길 아래 강
옆으로 수로를 내놓았다.

**말짝베리**  붉은병 위쪽에 있는 벼랑이다. 예전에
길이 나기 전 벼랑 위에 큰 발자국이 찍혀
있었다고 해서 '말짝베리'라고 한다.

**개바우(開岩)** 수미 북서쪽 위로 굴암리와의
경계에 있는 바위다. 벼랑에 작은 바위가 나와
있고 그 위에 큰 바위가 있는데 바위 사이가
벌어졌다고 해서 열 개(開)자를 써서
'개바우'라고 한다.

**너툰이재** 수미에서 정선읍 북실리로 넘어가는
30리가 넘는 험준한 고개다. 굴암리로 해서 길이
나기 전까지만 해도 가수리 사람들은 농사 지은
콩, 옥수수, 잎담배 등을 가지고 나가 쌀, 소금,
기름 등을 사가지고 이 고개를 넘어오곤 했다.

**무랑골** 가수리 동북쪽에 있는 골짜기다. 예전에
너툰이재를 넘어 정선읍내로 가는 길목으로
골짜기에서 물이 많이 흘러 '물안골'이라고
했는데 이 말이 변해 '무랑골'이 되었다. 큰
무랑골은 남면 광덕리에 속했으나 작은 무랑골은
가수리에 속해 있다. 20년 전까지만 해도
7가구가 살았으나 지금은 아무도 살지 않는다.

**용바우** 수미 뒤에 있는 바위다. 옛날 바위
아래에 깊은 웅덩이가 있어 겨울에는 따뜻한
물이 나오고 여름에는 찬 물이 나올 만큼
깊었다.
 어느날 송아지 한 마리가 빠졌는데 나오지
못하고 죽자 마을 사람들은 웅덩이 안에서 사는
용이 잡아먹은 것이라고 했다. 마을 사람들이
웅덩이에 독한 약을 풀자 용이 안에서 뛰쳐나와
용바우를 타고 올라갔다고 한다. 바위에 하얀
줄이 나 있는데, 용이 승천할 때 타고 올라가던
자국이라고 해서 '용바우'라고 한다.

**황마루** 용바우 위에 있다. 흙이 누런 땅이
둔덕을 이루고 있다고 해서 '황마루'라고 한다.

**소주바우** 수미마을 뒤 동쪽에 있는 바위다.
바위 옆으로 샘물이 흘러나오는데 물맛이 소주와
같다고 해서 '소주바우'라고 한다.

**굴거레재** 너툰이재를 넘어가기전 먼저 넘어야
하는 고개다. 30년 전까지만 해도 이 고개를
넘어 문왕골을 지나 너툰이재를 넘어 정선으로
다녔다. 아침 일찍 출발하면 정오께 정선읍내에
다다르는 먼 길이었다.

**솔봉** 가수리 북쪽에 있는 산이다.

**그물매기** 수미마을 북쪽에 있는 가수교회 뒤로
난 골짜기다. 옛날 수미에서 굴암리를 걸쳐
정선읍내로 갈 때 넘어가던 길로 길이 너무
가파르고 험해서 큰 등짐은 지고 가지 못했다고
한다.

**골마을** 가수교회 북쪽 골짜기에 있는 마을이다.
10년 전까지만 해도 10여 가구가 살았으나
지금은 한 집만 살고 있다.

**매봉산** 수미 서북쪽에 있는 산이다. 봉우리
모양이 매(鷹)처럼 생겨서 '매봉산'이라
불렀다고 하나 산을 뜻하는 '뫼'가 '메' 또는
'매'로 발음되면서 생겨난 지명으로 보는 것이
타당하다.
 강원도만 해도 매봉, 매봉산 등 '매' 이름을
가진 산이름이 무려 200여 곳이 넘지만, 거의
대부분이 산 이름이 2자 내지 3자로 되어가는
과정에서 산을 뜻하는 보통명사로 불렸다.
 결국 매봉산은 산이라는 단어가 셋씩이나 겹친
지명이 되어버린 것이다. 이러한 지명을 매와
연결시켜 풀이하는 것은 단어 풀이에 불과하므로
타당하지 않다.

**흐름산** 수미마을 북쪽에 있다. 약 5백여 년전
가수리에 들어온 강릉 유씨 시조묘가 있는
곳이다.

**풀미께** 수미 북쪽에 있다.

**왕재** 수미 북쪽에 있는 고개로 산이 높아
'왕재'라고 불렀다.

**구수매기** 수미 동북쪽에 있는 골짜기다. 30년
전까지만 해도 7가구가 살았으나 지금은 아무도
살지 않는다.

**북대(北垈)** 수미 앞 서쪽 강 건너에 있는 마을로
'뒷대벌'이라고도 한다. 일설에는
대발(垈拔)이라고 하며 북쪽을 향해 마을이
형성되어 '북대'라고 부른다고 한다. 하지만
'북(北)'자가 든 지명은 북쪽을 연상하기
쉬우나, 산을 뜻하는 '붇'이 한자로 음차되면서
변한 것으로 볼 수 있다. 실제로 북대는
수미마을 서쪽에 위치하고 있어 북쪽 방향과는
관계없는 마을이다.
 이 마을은 지형지세가 배(船)형국이라고 해서
마을에 우물을 팠다가 메운 적이 있다. 지금은
상수도가 들어오지만 그 전까지만 해도 강물을
길어 먹었다고 한다.
 마을 앞 강변 퇴적지형은 정선의 대표적 초기
철기시대 유적지로 민무늬토기등 수십여 점이
발굴되기도 했다. 10여년 전까지만 해도 20여
가구 1백여 명이 넘는 사람들이 살았지만 지금은
8가구에 20여 명만이 살고 있다.

수미마을에서 바라다 본 북대. 뒷대벌이라고도 한다.

**운고개** 북대에서 해매로 넘어가는 고개다.
지금의 가탄과 해매를 잇는 강변 도로가 나기
전까지 사람들이 넘나들던 고개로 흐리거나 비가
온 후 구름이 많이 끼는 곳이다. 보통때도
안개가 자욱한 고개로 이곳을 지나는 사람들이
구름을 뚫고 다녔다고 해서 '구름재'라고도
한다.
 옛날 이 고개를 넘어오던 스님이 아래를
굽어보면서 수미마을 형국이 조리와 같다며
재물이 흐름을 염려했다고 한다. 10년 전까지만
해도 수미로 건너가 가탄을 거쳐 차를 타고 가는
것보다 고개를 넘어가는 것이 훨씬 빠를
정도였다고 한다.

**미실들** 북대마을 북쪽에 있는 벌판이다.

**매여울** 굴암리와의 경계에 있는 여울이다. 옛날
매(鷹)들이 날아와 물을 먹고 날아간다고 해서
'매여울'이라고 한다.

**어선골(漁船谷)** 북대 뒤에서 남서쪽으로 난
골짜기다. 오랜 옛날 이 골짜기 주변에 살던
사람들이 '먼 훗날 이 골짜기에 고기잡이배가
다닐 것이다'고 해서 생겨난 예언성
지명(豫言性地名)이다.
 실제로 동강에 영월댐이 들어서면 이 골짜기가
물에 찬다고 한다. 30여년 전까지만 해도
7가구가 살았으나 지금은 아무도 살지 않는다.

**도둑구지** 어선골 위에 있는 좁은 골짜기를
말한다. 일제시대에 평창 미탄에서 넘어 온
도둑들이 숨어 살던 골짜기라고 해서
'도둑구지'라고 한다. '구지'란 우뚝 솟은 곳에
있는 깊은 골을 뜻하는 '곶(串)'이 변해 생긴
말이다. 지명에선 이 말이 '고지'로 변해
쓰이기도 한다.

**도둑굴** 도둑구지에 있는 굴이다. 굴이 깊어
돌을 굴려 넣으면 한동안 구르는 소리가
들렸다고 한다. 굴 주변으로는 토종 밤나무가
많고 산나물이 많아 예전에는 가수리 사람들이
봄, 가을로 오르내리던 곳이다.

**가느골** 북대마을 바로 뒤에 있는 골짜기다.
골이 그다지 깊지 않아 '가는골'이라고 부른
것이 변해 '가느골'이 되었다.

**자죽이등** 어선골과 가느골 사이의 산등마루를
일컫는 지명이다.

**갈매(葛梅)** 가수리 남쪽에 있는 마을로 갈매
또는 갈미라고 한다. 마을 앞으로 강이 흐르나
마을에는 물이 솟는 샘이 한 군데도 없어
'갈매'라고 한다.
 '갈(葛)'자가 들어가는 마을은 흔히 '칡'과
관계있는 것으로 생각하지만 오히려 '강'과
관련된 지명에 많이 붙는다. 10여년 전까지만
해도 10여 가구가 살았으나 지금은 1가구만 살고
있다.

가수리에서 동강을 건너다 본 갈매

**갈미벌** 갈미마을 앞에 있는 벌판이다.
수미마을과 가탄을 잇는 강변 도로가 있는
곳으로 20여년 전까지만 해도 밭이 있었으나
지금은 잡초만이 무성한 곳이다.

**갈미소** 갈미벌 앞을 흐르는 동강 물길을
일컫는다. 가파른 절벽 아래로 흐르는 물길이
깊고 잔잔해 붙인 이름으로 빠가사리, 쏘가리,
누치 등의 물고기가 많기로 유명한 곳이기도
하다.

**유지등** 갈미벌 앞 강 건너편 절벽이다.
가파르게 이어진 절벽이 남쪽
유지(有池)마을까지 이어져서 '유지등'이라고
한다.

**갈매동우리** 갈매마을 동쪽 골짜기 안에 있는
마을이다. 골 안이 깊어 오랜 옛날 가수리에
들어 온 강릉 유씨들이 초막을 짓고 농사를
지으며 살았다.
 갈매 쪽에서 가까운 곳을 갈매동우리, 가탄
쪽에서 가까운 곳을 가탄동우리라고 한다. 30년
전까지만 해도 7가구가 살았으나 지금은 아무도
살지 않는다.

**지게바우** 갈매 북동쪽 산에 있는 바위다. 바위
모양이 지게와 같다고 해서 생겨난 이름이다.

**가탄(佳灘)** 수미 남쪽에 있는 마을이다. 마을 앞으로 흐르는 강물이 아름답다고 해서 '가탄'이라고 부른다고하나, 가장자리를 뜻하는 옛말인 '까'이 한자로 차음되면서 아름다울 가(佳)자를 써 '가탄'으로 바뀌었다. 한국전쟁 전까지만 해도 30여 가구 넘게 살았으나 지금은 13가구 30여 명의 주민들이 고추, 옥수수, 감자 등의 농사를 지으며 살고 있다.

수미마을 남쪽에 있는 가탄마을

**가탄나루** 가탄에서 서쪽으로 강 건너 마을인 유지로 건너가는 나루터다.

**달구봉(鷄峰)** 가탄마을 뒤에 있는 봉우리로 곰봉 북쪽에 있다. 산 모양이 닭처럼 생겼다고 해서 '달구봉'으로 불렀다고 하나, 산의 옛 말인 '달'과 봉(峰)을 합한 말을 '닥봉'으로 잘못 부르면서 이를 닭으로 생각한 마을 사람들이 닭의 사투리인 '달구봉'이라고 불렀다고 볼 수 있다. 1914년 일제가 행정지명을 개편하면서 '달구봉'을 한자로 차음하는 과정에서 '계봉(鷄峰)'으로 쓰기 시작했다.

산 모양이 닭처럼 생겨 붙여진 달구봉

**고석바우** 가탄마을 앞에 있는 바위다. 강변에 서 있는 바위가 시커멓고 크다고 해서 '고석바우'라고 한다.

**꼬부랑재** 가탄에서 신동으로 가기 위해 넘어야하는 틀이재 전에 있는 고개다. 산이 깊어 고개를 오르는 길이 꼬불꼬불해 '꼬부랑재'로 불렀다고 한다. 옛날 여자들이 산나물을 뜯기 위해 이 고개를 누비는 일이 얼마나 힘들었는지

　꼬부랑 곱산에 나물 뜯지 말고
　자동차 운전사 소첩이나 되지

라는 가사를 지어 아라리로 부르곤 헸다.

**틀이재** 가탄에서 곰봉을 거쳐 신동읍 마차재로 넘어가는 고개로 '곰봉 틀이재'라고 한다. 옛날 가수리에서 영월로 가기 위해 넘던 고개로 신동까지는 약 40리길이었다고 한다. 곰봉에는 30여년 전까지만 해도 몇 가구가 살았으나 지금은 아무도 살지 않는다.

**재골 모태이** 가탄 아래에 있다. 오래 전 떼꾼을 상대로 한 술집이 있었다.

**새턴여울** 가탄 아래 서낭당 앞에 있는 여울이다.

**유지(有池)** 동강 물굽이에 의해 형성된 마을로 가탄 서쪽에 있다. 물이 없어 강 건너 산에서 물을 끌어다가 식수로 이용한다. 10년 전까지만 해도 5가구가 살았으나 지금은 1가구 만이 농사를 짓고 살다가 겨울이면 정선읍내에 들어가 지내고 있다.

**예봉** 유지마을 뒷산 높은 봉우리를 말한다.
곧게 뻗은 갈미소가 퇴적시킨 높은 봉우리로
'옛날 봉우리'라고 해서 '예봉'이라고 불렀다고
하나 확실하지 않다.

**해매(下 )** 수미마을 남서쪽에 있는 마을로 옛
지도 등에는 '하며(下 )'였으나 지금은 '해매',
'하미'라고 한다. 수미에서 남쪽으로 치달은
강물이 북쪽으로 올라간 곳에 형성된 마을이다.
몇 해 전까지만 해도 섶다리를 놓아 강을
건너다녔으나 지금은 배를 이용한다.
 가수리에서 감(柿)농사가 잘 되는 마을로 마을
앞 강에는 수달이 여러 마리 살고 있다. 지금은
6가구 15명의 주민들이 농사를 지으며 살고
있다.

감이 잘 되고 수달이 사는 해매마을

**해매나루** 해매에서 신동읍 운치리로 건너가는
나루터다. 예전에는 섶다리를 놓았으나,
최근에는 강의 일정 부분을 막고 물길 위에
나무다리를 놓아 겨울을 나곤 한다.
 봄에 다리가 떠내려가면 강 양쪽에 매어놓은
줄을 당겨 사람이 탈 수 있는 배와 경운기나
기타 무거운 짐을 싣는 배를 이용한다.

**해매굴** 해매마을 뒷산에 있는 굴이다. 종유석이
발달된 굴로 한국전쟁 때 몇몇 마을 사람들이
난을 피했던 굴이라고 한다.

**둔지마을** 해매 서쪽에 있는 마을이다. 석회암
지대의 침식 작용으로 산마루에 너른 평지가
형성되어 '둔지마을'이라고 부른다. 지금은
1가구가 살고 있다.

**느짐맥이** 둔지마을 서쪽에서 버무골로 넘어가는
곳에 있다. 강 건너에서 바라보면 강을 낀 절벽
위에 있어 경치가 아름다운 곳이다. 현재 한가구
만이 살고 있다.

**버무골** 느짐맥이 서쪽의 평지에 있는 골짜기다.
10여년 전까지만 해도 6가구가 살았으나 지금은
한집만 살고 있다.

**가산** 해매마을 뒷산이다. 산의 형세가 꼭
초가지붕을 닮았다고 해서 '가산'이라고 한다.

**삼형제 여울** 해매아래에 있는 여울이다.

**다운이소** 해매 아래에 있는 소(沼)다.

## 정선군 남면 광덕리(廣德里)

남면 소재지 북서쪽 끝에 있는 산골 마을이다. 본래 정선군
남면에 속한 지역으로, 1914년 지방 행정구역 통폐합에 따라
수령(草豆坪), 영골, 수아우(禾岩), 돌터미(石垈), 채운(彩雲),
더벵이(廣方), 너븐여울(廣灘), 범소(虎沼), 서마루(三宗),
역밭(驛田), 웅동(熊洞) 일부를 병합하여 광덕리라고 했다.
북쪽으로는 문두치(文斗峙), 석이봉, 너툰이재를 경계로 정선읍
북실리와 맞닿아 있고, 남쪽으로는 곰봉(雄峰)의 연맥을 경계로
신동읍과 맞닿아 있다.

광덕리는 영월댐이 들어설 경우 광덕 2리의 역밭, 범소,
재름께 등의 마을이 수몰되는데, 광탄도 때에 따라선 직접적인
피해를 받는 지역이다.

주요 성(性)씨는 강릉 유(劉)씨 5가구, 영월 신(辛)씨 5가구
등이다. 20여년 전까지만 해도 130여 가구가 살았으나 지금은
60가구 2백여 명의 주민들이 고추, 옥수수, 감자 등의 밭농사와
대마 등을 재배하며 살고 있다.

너툰이재
갈금
동 남 천
정선읍
가수리
관바우
아랫범소
덕산동
서마루
(삼종)
역밭
웃범소
양지마을
무드루구멍
재름께
도로소
앞병창
광탄
(너븐여울)
마치둔재
승지말등
수령
정선군 남면 팡덕리

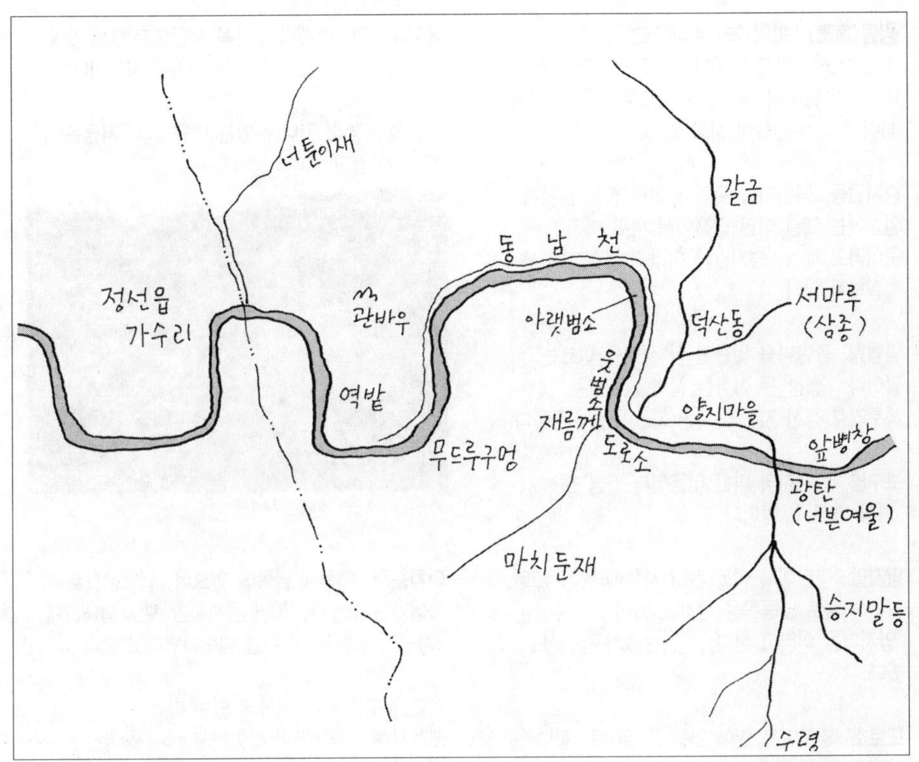

**광탄(廣灘)** 광덕 2리 본마을로
'너븐여울'이라고도 한다. 마을 앞으로 흐르는
내(川)가 넓어서 생겨난 지명으로 지금은 12가구
40여 명의 주민들이 살고 있다.

**승지말등** 광탄마을 뒤의 평평한 산을 말한다.
일설에는 옛날 어떤 전쟁에서 싸워 이긴
곳이라고 해서 '승지말등'이라고 불렀다고 하나
확실하지 않다.

**앞뺑창** 광탄마을 맞은편 산 절벽을 이르는
말이다. '뺑창'은 가파른 절벽을 뜻하는
사투리로 정선 지방의 지명에도 자주 등장한다.

**보수병** 앞뺑창의 다른 이름이다. '병'은
'뺑창'과 같은 말이다.

**양지말** 광탄에서 내를 건너 서쪽에 위치하고
있는 마을로 남동쪽을 향하고 있어
'양지마을'이라고 한다. 지금은 2가구가 살고
있다.

**도로소** 양지마을 앞에 있는 소(沼)다. 절벽
아래에 있으며, 물이 도는 곳이라고 해서
'도로소'라고 한다.

**덕산동** 양지마을 아래에서 서마루로 올라가는
곳에 있는 마을이다. 마을을 이루던 큰 산이라고
해서 '덕산'이라고 했다. 20여년 전까지만 해도
10여 가구가 살았으나, 지금은 1가구 한 명 만이
살고 있다.
**웃범소** 재름께 아래에 있는 소(沼)다. 옛날 이
소에서 호랑이가 빠져죽었다고 해서 '범소'라고
한다.

**아랫범소** 웃범소 아래에 있는 소(沼)다. 소
아래로는 큰 바위가 떨어져 있어 주변 경관과
함께 운치를 더해 준다. 소 앞 마을에는 몇 년
전까지만 해도 2가구가 살았으나 지금은 빈 집만
남아 있다.

106

**숯가마덩이** 아랫범소 북쪽 뒷산으로 옛날 숯을
만들던 곳이 있었다고 해서 생겨난 지명이다.

**재름께** 범소 건너에 있는 마을이다. 지금은
1가구가 살고 있다.

범소 건너에 있는 마을인 재름께

**마치둔재** 재름께 남쪽에 있으며, 덥내산으로
들어가는 고개다. 30년 전까지만 해도 덥내산엔
3가구가 살면서 이 재를 넘어다녔다고 한다.

**역밭(驛田)** 광탄 서쪽에 있는 마을로
조선시대에 역(驛)이 있었다고 해서 생겨난
지명이다. 20년 전까지만 해도 26가구가 살
정도로 광덕 2리에서 가장 큰 마을이었으나
지금은 4가구만이 살고 있다.

**관바우** 역밭 뒷산에 있는 바위다.

**무드루구멍** 역밭 위 냇가에 있던 구멍이다.
절벽 밑으로 난 구멍으로 물이 빠져서
건너편에서 솟아난다고 해서 물이 들어가는
구멍이라는 뜻인 '무드루구멍'이라고 한다.
 옛날 근처에 소를 한 마리 매어놨는데 없어져서
찾아보니 고삐만 물 속에 들어있어 이무기가
잡아 먹었다는 이야기가 전해내려 온다. 또 비가
오지 않아 가뭄이 들면 무드루구멍 앞에서 개를
잡아 피를 뿌리면 곧 비가 내렸다고한다.

# 정선군 정선읍 굴암리(橘岩里)

정선읍 소재지 남서쪽에 있는 강변 마을이다. 조선시대에는 서상면(西上面)에
속해 있던 주을곶(注乙串), 옷바우(衣岩), 만지산(萬支山)을 지방행정구역 개편
때 서면(西面)으로 통합했다. 그후 1924년 서면이 정선면에 병합됨에 따라
정선면에 속하게 되었다.

굴암리는 굴화(橘花)와 의암(衣岩)에서 한자씩 따서 이름이 지어졌는데,
일설에는 굴화라는 지명이 봄철이면 마을에 굴꽃이 만발한데서 유래되었다고
하나 합당하지 않다. 지금의 굴암리는『대동여지도(大東與地圖)』나 조선시대에
발간된『정선읍지(旌善邑誌)』에 '주을곶(注乙串)'으로 표기되어 있다. 조선시대
이후 한글이 활발하게 쓰이면서 '주을곶'이 음운축약으로 '줄꽃'으로 변했고, 이
말을 다시 '굴꽃'의 사투리로 보아 일제시대 행정구역 개편 때 한자로 차용되면서
굴꽃의 뜻인 '굴화(橘花)'로 되었다.

굴암리에는 마을에 있는 3기의 고인돌등으로 보아 이미 청동기시대 이전에
사람들이 정착했음을 짐작할 수 있다. 1960년대까지만 해도 정선읍내로 가기
위해 병방산(兵防山)을 넘어 다니거나, 광하리에서 오가는 나룻배를 타고 다녔다.

지금의 도로는 새마을운동이 시작되면서 1969년부터 주민들이 자발적으로 강
옆 가파른 절벽을 망치와 정으로 깨 가면서 개설한 것이다. 굴암리에는 1962년에
정선초등학교 굴암분교가 세워져 4백47명이 졸업을 했으나 이농현상으로
학생수가 줄어 1995년 3월 1일 폐교되었다.

굴암리는 상굴화, 하굴화, 의암, 동무지, 만지산 등 모두 5개의 마을로
이루어져 있는데, 동강 영월댐이 건설되면 상굴화, 하굴화 고지대 일부와
동무지를 제외한 모든 마을이 수몰된다.

주요 성(姓)씨는 강릉 최(崔)씨 8가구, 강릉 유(劉)씨 7가구 등이다. 10여년
전까지만 해도 70여 가구 180여명이 살았으나 지금은 55가구 120여명의
주민들이 고추, 옥수수, 콩, 감자 등의 농사를 지으며 살고 있다.

광하리
병방산
양지
나팔동굴
병병이재
꼬콜베리
동무지
의암
수리봉
구덩산
옷바우
굴화
맹이골
애매골
만지산
윗만지산
하굴화
골안
다래봉
떡깔구데이
뒷덕마산
굴피재
상정바우
아랫만지산
장구맥이
개바우
왕재
가수리

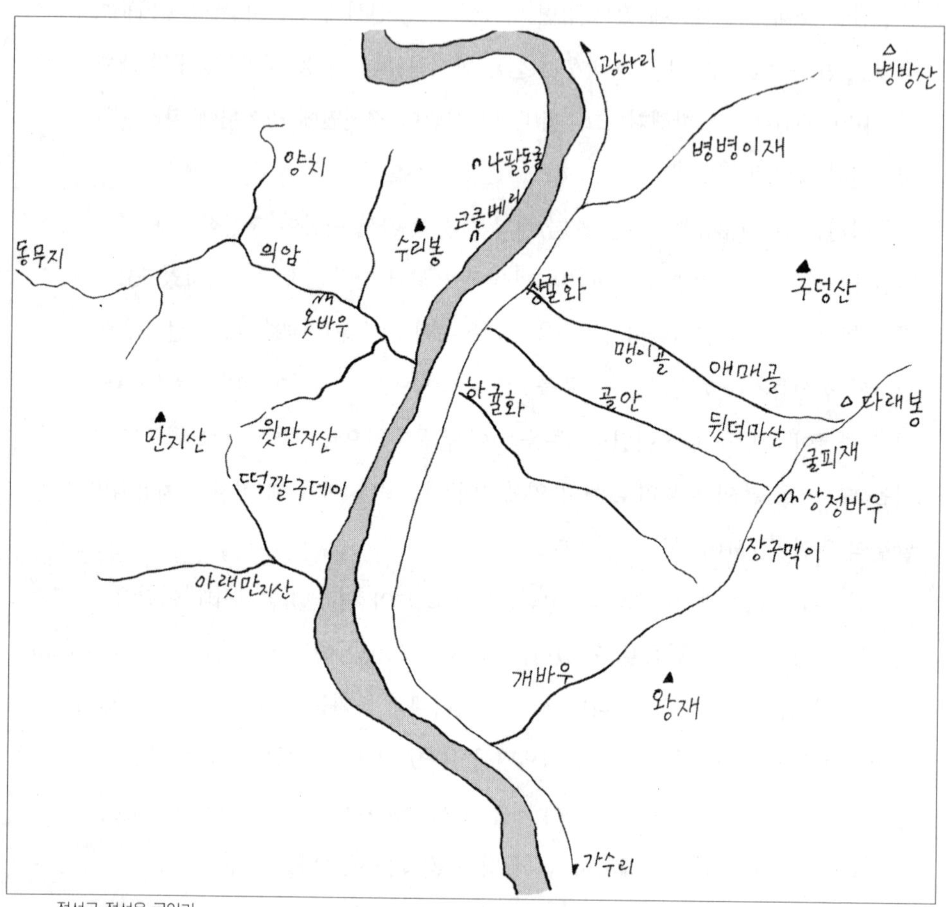

정선군 정선읍 굴암리

**상귤화(上橘花)** 귤암리의 본마을로 나팔봉 동쪽
강변에 있는 마을이다. 일설에는 임진왜란 당시
피난 온 사람들에 의해 형성된 마을이라고
하지만 확실하지 않다. 마을 앞 동쪽 나팔봉
절벽 아래로는 동강 물이 흐르고 마을 앞뒤로는
비옥한 농토가 있어 몇 년 전까지만 해도 잎담배
재배와 양잠 등을 했으나 지금은 고추와
사료용으로 쓰이는 메강냉이를 재배한다. 10년
전까지만 해도 25가구가 살았으나 지금은 13가구
25명이 살고 있다.

**코클베리** 상귤화 수리봉 자락에 있는 바위로
바위가 뚫려 움푹 들어간 모양이 옛날 화전민
가옥의 벽에 있던 코클 모양과 비슷하다고 해서
'코클베리'라고 부른다.
　10여년 전 이 바위 위쪽에 매가 둥지를 틀고
살았다고 해서 주민들은 '매바우'라고 부르기도
한다.

화전민 가옥의 코클 모양을 한 수리봉 절벽 아래 코클배리

**가리탄** 코클베리 아래쪽에 있는 여울이다 옛날
뗏목이 내려갈 때 여울 밑의 큰 바위가 있어서
자주 걸리곤 했던 곳이다.

**애매골** 상귤화 위쪽에서 동쪽으로 난 골짜기로
현재 상수원지가 있는 곳이다. 오래 전에 이곳에
정착한 사람들이 싸리나무, 갈나무, 대궁 등으로
움막을 짓고 살았다고 해서 '외막골'로 불렀으나
세월이 흐르면서 변하여 '애매골'로 되었다.
　30여년 전까지만 해도 5가구가 살았으나 지금은
아무도 살지 않는다.

**뒷덕마산** 상귤화마을을 등지고 있는 애매골과
골안 사이의 산을 말한다. 마을 동쪽으로 뻗은
이 산 능선은 경사가 완만하고 땅이 기름져
'뒷덕'이라고 부르는데, 산 능선까지 말 안장과
같다고 해서 뒷덕마산이라고 한다.

**구덩산** 상귤화 동쪽에 있는 산이다. 산 정상
부위에 4, 5평 가량의 평평한 구덩이가 형성되어
'구덩산'이라고 한다.

**다래봉** 상귤화 동쪽에 있는 봉우리이다.

**다래골** 상귤화 동쪽에 있는 골짜기다.
지명에서의 '다래골'은 흔히 다래나무가 많은
골짜기로 유추되지만 '달애골'의 연철로 생겨난
말이다. 즉 산(山)을 뜻하는 '달'과 골짜기(谷)를
뜻하는 '골'이라는 말이 합쳐져 생겨난
이름이다. 가운데 음절인 '애'는 오늘날의
소유격 조사인 '의'와 같은 뜻으로 '달애골'은
'달(山)의 골', 즉 '산골'이라는 뜻이다.

**맹이골** 상귤화 동쪽에 있는 골짜기로 애매골
아래에 있다. 농사철에는 2가구가 살지만
겨울에는 읍내로 가서 산다.

**새덕** 맹이골 옆에 있는 밭이다. 밭이 넓고
평평해 '새덕'이라고 한다. '덕'은 '크다'는
뜻이다.

**병병이재** 굴암리에서 읍으로 통하는 병방산의
고개다. 고개가 험준해 옛날에는 나는 새도
쉬어간다고 했는데, 1971년 사람이 제대로 다닐
수 있는 길이 나 사람들이 넘나들었다.

**하굴화(下橘花)** 상굴화 남쪽에 있는 마을이다.
현재 6가구 10여 명의 주민들이 고추, 옥수수
등의 농사를 지으며 살고 있다.

동강상류인 조양강에서 본 하굴화와 나팔봉

**골안** 하굴화 아래쪽에서 동쪽으로 난 골짜기다.

**상정바우** 골 안으로 들어가 마주한 산꼭대기에
있는 바위다. 일제시대 일본 사람들이 혈을 끊기
위해 쇠말뚝을 박았다고 하나 확실하지 않다.

**굴피재** 골 안으로 들어가 애매골 북쪽으로
넘어가는 고개다. 옛날 집을 지을 때 껍질을
벗겨 지붕으로 썼던 굴피나무가 많다고 해서
'굴피재'라고 한다.

**장구메기** 상정바우 서쪽에 있는 산이다. 늘어진
산세가 여인이 장구를 둘러메고 춤을 추는 것과
같이 허리가 잘록하고 양쪽이 불룩한 산봉우리가
있어 '장구목이'라고 부른 것이 '장구메기'가
되었다.

**개바우** 하굴하 남쪽에 있는 마을이다. 길 옆
둔덕에 있는 마을로 지금은 3가구가 살고 있다.

**수리봉** 상굴화와 나팔봉을 끼고 흐르는 강
건너편에 병풍처럼 둘러쳐진 높은 봉우리를
말한다.
 옛날 봉우리 꼭대기에 수리(鷹)가 서식했다고
해서 생겨난 이름이라고 하지만 사실은 순
우리말인 '수리'에서 나왔다고 볼 수 있다.
 사람의 머리 윗부분을 정수리라고 하듯이
'수리'란 높은 곳을 뜻하는 우리말로 가장 높은
산봉우리를 '수리메' 또는 '수리봉'으로 불렀다.
 실제로 우리나라 여러 지역에서 마을 앞뒤로
뾰족 솟은 산을 '수리봉'으로 부르는 예를 많이
볼 수 있다.
 의암이나 망하 쪽에서 수리봉에 오르면 굴암리
일대가 한눈에 들어오며, 정상에는 산불 감시용
전망대가 서 있다.

**나팔봉(喇叭峯)** 굴화 서쪽에 있는 해발
693.4미터의 봉우리다.

**나팔동굴** 나팔봉 절벽에 있다. 임진왜란이
일어난 해 4월과 5월 왜병들이 정선에 침입하자
향임좌수 전민준(全敏俊)이 정선군수
정사급(鄭思及)과 정선읍 주민들을 해발
819미터의 병방치를 넘어 나팔동굴로
피신시켰다.

**만지산(萬支山)**　하굴하 서쪽에 있는 해발 715미터의 산이다. 산 정상에 오르면 능선들이 사방으로 무수하게 뻗어있어 '만지산'이라고 불렀다고 한다.

**윗만지산**　만지산 정상 동쪽 아래쪽에 있는 골 안 마을이다. 지금은 3가구가 살고 있다.

**아랫만지산**　윗만지산 남쪽에 있는 마을이다. 지금은 3가구가 살고 있다.

아랫만지산과 하굴화를 이어주던 나무다리

**떡갈구데이**　아랫만지산 마을 뒤에 있는 골짜기다. 옛날 노인들이 갈나무를 잘라 자리를 만들어 놓고 놀았다고 해서 '떡갈구데이'라고 한다.

**옷바우**　하굴화에서 서쪽으로 난 골짜기에 있는 바위다. 길이가 10여미터, 둘레가 3미터 이상 되는 바위로 바위 밑에는 명주실 한 타래를 풀어도 모자란다는 소(沼)가 있었다고 한다. 옛날 무명장사가 이 바위 위에서 짐을 벗어놓고 쉬다가 일어나려고 하니 무명짐이 떨어지지 않아

무명을 한자 잘라 바위에 걸었더니 짐이 떨어졌다고 한다. 그 후로 이 바위에 옷을 해 입혔는데, 어느 해 홍수에 바위가 넘어진 이후로 동네가 쇠락했다고 한다. 골 안에 있는 마을 의암(衣岩)은 이 바위 이름을 따서 붙인 것이다.

**의암**　옷바우 윗쪽에 있는 마을이다. 마을 아래에 있는 옷바우의 이름을 따 '의암'이라고 했다. 지금은 11가구 23명의 주민들이 살고 있다.

**월포(月浦)**　의암 서쪽에 있는 강변 마을이다. 산이 둘러싸고 있는 마을의 형국이 달과 같다고 해서 '월포'라고 한다.

**양치(楊峙)**　의암에서 광하리 망하로 넘어가는 고개다. '메버들' 또는 '갯버들'을 뜻하는 '양(楊)'이 들어갔다고 해서 버드나무와 관련지어 생각하기 쉬우나 '얕은(낮은)'의 뜻인 '벌을'을 '버들'로 보아 '버들치'로 한 것을 한자로 표기하면서 '버들'을 버드나무로 보아 버들 양(楊)자를 썼다.
　지금의 굴암 가수리를 잇는 도로가 나기 전까지 사람들은 가수리 뒷대벌에서 안돌이, 옷바우를 거쳐 정선으로 4시간이 훨씬 넘게 걸어다녔다.

마을 사람들이 무명옷을 해 입혔던 전설을 지니고 있는 옷바우

## 정선군 정선읍 광하리(廣河里)

정선읍 서쪽에 있는 마을이다. 조선시대 서상면에 속했던 광석(廣石), 우뚜루(上坪), 망하(望河), 군언(軍遠)과 서하면에 속했던 여곡(余谷), 소탄(召呑)을 광무 10년(1906년)에 광하리로 개편해 서면에 속했다가, 1924년 서면이 정선면에 편입됨에 따라 정선면에 속하게 되었다.

광하리는 광석(廣石), 망하(望河)에서 한 자씩 따서 광하라고 하였으며, 행정 2개리로 나뉘어져 있다. 광하 1리는 광석, 군언, 상평, 송단마을로 이루어져 있고, 광하 2리는 망하, 여곡, 소탄, 마전 으로 이루어져 있다. 이들 마을 가운데 동강의 영월댐이 건설되면 광하 2리를 제외한 대부분의 마을이 수몰된다.

광하리는 일제시대에 시범 농촌 갱생 부락으로 선정되어 뽕밭을 조성해 잠업(蠶業)이 크게 발전했던 곳으로도 유명하다. 또한 그 무렵 평창군 미탄면 백골 동쪽에서 동무지재를 거쳐 망하를 잇는 길을 마전치(麻田峙)에 '비행기재'라는 정선의 관문도로가 개설되었고, 1987년에는 비행기재 터널이 개통되었다.

망하마을은 석회암지대로 지하수가 전혀 솟지 않아 1985년 3월 간이상수도 공사를 시작, 이듬해 1월부터 충분한 물을 얻을 수 있게 되었다.

30년 전까지만 해도 180여 가구가 살았으나 지금은 170가구 300여 명의 주민들이 고추, 잎담배 등의 농사를 지으며 살고 있다. 주요 성(姓)씨로는 강릉 최(崔)씨 80여 가구, 정선 전(全)씨 15가구, 강릉 유(劉)씨 10여 가구 등이다. 특히 광하 2리는 70여 가구 가운데 80퍼센트 정도가 강릉 최(崔)씨이다.

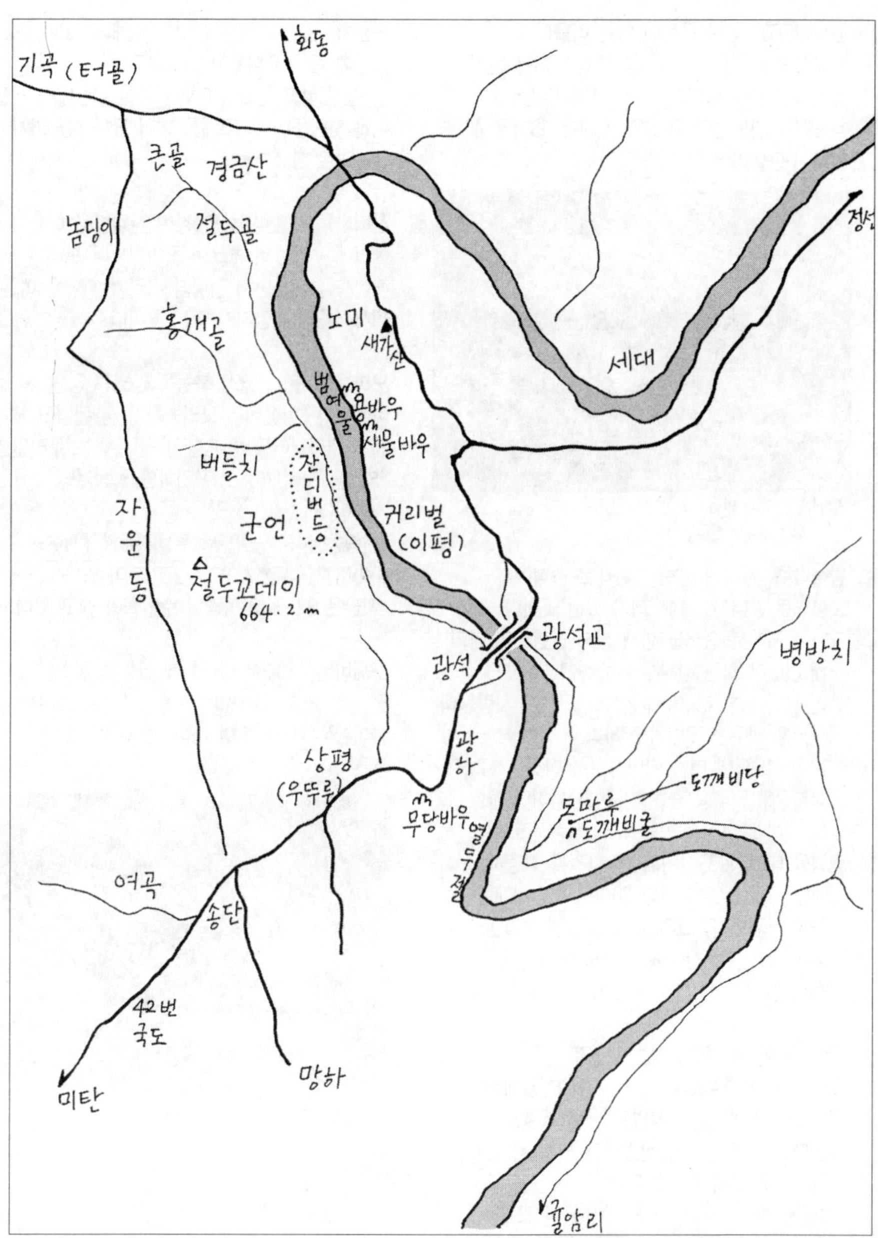

정선군 정선읍 광하리, 용탄리

**광석(廣石)** 망하 동쪽에 있는 마을이다.
기암절벽을 이룬 앞산과 강 주위의 넓은 반석이
있어 생겨난 지명이다. 1960년대까지만 해도
차도선과 인도선이 있었다. 지금은 13가구 40여
명의 주민들이 살고 있다.

기암절벽과 넓은 반석으로 유명한 광석

**광석나루** 지금의 광하교 아래로 광석에서
모평으로 건너가는 나루터가 있던 곳이다. 평창,
미탄 등지에서 정선을 통해 삼척 방면으로 가기
위해 건너야 하는 강나루로 줄배가 오갔으나
물만 불어나면 교통이 두절되어 오가던 사람들이
애간장을 태우던 곳이기도 하다.
　그러나 1965년 여름 지방순시차 이곳을 지나던
건설부장관 전례용(全禮鎔) 씨가 불어난 물로
발이 묶이게 되어 불편을 몸소 체험하고 즉시
명령을 내려 1965년 10월에 다리를 착공해
1967년 5월 총 길이 1백 20미터의 광하교를
준공하게 되었다. 그러나 이 다리는 영월댐
건설에 따른 수몰선상에 놓이게 돼 1997년
12월에 헐리고 새 다리가 높게 세워졌다.

**군언** 광석 북서쪽에 있는 마을로
『정선읍지(旌善邑誌)』나 조선시대에 발행한
고지도(古地圖) 상의 지명은 군원(軍遠)이다.
일설에는 옛날 선비가 살았다고 해서 생겨난
지명이라고 하나 확실하지 않다.
　지금은 12가구 40여 명의 주민들이 고추,
옥수수, 콩, 배추 등의 농사를 지으며 살고
있다.



**절두꼬데이** 군언마을 뒷산마루를 말한다. 오랜
옛날 큰 절이 있던 곳이라고 해서 생겨난
이름으로 지금은 절터 흔적만 남아있다.

**버들치** 군언 서쪽산에 있는 고개다. 고개
마루에 큰 버드나무가 있었다고 해서
'버들치'라고 불렀다고하나 확실하지 않다. 옛날
마을 사람들이 이 고개를 넘어 광하리를 거쳐
귤암리로 다녔다.

**잔디버등** 군언마을 앞 강변 잔디밭을 이른다.
예전에는 강물이 흐르던 곳이었으나 모래가
퇴적층을 이루면서 잔디가 자라나 지금은 여름
피서객들의 휴양지가 되는 곳이다.

**모마루(牟坪)** 광석 북동쪽에 있는 강변
마을이다. 일설에는 보리농사가 잘 된다고 해서
생긴 지명이라고 하나, '산'을 뜻하는 우리말인
'뫼'를 '모리(牟)'로 표기하면서 생겨난
지명이다.
『신증동국여지승람(新增東國與地勝覽)』에는
모마어촌(牟麻於村)으로 표기되어 있다.
　지금은 8가구 20여명의 주민들이 살고 있다.

**도깨비굴** 모마루 아래쪽에 있는 동굴이다.
정선읍 조양산(朝陽山) 수혈(水穴)로 스며든
물이 굴 옆으로 솟아 나와 '샘통'이라고도
부른다.

도깨비의 험악한 형성을 한 도깨비굴

**도깨비당**  모마루 암혈(도깨비굴) 근처에 있던
제당(祭堂)이다. 옛날 경기도에 살던 윤씨라는
사람이 이곳을 지나다가 마을 뒤로는 층암
절벽이고 마을 앞으로는 강이 흐르는 모습을
보고 이곳으로 이주해 살았다. 그러나 오던
날부터 집에 도깨비가 모여들어 불을 지르는 등
법석을 떨자 모마루 끝 암혈에 당을 세우고
제사를 지내자 조용했다고 해서
'도깨비당'이라고 했다는 얘기가 전해온다.

**열두절**  모마루 강에 있는 여울이다. 물이
흐르면서 열두 번 굽이쳐 일어났다가
가라앉는다고 해서 '열두절'이라고 한다. 예전에
정선 떼꾼들이 떼를 타고 내려가다가 자주
떼에서 떨어지는 애환이 서린 곳이기도 하다.

**우뚜루(上坪)**  광하 북쪽에 있는 마을이다.
농경지가 넓고 비옥해서 '윗들'의 뜻인
'우뚜루'라고 한 것을 한자로 쓰면서
'상평(上坪)'이라고 했다. 지금은 10여 가구
20여 명의 주민들이 살고 있다.

**무당바우**  우뚜루에 있는 바위다. 옛날 이곳을
지나던 무당 몇 명이 갑자기 쏟아진 폭우를
피하기 위해 바위 밑으로 숨어들었는데 갑자기
벼락이 떨어져 바위를 때리는 바람에 모두 깔려
죽었다고 한다. 그때부터 비가 오는 날이면 바위
근처에서 장구소리와 징소리가 울려 온다고 해서
'무당바우'라고 부른다.

## 정선군 정선읍 용탄리(龍灘里)

　정선읍내 서북쪽 가리왕산(佳里旺山) 남쪽 능선과 성마령(星摩嶺)
아래에 자리한 마을이다. 조선시대에 서하면에 속해있던 노미(魯 ),
행매동(行邁洞), 벽탄(碧灘)을 광무 10년(1906년)에 서하면과 합쳐
서면으로 개편했다가 1924년에 정선면에 편입되었다. 용탄(龍灘)이라는
지명은 광무 10년에 비룡동(飛龍洞)의 용(龍)자와 벽탄(碧灘)의
탄(灘)자를 합쳐 만든 이름이다. 행정리 수는 3개리로 구성되어 있으나
모두 4곳으로 나누어져 마을을 형성하고 있는데, 비룡계곡에는 비룡동,
곡구, 신론, 가느골, 내벽탄 마을이 있으며, 회동 계곡에는 월평,
내벽탄 마을이 있고, 행매동 계곡에는 행매원, 원터가 속하고
조양강변에는 노미와 이평 마을이 있다. 영월댐이 건설될 경우
조양강변의 이평과 노미 일부가 수몰된다.

　용탄리에 있는 성마령(星摩嶺)은 일제시대 비행기재 도로가 개설되기
전까지만 해도 정선의 관문으로 길손의 숙소였던 행매원(行邁院)을
둘만큼 붐비던 곳이고, 벽파령(碧波嶺)은 벽탄역까지 있을 정도로
사람의 통행이 끊이지 않던 곳이다. 그러나 몇 해전 회동광업소가
폐광되고 마을은 더욱 침체에 빠졌으나 가리왕산이 관광지로 개발되면서
침체의 그늘에서 점차 벗어나고 있다.

　30여년 전만 해도 2백50여 가구 5백여 명이 살았으나 지금은 1백여
가구 2백여 명의 주민들이 옥수수, 콩 등의 농사와 부업으로 양봉 등을
하며 살고 있다. 옛날에는 제주 고(高)씨, 정선 전(全)씨가 많았으나
지금은 성씨 분포가 다양하다.

**노미(魯旀)** 벽탄 남서쪽에 있는 마을로 본래
이름은 노며(魯旀)였다. 조양강이 흘러내리면서
물굽이에 의해 형성된 충적평야 지대이다. 몇 해
전 이 마을 앞 강변에서 민무늬토기 조각과
철마(鐵馬) 숫돌 등과 같은 초기 철기시대
유물들이 지표채집되기도 했다. 20여 가구 50여
명의 주민들이 살고 있다.

**절두골** 노미마을 서쪽 경금산 왼쪽 옆으로 난
골짜기다. 옛날 큰 절이 있었다고 해서
'절두골'이라고 하는데, 아직도 절터의 흔적이
남아있다.

**가래나무골** 노미 서쪽 경금산 오른쪽으로 난
골짜기다. 골짜기 안에 가래나무가 많아
'가래나무골'이라고 한다.

**큰골** 노미마을 서쪽 경금산 뒤에 있는
골짜기다. 북쪽으로 향한 골짜기가 크고 길다고
해서 '큰골'이라고 한다.

**홍개골** 큰골 아래에 있는 골짜기다.

**덤바우골** 큰골 오른쪽에 있는 골짜기다.
절벽으로 이루어진 골짜기 위에 금방이라도
굴러떨어질 것만 같은 크고 덩그런 바위가
있다고 해서 '덤바우골'이라고 한다.

**새가산** 노미마을 동쪽으로 마을을 등지고 있는
산이다. 옛날에는 소나무가 많아 큰 숲을
이루었으나 수십년 전 밤나무로 수종이
바뀌었다. 20여년 전까지만 해도 마을 주민들이
이 산 옆으로 난 꼬부랑길로 장등과 솔치재를
넘어 하루에 세 차례씩 읍내로 나무를 팔러
다니기도 했다.

**범여울** 노미마을 남쪽에 있는 여울이다.
지금부터 수백년 전 어미 호랑이를 따르던 새끼
호랑이 두 마리가 여울 앞에 이르렀다. 새끼
호랑이 두 마리를 한꺼번에 옮길 수 없는 어미
호랑이는 한 마리를 따라오지 못하도록 큰 돌로
눌러놓고 다른 한 마리를 먼저 물어 강을
건네놓고 큰 돌로 눌러 놓았다. 그리고나서 다른
한 마리를 데리러 강을 건너와서 보니 어린
호랑이는 돌의 무게를 이기지 못해 그만
죽어버리고 말았다. 어미 호랑이는 울부짖으며
강을 건너와 보니 먼저 데려왔던 새끼 호랑이도
역시 죽어 있었다. 어미 호랑이는 몇날 몇일을
밤새워 울었다. 불안에 떨던 동네 사람들은
호랑이가 숲속으로 들어간 대낮에 강변에 큰
나뭇단을 쌓고 불을 지르자 호랑이는 다시
나타나지 않았다고 한다. 지금도 조용한 밤이면
여울 물소리가 호랑이의 울부짖는 소리처럼
들린다고 한다.
 범여울은 정선에서 영월까지 내려가던 골안
떼꾼들에게도 잘 알려진 곳이다. 강변에서
삐쭉삐쭉 솟은 바위 아래쪽으로 물길이 나 있고
그 아래로는 '누렁바우'라는 큰 바위가 있어
옛날 떼꾼들에게 범여울 물길에 빨려들어
'누렁바우 타면 죽는다'는 말이 나올 정도로
위험한 곳이었다. 실제로 뗏목을 타고
내려가다가 바위에
부딪히거나 떼가 접질러져 죽는 떼꾼들이
생겨나자 일제 말년인 소화 13년에는 범여울을
피해 가도록 건너편 경금산 아래쪽으로 물길을
파 뗏목들이 다닐 수 있는 길을 내기도 했다.

물소리가 범이 표효하듯 무서운 범여울

**용바우** 범여울 밑에 있는 바위다. 예전에는 이
바위에 아들이 없는 부녀자들이 치성을 드리면
아들을 낳는다고 했는데, 실제로 이곳에서
치성을 드린 이 마을 사람이 아들을 낳았는데
이름을 '신용바우'라고 지었다.

**새물바우** 범여울 아래에 있는 바우다. 옛날부터
부녀자들이 이 바위에 올라 앉았다가 내려와
빌면 아들을 낳는 다는 속설이 전해져 내려오고
있다. 실제로 이 마을에서 딸 넷을 낳은 여자가
이 바위에서 치성을 드리고 아들을 낳고 이름을
'전바우'라고 지었는데, 지금은 강릉에서 살고
있다.

**귀리벌(耳坪)** 노미 남쪽에 있는 강변 마을이다.
마을 형국이 사람의 귀를 닮았다고 해서
'귀리벌'로 부른 것이 한자로 바뀌면서
'이평(耳坪)'으로 바뀌었다. 조선시대 평창
이(李)씨의 집성촌으로 이통정이 새치 껍질로만
쌈을 싸먹고 살 만큼 잘 살던 마을이라고 한다.
지금은 8가구 20여 명의 주민들이 살고 있다.

마을 형국이 사람의 귀를 닮았다는 귀리벌

# 3. 동강 마을 사람들의 설화와 민요

# 1. 설화

## 1)영월군 영월읍 거운리

### 아기장수 이야기

　요건너 동네 저 산이 마산이래요. 거기서 용마가 나왔다고 하지요. 장사가 난다고 그랬는데 세조 선대 이야기지요. 마산 밑 끝에 옛날에 소가 있었지요. 지금도 물이 조금 있지요. 거기서 장사가 났지요. 처음에는 아가 장순지 몰랐는데, 어느날 잠을 자다보니 엄마 곁에 있던 아가 없드래. 요마탄 아가. 하도 희안해서 지켜봤더니 이 아가 밤에 일어나 나갔다가 아침이면 들어오드래. 한참 있다가 영월에 갔다가 오는 걸 알았대. 엄마가 말이지. 옛날에는 영월이 여기서 삼십리 길이야.　그러니 삼십리를 휘딱 갔다가 온 거지. 그날부터 식구들은 모여앉아 근심을 했대요.

　옛날에는 집안에 장수가 나면 모두 죽였대지요. 뭐 역적이 된다고 해서지요. 그래서 집안 사람들이 모여 아를 죽이기로하고 시컨 두드려 패니 뭐 죽길 하나요. 아무리 패도 꿈쩍 하지 않드래요. 그러다가 죽지 밑에 비늘이 있었는데 그걸 잡아 뜯으니 죽드래요. 죽고 나서 사흘이 지났다던가. 용마가 나와설랑 이리뛰고 저리뛰고 날뛰다가 저 건너, 저 달리 건너 무수밭 가에서 콕 쳐박혀 죽었대지요.

　동네 사람들이 끌어 묻고 벌초를 해 주었는데, 지금은 밭을 해먹고 이젠 아무것도 없지요. 거 아기 장수 무덤이라 해요.


　　* 채록일시 : 1994년 2월 4일
　　* 구연자 : 정준호(남, 73세, 영월읍 거운리, 농업)
　　* 정선 뗏목에 대한 자료조사 작업을 하다가 마을 주민의 소개로 만난 정

준호 씨는 1912년 경상북도 영주에서 태어나 열 살 때까지 하동에서 살다
가 스물한 살 때 영월에 와 정착했다.

## 장자못 전설

장자못이라고 있지요. 요 건너 저 마을에 있는데, 그런데 그 못이 아무
리 가물어도 물이 바짝 마르면 비가 오고 비가 와도 그 못에 물이 넘치면
해가 나고 한대요. 왜냐하면 옛날에 그 못에, 아니 그 터에 큰 부자가 살
았대요.

하루는 중이 동냥을 하러 왔는데 동냥 속에다가 소똥을 잔뜩 집어넣고
고 위에다가 강냉이를 살짝 덮어가지고 퍼 줬대요. 시어머이가 시켰지요.
며느리는 시어머이가 시키는 대로 했는데, 며느리는 안됐는지 몰래 쌀을
살짝 퍼서 줬대요. 그 중이 참 용했는가봐요.

요즘 중들은 다 까까중이래서 별 수 없지만 그 중은 며느리를 뚫어지게
쳐다보드래요. 그리고 나선 자길 따라오라고 그러더래요. 뒤돌아보지 말
고서. 그래 이 여자가 무슨 영문인지 몰라 따라 가면서두 뒤를 자꾸 돌아
보고 싶었겠지요. 그게 다 본심 아니래요.

산모랭이를 막 돌아서려고 할 때 뒤를 돌아보니 그만 자기집이 폭싹 들
어갔는걸 알았지요. 시어머이가 못 돼서 모두가 망한거지요. 그 때부턴지
물이 고여가지고 거기 물이 그대로 하고 있으니까. 물이 넘으면은 해가 쨍
쨍나고 마르면 비가 오고 한다지요.

참 희한하지요. 요 아래 섭새에 있어요.

* 채록일시 : 1994년 2월 4일
* 구연자 : 김영자(여. 56세. 영월읍 거운 1리. 농업)
* 정선뗏목에 대한 조사 중 만난 김영자 씨는 1939년 거운리에서 태어나
이곳에서 자란 토박이다. 아라리를 특히 잘 불렀고, 다른 민요도 잘 불렀
다. 고추, 콩 등의 밭농사를 짓고 있으며 부업으로 강변상회라는 조그만
가게를 운영하고 있었다.


## 어라연 황쏘가리 이야기

된꼬까리 우에 어라연이라고 있지요. 거 물밑에 황쏘가리가 있었는데,
영월의 정(丁)씨들은 쏘가리를 먹지 않지요. 그러니까 꽤 오래 됐나봐요.
수백년 지났겠지요. 물 속에 바우가 솟아 있는데, 그때 정씨 한 사람이 거

122

기 올라가서 낚시질을 하고 있었는가 봐요. 갑자기 물기둥이 이렇게 팍 솟구치면서 이만한 뱀이 나타나가주구는 정씨 몸뚱이를 칭칭 감았지요.

정씨는 숨이 콱 막혀 곧 죽을 판이었지요. 그런데 그때 누런 쏘가리 한 마리가 훠 뛰어올라가주구는 톱같은 등날로 그 뱀을 착 쳤더니 그만 피를 흘리며 뱀이 물 속으로 도망을 가더래요. 쏘가리가 그 사람을 살린 거지요. 참 살을래니. 그래가주구여 정씨는 쏘가리를 안먹는대요.

* 채록일시 : 1994년 2월 4일
* 구연자 : 김영자(여, 56세, 영월읍 거운 1리, 농업)

## 2) 영월군 영월읍 문산리

### 옆굴운 굴의 이무기

이심이라는기 있어요. 저 안에 저 고라데이 거기 있어요. 옆굴운 굴이라는데 굴이 커요. 거 큰 굴이 있는데 이심이가 있어요. 그 문산 2리 사람들이 그 굴을 막았잖아요. 그만요. 간첩이 댕긴다해서 그 막았는데, 그전에 막기 전에는 음력 사월 오월달이면 많이 가물잖아요.

가물면은 저 동네는 안그래도 이쪽 동네 노인들이 개 대가리를 짤라가지고서는요 거 앞에 가서 인제 개를 꽈 먹으면서 개대가릴 짤라가지고 작대기에다, 긴 작대기 끝에다가 매가주고서는 상당히 멀리 드가요. 아주요.

작대기에 매가주고는요. 멀리 드가서는 그 안에 가면 이 문지방이 하나 있어요. 이 넘에에는 물이 아주 시퍼렇지요. 굴 안에요. 시퍼런데, 그 안에다 확 쥐 던져넣고 작대기까지 쥐 던져넣고서는 미처 나오질 못해요. 그 안에가 꽝꽝꽝 해싸서요. 그 이심이가 그 싫어하잖아요. 개고길요. 개고긴 싫어해요.

끄래가주고서는 나오믄, 나와 쪼끔 있다 이래 청량하다 이랬어도요 금방 구름이 생겨가준 뭐 천둥이 막 치며 비가 막 와요. 기 가물 때 그래가주고 여 한 수를 보죠. 그전엔요. 긴데 그 굴에서 이심이가 그 싫어하는, 그 씻어낼래라고 막 거서 발광을 츠면 뭐 흑물이 막나와요.

거 굴에서. 그 굴이름은 그양 옆굴운 굴이라 뭐 그러죠. 기 그래 넘으면 비가 막 쏟아지믄 그러거든요. 그 쏟아지믄 그저 할루를 오거나 이틀 오고나믄 또 끈쳐요. 끈치고 이래가우서는 그 굴이 영하다그러믄여 모두 가물기만하믄 가 그래구, 그전 옛날 머 우리 나기 전에 고 마을이 고 있었거든요. 있었는데 도랑 쪽에다 집이 있는데 그 사람들이 소를, 큰 소하고 이 모가지 맨 송아지하고 두 마릴 갖다 맸어요.

굴 앞에다가. 갖다 맸었는데, 이눔 이심이가 큰 소는 못 가주고 드가고 송아질 그만 끌고 드갔어요. 끌고 드가 지역 때 이제 쇠를 몰러 올라가보니 큰 손 있고 송아진 없는데 고삐이가 그 굴 안으로 드갔잖아요.

기 줄이 낭기에다 매논긴 그냥 있고 송아지 이지 목도리 맨거 기양 끌고 드가붓짢아요. 끌고 드갔는데, 그 우띠기 송아지 모가질 뺏겠어요. 그눔으 이심이가 뺏기가주고 그만 드갔어요. 그 송아질 한 마리 잃었잖아요.

거서요. 그래온 이후로는 거 솔 안갖다 매잖아요. 옆굴운 굴에다가 안 갖다매요. 안 갖다매고 이러구선부터 인지 마을이 웃잖아요. 작년부터 이제 좀, 마을을 작년에 짓어요. 작년에 지어가주서는 여 찻길도 나고 이래 가주선 있는데, 그 굴에 이따마끔 여름에 한철 소내기 오민서 율이 막 쏟아질 때 보믄요 그 이심이가 이 산중허릴 타고댕게요.

그 보이진 않죠. 보이진 않애도 인지 그 장마가 끝난 뒤에 이 띠재산이라고. 띠재산요. 띠재산 거 올러가보면 이 낙엽이 막 떨어졌어요. 기양요. 그 이심이가 나갈라 그랬는지, 그러인지 굴안으로 들어온다 이런 말이 있어요. 보이진 않는데, 그런 전설이 내래와 있어요. 그래 그 굴에 이심이가 있다 소린 들었어요.

* 채록일시 : 1998년 2월 25일
* 구연자 : 이병현(남, 70세, 영월군 영월읍 문산 1리 2반)
* 문산리 마을 조사를 하다가 우연히 만난 이병현 씨는 1929년 문산1리 그무마을에서 태어났다. 중년에 잠깐 정선 신동읍 운치리에서 산 것을 제외하곤 줄곧 문산리에서 살고있다. 마을의 지명과 설화 등을 잘 알고 있으며, 문산 2리를 오가는 줄배 일을 보고있다.

## 유씨네가 쏘가리를 먹지 않는 이유

유씨네가 쏘가리를 안 먹었어요. 유씨네 선대 으른이 낚시질해로 댕게 가주선요. 이 물가에 인제 쪼금 드가면 물이 뺑 돌아가메 바우가 있잖아요. 거 올라가선 낚시질하다가는니까 아 물 복판에서 물이 솟기드이말야 짜 하고 들어오는 걸 보니 큰 뱀이 들오드래요. 뱀이 들어와 자기 앉은 바우를 뺑 둘러 감드래요. 기래 감은는데 도저히 이젠 죽을판, 죽었다 이기

124

래요. 본인 생각에.

그래 모 도저히 할 수 없이 그만 있어보니 순식간에 물 복판에서 물이 짝 갈라지더니만 쏘가리가 들오드래요. 쏘가리가 아주 칼등 겉은기 등살을 드러나게 해가주 들어와가준 말이여. 들어오민 그만 그 뱀을 끊드래요. 등살로 끊으니 그만 뭐 여러 번 끊으니까 그만 뱀이 풀려 나갔끄든요. 그래가주 그 자기 살렸다는 은공으로 인해서 쏘가릴 잡으민 되돌려 물에 갖다넣요. 그 집들은요. 메금도 유짜 유씨들요. 근데 그분들도 지금은 자손들은 다 여 없고 다 나가있어요.

* 채록일시 : 1998년 2월 25일
* 구연자 : 이병현(남. 70세. 영월군 영월읍 문산 1리 2반)

## 금수암 술벽 이야기

운중암 절 그 우에 골짜구에 올라가믄 금수암이라고 절이 있어요. 병창 안에다 집을 젯는데, 비가 오나 눈이 오나 그 집 아주 거긴 가멘은 이렇게 주전자겉이 생겼는데 병애 갈피에서 물이 나와요. 옛날엔 술이 나왔다고 해요. 그래서 그전에 양반이 가민 청주가 나오고, 좀 이제 뭐 소잡고 이런 사람이 옛날에는 이제 좀 낮게 보잔애요. 시방은 돈만 있으면 양반 숭내를 내지만. 그래서 그 사람이 아주 잡놈이었나봐요. 그 놈이 가서 이제 보니까 막걸리 나온다 이기 래요. 그래 욕을 했는데요 그만, 거 말씹 겉은데 양반 쌍놈을 가 래가주고 우리가 오느깐두루 탁 주가 저래 끼나온다 이래 욕을 해가주고 그래 고만에 부정이 타 서 안 나온다 그러대요. 밑엔 운 중암이 있고 거긴 금수암이고 그 래요. 아주 주전자, 돌이 이렇게 주전자처럼 이렇게 되고 아주 술 말러 붙은 자리처럼 그렇게 뿌옇

양반에게는 청주를 잡놈에게는 막걸리를 준다는 금수암 술벽

게 말러붙어 있어요. 그래 옛날에 니려오는 전설이 그래요.

* 채록일시 : 1998년 2월 25일
* 구연자 : 이병현(남, 70세, 영월군 영월읍 문산 1리 2반)

## 3) 평창군 미탄면 마하리

### 호랑이가 사람 잡아먹은 이야기

저기 저 가면 호래이가 사람 잡아먹은 곳이 있어요. 아죽 나무가 이제는 꽉 들어찼는데. 거 아래서 다 큰 청년들이 서냉맹이 옆에 대추나무에 기 올라가 한참 대추를 따 먹고 있는데 그만 동네에서 아우성소리가 났지요. 호래이가 사람을 물고 내 빼는 게 보였지요. 여자를 물고 갔지요. 그래 이 청년들은 죽을까봐 벌벌 떨면서 내려오지도 못하고 있는데 웬 남자가 낫을 휘둘러대며 쫓아가고 있었지요. 엄마를 물고 가니 아들이 뵈는 게 웃었나봐요. 요 우에 옻나무골까지 쫓아가보니 여자는 그만 벌써 죽었드래요. 젖을 물어 뜯었는지 행편이 아니더래요. 동네 사람들이 올라가서 불을 지펴놓고 태워 시루를 덮었지요. 시방도 거 올라가면 시루가 있어요. 여자들은 거 가면 무숩다고 안 갈라 하지요.

* 채록일시 : 1997년 12월 21일
* 구연자 : 박대형(남, 68세, 평창군 미탄면 마하리 1반)
* 미탄 지역 마을 조사 중 만난 박대형 씨는 1930년 영월읍 문산 1리 진탄에서 태어나 마하리에는 스물다섯 살 때 들어와 살기 시작했다. 마을의 지명과 소소한 이야기를 많이 알고 있었다. 이야기가 끝난 후 호식장터가 있다는 곳까지 같이 올라갔으나 확인하지는 못했다.

### 마산(馬山)의 유래

여기를 마하리라 하는 건 저 마산 때문이지요. 저 보면 저 앞에 둥그렇게 생긴 산이 마산이지요. 말처럼 생겼잖아요. 모양새가요. 그래 그 앞에, 그러니까 마을 입구에 툭 부러난 바우가 머리고, 그 머리를 개울에 박고 물을 먹고 있잖아요. 그 앞에 우뚜커니 선 바위는 홀바우라고 부르는데 꼭 말을 끌고 가는 사람 같지요. 말이 물을 다 먹으면 금방 갈 듯하지요. 그래서 마하리는 말과 저 개울을 합쳐 지은 이름이지요.

* 채록일시 : 1997년 12월 21일
* 구연자 : 박대형(남, 68세, 평창군 미탄면 마하리 1반)

호랑이가 사람을 잡아먹는 이야기가 전해지는 마하리마을

## 4) 평창군 미탄면 기화리

### 용마굴 이야기

저 뒤 삿갓봉 아래에 용마굴이라고 하지요. 나도 전에 보기도 해서 알지요. 거서 옛날 용마가 나서 올라갔대요. 한번은 굴에서 흙탕물이 솟아 나왔는데 용마가 올라가면서 그랬다나 그랬지요. 날이 가물어 논물을 대지 못하면 굴 바로 밑에 산당에서 기우제를 지냈지요. 햇곡식으로 밥을 지어서 저 지우룬 사람은 안 되고 백운사람이 와야돼요. 개머리를 잘라서 굴 속에 넣으면 비가 내렸죠. 옛날에는 전부 그렇게 했어요.

* 채록일시 : 1997년 12월 18일
* 구연자 : 이화균(남, 71세, 평창군 미탄면 기화리 2반)
* 이화균 씨는 기화리에서 태어나 줄곧 산 토박이다. 조선시대 벼슬을 한 증조할아버지의 교지(敎旨)와 옛 문헌을 많이 소장하고 있고 시골에서는 보기 드물게 글공부를 한 집안이다. 마을의 역사와 지명 등을 잘 알고 있었다.

### 용마가 난 이야기

저 수청서 장수가 났어요. 장수가 난 걸 그만 거 콩가마이 세 가마이를 암반으로 엎어놓고 묶어노이까 고만 들먹들먹 사흘을 하더이 죽드래요.

127

장수 난지 사흘 만에 용마가, 그 죽든 날 사흘 만에 나니 그냥 그래 콩가마이 그랬으니까 끌어 묻었죠 뭐. 그러더니 그 용마가 나서 저 수청 고라데이 헤매다가 거기 거요 말무덤이라고 있어요. 가보이 뭐 아무것도 아닌 서덜이대요. 근 맹기가 돌아오면 또 장수가 나서 용마가 된데요. 그 오래 되믄요 용마가 나고 장수가 난다고 모두 옛 노인들이 그래대요. 그래 시방 겉으면 장수가 나민 좋지만 그땐 장수가 나가주 편해서 역적이 되믄 그만 삼대를 멸문을 시긴다고 다 잡아치운다 하이까, 고만 역적되면 그렇다고 하이까 집안 다 죽을까비 그렇게 잡았죠. 장수가 나서 저거 사흘 만에 기래 그만 보니까 저 저게 실괭에 널름 올라 앉았드래요. 기래더니만 또 물을 지고 오이깐 셩 날아서 밖을 나올라 하드래요. 도망갈라 그랬겠죠. 기랜까 저거 됐다 우리가 집아니 다 죽는다고 고만 아 우에다 콩가마이 시가마이를 올려노니 들먹들먹 사흘을 그러더이 죽드래요. 콩가마이 시가마이 얼매나 무구워요. 그랜 다음에 사흘 만에 용마가 났더래요.

* 채록일시 : 1998년 2월 24일
* 구연자 : 엄명옥(여. 79세. 평창군 미탄면 기화리 4반)
* 미탄면 민요 조사중 우연히 만난 엄명옥 씨는 1920년 영월읍 문산리에서 태어나 강릉 구산으로 시집을 가 정선 여량 등지에서 살다가 스물 아홉 살에 기화리로 들어와 살고 있다. 지명과 설화 뿐만 아니라 민요도 많이 알고 있었다.


## 용수골

저긴 용수골이래요. 저 저기 뭐 용눈이 두 개가 있대요. 고 용눈에서 물이 요렇게 나온대요. 그래서 거 물구뎅이 두 개래서 용수골이라 해요. 가물믄은 저 저 백은사람이 와서 개를 잡아서 그 밖에서 인제 도랑에서 낄애 먹고 대가릴 짤라 놓으면 대번 아주 그 이튿날 사흘만이면 고만 아주 하 진흙물이 고만 막 휘둘러가지우서 이 밖으로 시냇물이 나온대요. 그래니까 그 안에 뭐 큰 짐승이 무신 있죠.

* 채록일시 : 1998년 2월 24일
* 구연자 : 엄명옥(여. 79세. 평창군 미탄면 기화리 4반)

## 5) 평창군 미탄면 한탄리

거리한둔의 풍수 이야기

요 한둔 들어오다 보면 거리한둔이라고 있어요. 거긴 집을 새로 지믄 안 된대요. 그 전에 뭐 지관이 댕기다 그랬다고 지금 여 있는 노인들이, 지금 그래 돌아가셨는데, 그 얘기를 하던대요. 요 한둔 들어오다가 막 오른쪽 다리 있는데 고다가 집을 지믄 양지바라 좋을 것 같은데, 집을 지믄 고 그 뒷산이 호래이처럼 생게가주고 집을 지믄 마카 안 된다고 그러드라고요. 그래가주고 앞에 개미골이 있으니, 개가 있으니까 고 걸 잡아먹는다 그래드라고요. 그래가주고 집을 지어 막으면 안 된다 그러드라고요. 고 거리한둔에다가요. 고 다 한탄리 땅이래요. 고 모 마주 빠이 근네다 보이는데요. 개미골이 개처럼 생겠어요. 고 거다가는 집을 안 짓죠. 형국 때문에, 그래니깐두로 호래이가 개를 자아먹으니 안 된다고 그러는 거죠.

* 채록일시 : 1998년 2월 28일
* 구연자 : 이병순(남. 60세. 평창군 미탄면 한탄리 2반)
* 지명유래 조사중 마을 주민들의 소개로 만난 이병순 씨는 1939년 안한둔에서 태어나 3년 동안 정선읍 회동리에서 산 것을 제외하고는 내내 한둔에서 잎담배 등의 농사를 짓고 살고 있는 토박이다. 마을 주변의 지명또한 잘 알고 있었다

## 6) 정선군 신동읍 덕천리

도깨비에 홀린 이야기

남으 말이야. 큰일 집에 갔다오는데. 그 옛날에는 다 옷갓을 하고 이렇게 두루마길 입고 갔잖아요. 그 합숫머리에, 그 삼척 물과 정선 물이 그 합수가 되는 디가 있어요. 합수가 되는 데가 있는데, 그거는 버드낭구가 셋이 있어요. 내가 알애요. 버드낭구 지금은 없는데. 거 아이말이여, 그 할아버지가 술을 잔뜩 취해서 걸 오다 보니까 우떤 아가씨가, 이런 반달 같고 비단 같은 아가씨가 툭 나오더이만은, '영감님, 울 집에서 자고 가시오.' 딱 그래더래요. 아 그 영감이 술이래 취는데, 그땐 자기 혼이 아닌 거여. 홀린 거여. 그래가주고 여자하고 들어가서 유유동락을 핸 깃이 고마 그기 허깨비한티 홀랜기지 뭐. 딱 여러 사람이 말이여 잔치 보러 갔는

데, 시간은 다 됐는데, 올 때를 바래도 오지 않는다 이기여. 아 거 가 자식들이 찾아가보니 영감이 말이여 딱따구리가 울어대이까 구녕을 뚫어놨는데, 아 이다가 자기 몸을 박아가주고 헉헉대는기여. 그래가주고 그 영감을 집에다 갖다놓고 정신이 난 뒤에 딱 물으니까, 하긴 그 여자를 내가 디리고 잔 것이 이리키 됐다. 그래가주고 그날 도깨비한테 홀린 사실이 있답니다.

* 채록일시 : 1998년 2월 22일
* 구연자 : 정연호(남, 69세, 정선군 신동읍 덕천리 원덕천)
* 덕천리 이장의 소개로 만난 정연호 씨는 1930년 정선군 동면 백전리에서 태어나 1987년 신동읍 덕천리로 이사와서 살고 있다. 설화뿐만 아니라 민요도 많이 알고 있었다.

## 도깨비 이야기

오다보이까, 아 이 중간에 말이여, 그 물기꼬라는 데가 있어요. 거기서 아가씨 하나가 딱 나오더니 아, '영감님 우리집에 와 술 한 잔 마시고 가요' 하는데, 거이 도깨비가 있다는 걸 알았거든. 그래가주고 뭐 그 영감이 말이여, 기운이 시가지고, 그느믄 말이지 여자를 데려다가 말에다 얹어놓고 그만 쥐구멍이 보이듯 달렸단 말이여. 저녁 때가 돼서 집에 딱 와보니까 아무것도 웃고 빗자루드래요, 빗자루. 빗자룬데, 이기 참 우뜨게 돼나 하고 작대갖다 끊으니까 그 빗자루에 피가 묻었드래요. 그래서 지끔

아름다운 연포마을 앞 뼝창에 있는 도둑굴

내려오는 전설이 그 부인네가 몸에 핏기가 있을 직에 그 빗자루를 깔고 않지면 그 피가 글로 전한다 이기야. 전하면 그것이 도깨비가 된데요. 도깨비가 돼가주고 그래서 그기 오래 되기 돼면 사람이 돼가주고 변화구축울 한다는거. 그런 예가 있대요. 동면 호촌과 백전 그 새이요. 거이가면 아이 무인지경이예요. 지금은 찻길이 터졌지만은 거 무인지갱이요. 거이 그런 사실이 있지요. 거 들어가는 골이 또 있는데, 골 어구에서 그런 사실을 당했답니다.

* 채록일시 : 1998년 2월 22일
* 구연자 : 정연호(남, 69세, 정선군 신동읍 덕천리 원덕천)

### 도둑굴 이야기

강 따라서 이쪽에 내려가믄 거 학교 앞에 뻥창이 있는데, 연포분교 앞에 건네 있는데 드가면 소릴 아무리 질러도 학교 쪽에서는 아무 소리가 안 들래요. 옛날 도둑놈들이 거 소를 후베가지고서 거기서 잡아먹었는데도 멀하고 있었는지 몰랐다고 해서 도둑굴이라고 하지요. 하먼 임진왜란 전에 얘기라지요.

* 채록일시 : 1998년 2월 8일
* 구연자 : 이영재(남, 61세, 정선군 신동읍 덕천리 바새)
* 정선의 향토 음식 조사 중 만난 이영재 씨는 1938년 덕천리에서 태어나 줄곧 덕천리에서 살고 있는 토박이다. 옛날 쓰던 생활용구 등을 많이 소장하고 있으며 고문서도 여러 권 소장하고 있다.

## 7) 정선군 신동읍 고성리

### 도깨비불 이야기

도깨비라는 건 저 넘어오는 구레기 고들뱅이에, 그 전에 뭐어 제천에서 열차 타고 들어오면 예미에서 저녁을 먹고 촛불을 하나 사가지고 들어와요. 재를 넘어오는 기요. 그 구레기라고 꼬부랑길 있는데, 그 바람 안 불면 종이 한 장 이래 싸가지고 해들구 와요. 내 생각을 해보니까 집이 우리 여 아래 집이 저 아래 서낭당 밑에 긴데. 그 저게 날만 궂으면 불이 쭈욱 건네서 이쪽 저 말두루 나왔다가 들어갔다가 그래는 걸 자주 기염을 하죠. 그런데 거 뭐 홀린 사람은 잘 모르고, 날이 가랭비가 내릴 때 말여 여름이니까 여 찻길을 걸어가지고 걸 찾어 올라가이, 올라가이 또 모르겠고. 뭔 도깨비 불이여. 그 뭐 개똥벌레처럼 불이 뭐 이래 쭉 건너갔다 또 커졌다 즉어졌다 이래요.

* 채록일시 : 1998년 2월 22일
* 구연자 : 오대근(남. 66세. 정선군 신동읍 고성 2리 2반)
* 정선 신동읍 민요조사 중 고성리 경로당에서 만난 오대근 씨는 1933년 영월 하동에서 태어나 다섯 살 때 고성리로 와 살고 있다.

## 8) 정선군 신동읍 운치리

### 도깨비 이야기

도깨비라는거 있지요. 예, 머 그전에 옛날에 그랬죠. 고재라는 데요. 고재뻘요. 거 도깨비 있었어요. 우리 어링을 직에래요. 거 그전에 집이 있었습니다. 여업을 하고 그랬는데, 시방에는 웃어요. 그 전에는 거 숲이 많았거든요. 병자년 가래이 전에는 거 뿔건 낭기가 꾹 찼었거든요.

할루는 해매를 갔다가 오는데, 거 숲에서 저만치서 뭔가 중얼중얼 하잖아요. 날이 어두워지니 이거 어느 놈으 새끼들이 거서 연애 걸라고 그리 나부다 그랬지요. 그래 이래 보니까 뭔 빛이 이리 하얀 빛이 나잖아요. 그래 겁이나 돌맹이를 내따 줘 던지니 그놈으 빛이 쑥하고 들어갔다가 그만 나한트로 슬슬 오잖아요. 이렇게 허연 빛이. 그래서 질 옆에 몽둥이를 쥐고 겁이나 다가오민 휘두를 참이었지요. 그래 글 들고 뛰어왔는데 집에 와 보니 그기, 쥐고 온 그기 참 빗자루잖아요. 막대기를 분맹히 들구서 왔는데 빗자룰 달고 왔으니 이기 도깨비지 뭐요. 그래서 빗자르는 그 아주먼네들 그 하는 그거 깔고 앉아 묻으민 그이 도깨비가 된데요. 그래 빗자루를 다 쓰고 나면 불에다 그 태워 웃앴잖아요. 도깨비가 된다고서요. 시방이야 뭐 웃지만 옛날에는 도깨비고 호래이고 뭐 많았드랬어요.

* 채록일시 : 1998년 3월 14일
* 구연자 : 이명근(남. 78세. 정선군 신동읍 운치 2리)
* 정선 신동읍 민요 조사를 하던 중 만난 이명근 씨는 1921년 운치2리 수동에서 태어나 살고 있는 토박이다. 마을 유래와 설화 등을 많이 알고 있었다.

## 5) 정선군 정선읍 가수리

### 도둑구지 지명유래

그 도둑구지 하면 그 전에 여 있어. 그전에 여 이거 나이많으니 밤으로 참 옷가지던지 곡슥가지던지 웃어지거든. 자꾸 그러쓰니 원 옛날에 말하면 시방 경찰이 있어 조사를 하지마는 그때는 경찰도 웃고. 자꾸 그런데 하루는 동네 사람이 나와가지구 가만히 발자국을 짐을 지께가지구 올라가니 저 등으로 해서 저 다등이 등으로 해서 올라가니 자꾸 올라가보니 참 도둑구지라는데 가서 굴이니 있는데 갔단 말이야. 가니 낭기 이레 큰데다가 동아줄, 아 칠겡이 어 그걸 꽈가주고 어 오르내렝어. 그 속에 그래 휘벼가지고 와서 그 속으는 을마 너른줄 모르지. 아 모른데 그 안에 있는걸 한번은 여 도둑질하러 온걸 붙잡았소. 그래가주 냉중에 보니 거 가 있었다는기여. 그래 도두구지라 하지. 이기 하마 시방으론 한 백년 돼가. 백년이 넘었어. 그기. 도둑구지라 이름 지은기.

* 채록일시 : 1997년 12월 9일
* 구연자 : 유영은(남. 80세. 정선군 정선읍 가수리 1반)
* 정선읍 민요 조사 중 만난 유영은 씨는 1919년 가수리에서 태어나 줄곧 살고 있는 토박이다. 일정시대에 마을에서는 드물게 영월 주천농업고등학교를 다녔고 몇 년 동안 교사 등을 하다가 다시 마을에 들어와 살고 있다. 가수리의 설화는 물론 역사와 지명까지도 잘 알고 있었다.

### 도깨비 이야기

왜 저 내려오다 보면 다리가 있잖아. 제천 나가는 다리. 거서 그 내려오다가 보면 질옆 병 따라 내려오다 보면 마을이 하나 보이지. 물나고 어급이 많이 진대 있잖아. 거 도깨비들이 많이 있어. 거를 요 모마루라고 하는 긴대 시방 집이 하나 있지. 왜서 집을 그렇게 지났나면 도깨비를 사람이 잘못 건들어가지고 굴에 도깨비가 있는지 모르지. 잘 뵈이지 않으니 말이야. 그눔으 도깨비가 밤에 와서 집에다가 불을 싸놓지. 배기다가 배기다가 아니면 밥하러 나가면 그놈이 소댕이에다가 솥 속에다가 솥뚜껑을 집어넣어 났으니 글 꺼낼 방법이 있나. 아 그걸 어떻게 하는고. 가 비는 수밖에 없지. 가 빌어야 돼. 도깨비에게 떡을 해가지고 대를 매가지고 빈단 말여. 그래가지구 이걸 어 밥먹게 해달라고 빈단 말여. 빌다가 자고 나면 언제 그랬냐는 듯이 꺼내 놔. 솥뚜껑을 말야. 이러는 해마다 도개비를 빌어줘야 하는데 빌지도 안하민서 이태를 가만 내비뒀거든. 가만 내비두니 이눔의 도깨비가 와서 하루는 으싸으싸 하며 소리를 지른단 말여. 곡슥이 안되게 하느라고. 밭 귀퉁이에다가 말뚝을 들이 박기만 하민 불이, 도깨비불이 번뜩번뜩 한기 왔다 간다고 하지. 사람들이 그래. 큰일 났다고. 그 밭에다가 농사를 지으니 농사가 될 리가 있나. 서래기도 하나 안 솟아. 그래 증말 큰일 났잖아. 먹고는 살아야 되는데 곡슥이 안되니. 이제 큰일 났잖아. 그래서 하는수없이 또 빌어. 자꾸 비니까 또 그 이듬해는 곡슥이 아주 잘됐어. 그래서 그 고만 거기다가 아예 집을 지어놓고 자꾸 빌고 그래. 빌기만 하면 편하게 잘 지내다가 난리가 나고, 융니오사빈이나고  막 그런 뒤로 그게 없어졌어. 그 도깨비가 어디로 쫓겨갔는지 시방은 아무도 모르지. 모마루라는데 집이 두서너 채 있지.

* 채록일시 : 1997년 12월 9일
* 구연자 : 유영은(남. 80세. 정선군 정선읍 가수리 1반)


## 금오곡

금오곡이라는데가 저 있어. 거는 엣날에 대왕쥐가 있다고해서 금오곡이라고 한데나. 뭐, 그런데 대왕쥐가 있나. 요만한게 큰 긴데. 읍고 말고지. 시방은 안 그렇지만 엣날에 지관쟁이들이 거다가 거 어데다가 묘를 쓰민 장사가 난다고 그랬지. 그래 금오곡이여. 장사가 칼을 휘두르고 칼춤을 추고 이래가지고 금오곡이라고 하지. 뭐시기 한매디로 거기가 묘자리가 좋다는 거여.

* 채록일시 : 1994년 3월 16일
* 구연자 : 이강호(남. 57세. 정선군 정선읍 가수리 4반)
* 정선읍 민요 조사 중 우연히 만난 이강호씨는 1937년 정선읍 가수리 가탄에서 태어나 고추. 옥수수 등의 농사를 짓고 살고있는 토박이다. 설화 뿐만 아니라 마을 주변의 지명 또한 잘 알고 있었다.

# 10) 정선군 남면 광덕리

## 도깨비 이야기

도깨비 같은건 저 가수리에, 저 황마루라는데 거기 이장 할머이가 가수리를 갔다 오더루깐 두루 뭐이 앞에 와서 같이 가자구설랑 손질을 하더래요. 도깨비가 같이 가자구설랑 손을 끄딩기는걸 그 노인네가 담배를 들고 있었는데, 담배대를 휙 달구어 치면시리 언눔이 날 같이 가자구시리 그래나민 이대로 띠놓고 올라오느깐드루 수매 사람이 노인을, 인제 노인을 보내놓고 혼자 가는기 안타까와서 뒤에서 노인을 또 바래주러 올러 왔거든. 올라오다가설랑 또 뒤에오는 노인 손을 끄딩기는 거여. '같이 갑시다. 같이 갑시다.' 아 원 놈이 같이 갑시다 해 소릴 질러가지구 보니 도깨비였다는 기여. 도깨비가 있긴 뭐 있실라고. 사램이 약하민 헛게 보이지 뭐.

* 채록일시 : 1998년 2월 21일
* 구연자 : 신승래(남, 71세, 정선군 남면 광덕 2리)
* 정선군 남면 민요 조사 중 광덕 2리 이장의 소개로 만난 신승래 씨는 1938년 광덕리에서 태어난 토박이다. 설화뿐만 아니라 아리리도 잘 불렀다.


## 무드루 구멍

여 아래 범소 있는데 가면 무드루 구멍이라는 데가 있지요. 떼가 내려갈 때, 여 상근 낭굴 해가주고 적심을 해가주고 물이 많을 때 적심을 해가주고 그랬는데, 거 그 전에 우리 할아버지 함 벌써 돌아가셨는데, 적심을 하다니요 거 소에 내려다보니까 이심인지 뭔 뱀이 큰 말쩌리 같은기 물속에 꾸무러치고 하는걸 보고, 그걸 보고 놀래가주고 나무심을 못 풀었다고 하지요. 비가 안 올 때는 거다가 개를 잡아가주고 가서 삶아먹고 피를 막 뿌리고 하면 간 뒤에 금새 비가 왔다고 하지요. 밤중에는 천둥하고 소내기가 온다고 했지요. 시방은 그 전에 거기 논을 둘러고 물을 막아가주고 설랑은 물을 냉기다가 잘 안돼가주고서리 제방하던기 터지고 그래서 없어졌지요. 수매 사람들이 걸 또 막았어요. 아래에 논뜰라고 거 막고 그래서 시방은 뭐 거 별로 안 깊으지요.

* 채록일시 : 1998년 2월 21일
* 구연자 : 신승래(남, 71세, 정선군 남면 광덕 2리)

옛 이야기를 들려주는 광덕리 노인들

## 용가

여 우에, 여 우에 거 삼종이라는데 가민 용가라는 데가 있는데 장수는 나 죽고 장수가 죽은 뒤에 삼일 만에 용마가 나가주설리 어두로 땅에 서 가주고 나 가주고 뛰미 놀다가서리 용마가 엎어져 죽으니 거 용마를 꺼다가 묻고 거가 용가가 됐다고 하지요. 그래서 용가라고 하지요.

* 채록일시 : 1998년 2월 21일
* 구연자 : 신승래(남. 71세. 정선군 남면 광덕 2리)

## 11) 정선군 정선읍 귤암리

### 옷바우 전설

귤암리엔 옷 으자 바위 암자, 으암이라는 데가 있어요. 강근네 저 골짜우로 들어가면 있지요. 거 올라가다 보믄 시방은 넘어져 휘둥굴었지만 길이가 한 십미터, 둘레는 한 이미터쯤 되나요. 그런 바우가 있어요. 옛날엔 사람들이 옷을 해 입했어요. 일년에 한 번 베를 한 오십필 별러가지고 옷을 이렇게 해 입했어요. 왜서 옷을 해 입했나면 옛날 무명장수 있잖소. 그 무명장수가 거서 예 바위에서 잠을 자고 눈을 떴는데 무명짐이 떨어지지 않드래요. 그래가지구서 거다 돈을 몇 푼 놓고 인제 빌고 그러니까 떨어지더래요. 그래서 옷을 해입했데요. 그뒤로도 마을에 재앙을 물리친다

136

해서 잘 해 입히구 모셨죠. 시방은 다 웃어졌지만은 그 바우 앞에 우리가
어릴직에 그 앞에 물이 이렇게 있었고 외길이 바로 고 위에 났었거든요.
그런데 그 물구데이가 아주 깊었드랬어요. 옛날 노인들 말로는 명주 꾸리
하나가 다 풀리 들어갈 만큼 짚다고 했죠. 근데 한번은 고 마을 사램들이
앞에다가 할루는 송아지를 매 났어요. 그래 저녁에 인제 쇠를 몰러가니까
송아지가, 거 매났던 송아지가 온데간데 없어졌잔아요. 근데 그 소에다가
피고삐를 매 났는데, 시방은 전부 나일롱 끈으로 하지만 그땐 머 나일롱
이 있었나요. 산에서 피낭구 껍디기를 벳게다가 고삐를 매가주고 했죠. 그
래 송아지가 풀을 뜯어먹으라고 이십매타쯤 되게 이래 길게 매났는데 송
아지가 풀에 빠졌는지 고삐가 물 속으로 들어갔단 말이야. 고삐가 팽팽한
걸 사람들이 댕기니까, 그 고삘 댕기니까 글세 송아지를 문 이무기가 딸
려나오드래요. 그래 용탄에 관포수를 급히 불래드랬죠. 옛날엔 관포라는
관에서 허가낸 포수가 있단말이요. 그 포수가 총을 쏘니 물이 벌게지잖아
요. 전설에는 그 이무기가 피가 삼십리를 흘러갔다고들 하지요. 지금은 물
도 없고 바위도 넘애져 있고 그래요.

* 채록일시 : 1995년 6월 13일
* 구연자 : 최종은(남, 63세, 정선군 정선읍 굴암리 2반)
* 정선읍 민요 조사 중 굴암리 마을 사람들의 소개로 만난 최종은 씨는
1933년 정선읍 굴암리 태생의 토박이로 마을의 유래와 역사, 민요 등도
많이 알고 있었다.


## 나팔동굴과 충신 전민준

여 올라가문 나팔동굴이라고 있지요. 나팔굴은 그게 아주 문헌에도 나
온 건데 확실한 거요. 전설이 말이지. 임진왜란 때 고을 원이 있었어요.
정사급이라고 시방으로 말할 것 같으면 군수지요. 그 정사급이라는 분이
고을 원으로, 군수로 들어왔는데 그만 그때 임란이 일어난거지요. 당시 정
선에는 전민준이라는 학사가 하나 있었어요. 의병으로 동학난 때부터 따
라 댕기다가 고향에 들어왔는데, 일본놈들이 정선에 들이닥치니 말야, 위
급하니까 군수와 관원들과 사람들을 싹 피난 시겼지요. 어데로 시겼냐면
요, 조금 올라가다보면, 굴암리에서 쭉 올라가다 봄녀 창 모투이 강 근네
고 올라가민 굴이 있는데, 시방은 나팔동굴이라고 하는데 거다가 전부 피

신시킨거죠 뭐. 그래 모두 피신세 놓고는 자기는 혼자서리 그 관망을, 지금으로 말하면 군청을 혼자서 지키는데, 왜놈들이 들어와 잡힌 거지요. 뭐 싸울 군사가 지대로 있는가요. 그래 잡혀가주고 지독하게 고문을 당핸거지요. 손바닥을 마주 붙여대고 여기다가 구멍을 뚫어 철사로 고리를 해 끌고 다녀도 불지 않았대요. 군수가 어디 있는지를. 그래 고만 말은 안하니까 지독하다 해가지구 왜눔들이 세를 끊어 죽엥어요. 혓바닥을 칼로 잘라 죽인 거지요. 그래 거서 엎어져 죽었는데, 평란이 되고 난 다음 후손들이 인제 딴데다 갖다 묻을라고 하니 말이여 시체가 떨어지지 않는 기여요. 그래 그 자리에, 엎어져 죽은 바로 그 자리에 파고서 묻었대는 거여요. 냉중에 평란 후에 한참 지내서 지방 선비들이 충신이라고 해서 충신으로 세우고 비각도 세우고 모신 거지요.

　숨어 지내던 군수는 평란이 다 된 다음 굴에서 나오민서 나팔을 불었다고 해서 지금도 그 굴을 나팔동굴이라 부르지요. 상고를 불었대지만 어데 전민준 겉은 이가 웃었더래면 나팔이나 부나요. 다 죽지. 그래 나팔동굴 이래요.

　　　* 채록일시 : 1995년 6월 13일
　　　* 구연자 : 최종은(남, 63세, 정선군 정선읍 귤암리 2반)

## 12) 정선군 정선읍 광하리

### 무당바우

　여기 가면 무당바우라고 있는데 그기 왜 무당바우라고 했는지 자세한 유래를 난 잘 모르겠어. 그런데 거기 구머이 이런기 저 뚫려 있었어요. 뚫려 있었는데, 그 구머이 머 내려다보기에는 짚이 내려다보이지 않고 그러나 뭐 사램이 이 팔을 누나. 이런 정돈 되는데 뭐 기 들어가긴 이렇고. 구녕이 이만 했어요. 직경이 한 삼사십 쎈치 정도 됐거든요. 긴데 거기서 이 비가 올라 그러면 이 저 무당이 굿한다 그래서 가서 이래 거 귀를 기울이면 왕왕 소리가 났어요. 징, 장구 소리가 났어요. 굿하는 모양으로 징소리도 나고 장구소리도 나고 기랬는데, 바로 고 밑에서, 맨땅에 한 오 메다 떨어져서 맨땅에서 그냥 이 저기 횅가지가 돼서 좀 파였는데 거기서 그런 소리가 약간 들리고그랬거든요. 그래 그기 인지 거 길 딱고 이래놓고

138

깨 키우고 이래곤 그만 누가 가 들어본 사람도 없구 이런데 그런 그 유래가 있었어요. 고 밑에 다리 근네서 내려가면 개울가에 이렇게 바위가 어귀 나온기 암석이 쭉 내려깔린 데가 있어요. 지금 구멍이 있는지 없는지 그것은 잘 모르겠어요. 거를 무당바우라고 하죠. 그 전에는 그 소로길이 개울가로 났었는데 한 아매 십미더 정도 됐었는데 크게 날 땐 거 가믄 왕왕 소리가 들랬어요. 그기 뭐 어느 누가 그랬는지 속에서 물이 내려가는 소린데 굿하는 격이 꼭 맞았어요. 그래서 걸 무당바우래죠.

* 채록일시 : 1998년 2월 24일
* 구연자 : 최승학(남, 76세, 정선군 정선읍 광하 1리 4반)
* 정선읍 민요 조사 중 광하리 경로당에서 만난 최승학 씨는 1921년 광하리에서 태어난 토박이다. 설화뿐만 아니라 마을의 유래에 대해서도 잘 알고 있었다.


## 정선에 와 운다는 이야기

정선에 옛날에 원이 들어올 때믄 성마령을 넘어와. 성마령을 넘어오는데 이놈으 성마령을 넘어오니 그놈으 말구따다이를 걸어가니 여간 지루한가. 그래 '지루하다 성마령' 한 거여. 그래 용담 나가다 관음사가 있어. 아질아질 관음베리 지옥겉은 정선 고라데이. 그래 원이 들어와가주고 있다보니 참 좋단 말여. 얼마나 좋은지 들어올 때 울고 나갈 때 울고 두 번 운다는기여. 나가기 싫어서 또 울고. 정선이 그런데여.

* 채록일시 : 1998년 2월 24일
* 구연자 : 최돈성(남, 81세, 정선군 정선읍 광하 2리 3반)
* 정선읍 민요 조사 중 광하리 경로당에서 만난 최돈성 씨는 1916년 광하리에서 태어난 토박이다. 마을의 유래에 대해 잘 알고 있었다.

# 2. 민요

## 1) 영월군 영월읍 삼옥리

### 아라리

* 채록일시 : 1993년 5월 12일
* 가창자 : 임순녀 (여, 86세, 영월군 영월읍 삼옥 1리)
* 삼옥리에서 태어나 줄곧 살고 있는 토박이다. 작고 마른 체형에다 고령임에도
불구하고 차분한 목소리로 아라리를 불렀다.


강물은 구비구비야 돌구 돌아서 인천바다를 가지만
아가씨들은 돌구 돌아서 삼옥에를 왔네


저 건네 저묵밭으는 작년에도 묵더니
올해도 날과같이루 또묵어 자빠진다


봄철인지 갈철인지 나는 몰랐더니
뒷동산 행화춘절이 날 알궈주네요


열두칸 기차야 소리말고 달려라
경상도 피란민이 고향생각 난다


한잔 두잔 받어다 파는 술 무슨에 이문이 있겠다고
들어다요 맛있게다요 당신이 너무 합니다

도랑가에 포롬포롬 날가자고 하더니
온산천이 어우러져도 날가잔 소리 없나


## 베틀노래

* 채록일시 : 1994년 5월 12일
* 가창자 : 김정양(여, 80세, 영월군 영월읍 삼옥 1리)
* 중문에서 태어나 18세에 삼옥리로 시집을 왔다. 몇 년 동안 병치레를 한탓인
지 거동이 불편해 보였으나 여러번 생각을 해가며 베틀 노래를 불러주었다.


베틀다리는 네다리
큰애기 다리는 두다리
안방에 담방에 앉을게
동강에 다린 은선생
잉엣대라 하는 양은
올려나봐도 삼형제요
눌림대라 하는 양은
내레봐도 독신이요
용두머리 우는 소리
문경새재가 지나간다
돈째라고 두루는 양은
외아들 젖먹이 선생
올올이 짜아내서
올올이 풀어내서
온당온당 끊어내서
뱁대보에다 넣었다가
대동강에다 씻어가주
올가제다 지어주께
사박사박 비어내서
먹줄로 키운 듯이 박아내서
중의적삼을 비어났다
중의적삼을 말레서

꼬매어 놨더니
어느 경칠놈 후베갔나
어느 경칠놈 후베가고
내 신세는 소박일세
내 신세는 가련하네
웃동네로 올라갈까
아랫 동네로 내려올까
한집에 들어가니
큰대문 달린 집에
우리는 부모없이 이래크니
우리집에 부모 노릇하고
있엥으면 좋겠느데
인제는 간곳없이 떨려났으니
그 집에 있다보니
남편네는 바랑짐을 짊어지고
나를 찾아 왔구나
시주를 할라하니
광문을 덜컹 열고
백미 한말 퍼주겠네
백미 한말을 퍼주겠다
나를 쌀많해 가자고
나를 본고향으로 데레가고
그 신세그기된기
너가 가지온 팔자 어울려서
아주 대통하고 잘살았데
("아이, 하두 잊에버려서")

## 2) 영월군 영월읍 거운리

### 아라리 · 1

* 채록일시 : 1994년 2월 4일
* 가창자 : 송계월 (여, 80세, 영월군 영월읍 거운 1리)
* 거운리에서 1915년 태어나 줄곧 살고 있는 토박이다. 아라리와 개타령을 불렀다.


함남 산천에 철쭉 꽃응 필 듯 말 듯 하구요
한양가신 정든 님은 오실 듯 말 듯 하네


못먹는 소주 약주를 날 권하시지 말구서
후원별당에 크는 아가씨 날권해 주지


문주재판 춘천 진영은 죄를 짓고 가재나
우리집의 가난한 아버지 무슨 죄로 가요


단물길은 돌고돌아서 바다래 가건만
요내 맘은 돌고만 돌아서 갈곳이 없어요


아우라지 뱃사공아 배좀돌려 줘요
싸리골 상추동백이 다 떨어져요


신 정선 아라리 구정선조로
신갈보 호리잡기가 막 맞았구나


산차지 물차지는 총독부 차지요
요내 차지는 누에 차지가 되나


올라가미 내리가미 울매만치 울엇나
정기정 마당에 운선이 떳네

사구지 못할건 어리대 뱃사공
구래물만 툭 터지면은 또 이별하겠네


외동물 청초에 반분홍 쪼고리
천등복상 꽃달면은 또 따다 먹지요


아라리 · 2

* 채록일시 : 1994년 2월 4일
* 가창자 : 김영자 (여, 55세, 영월군 영월읍 거운 1리)
* 1939년 영월읍 거운리에서 태어나 줄곧 살고 있는 토박이다. 아라리, 엮음 아
라리, 베틀가, 성님오네 성님오네 등을 불렀는데, 자신의 민요솜씨에 대해 상당
한 자부심을 갖고 있었다.


곤드레 만드레 쓰러진 골로
우리야 삼동세 봄나물 가세


논밭전지 쓸만한거는 기찻길로 다 나가도
다동청년 쓸만에 한거는 헌병국군 다간다


뒷동산 노가주 쌍낭구엔 부엉이 한 쌍이 놀구요
대추나무 늘어진 가지엔 처녀총각이 논다


강원도 금강산 명산이라해도
임하나 없구야본다면 적막강산이라


임자당신은 나를 알기를 흑싸리 껍질로 알지만
요내는 당신 알기를 공산 명월로 안다


시어머니 산소를 까투리 봉에다 썼는지
자식새끼 나는 족족이 콩밭골로 간다

산수 갑산에 도라지 꽃은야 바람에 산들거리고
나부르는 소리는 허공에 둥실 거린다


## 엮음 아라리

* 채록일시 : 1994년 2월 4일
* 가창자 : 김영자(여, 55세, 영월군 영월읍 거운 1리)


우리집에 서방님은 잘났던지 못났던지
씨고씨고 모자씨고 깍구까구 머리깍구
짚구짚구 단장짚구 노가주 상나무 지게 우에
엽전석냥 걸머지고 정선읍내야 소금사러 갔는데
아홉 개구장 열두나 돌다리 부디 잘다녀 오세요


강원도 금강산 일만 이천봉 팔만구암사
유점사 법당 앞에 칠성당 모여놓고
팔자에 없는 아들 딸 나달라고 백일정성 말구요
타곤객지 외로이 나선 손 괄시를 마오


정선읍내 물레방아 허풍선이 골골대는 사시사철 물살을 안두
요리조리 졸리나 요리로 비비빙빙 도는데
우리집의 간나이 아버지 돌아올줄 모르나


## 베틀가

* 채록일시 : 1994년 2월 4일
* 가창자 : 김영자(여, 55세, 영월군 영월읍 거운 1리)

베틀을 놓세 베틀을 놓세
옥난간에다 벼틀을 놓세
벼틀다리는 네다리요
큰애기 다리는 두다린데
낮에 짜면 일광단이요

밤에 짜면은 월광단이라
일광단 월광단 다짜나 모아서
정든님 와이샤쓰를 지어나 볼까
얼씨구 좋네 기화자 좋아
아니 놀구서 무었하랴


## 성님오네 성님오네

* 채록일시 : 1994년 2월 4일
* 가창자 : 김영자(여, 55세, 영월군 영월읍 거운 1리)

성님오네 성님오네
분고개로 성님오네
성님마중 누가가나
반달같은 내가가지
네가모신 반달이냐
초생달이 반달이지
성님밥은 멀루할까
웹씨같은 전니밥을
앵두같은 팥을넣서
샛별같은 눈닢새끼
오복소복 담어놓고
성님반찬 뭘로하나
올러가미 올고사리
내러가미 늦고사리
째깍째깍 꺾어다가
성님상에 바쳐놓고
쇠뿔같은 더덕지를
요리찢구 조리찢어
성님상에 올려놓고
가지밭에 내달러서

겉의가지 제켜놓고
중간가지 따다가서
자글자글 뽑아가주
성님상에 받쳐놓까


## 가요가요 나는가요

* 채록일시 : 1994년 2월 4일
* 가창자 : 김영자(여, 55세, 영월군 영월읍 거운 1리)


가요가요 나는가요 니가가면 못살겠나
안방문을 열고보니 여우같은 시어머니
가요가요 나는가요 니가가면 못살겠나
사랑문을 열고보니 수캐같은 시아버지
가요가요 나는가요 니가가면 못살겠나
웃방문을 열고보니 여수같은 시누이야
가네가네 나는가네 네가간들 못살겠나
한칸건너 건너방에 문을열고 들어보니
서금서금 서방님아 백년살자 허락한님아
가요가요 나는가요 니가가면 아주가나
아주간들 잊을쏘냐


## 화투 뒷풀이

* 채록일시 : 1994년 2월 4일
* 가창자 : 김영자(여, 55세 영월군 영월읍 거운 2리)


정월달에 정이들어 이월 메주로 맺은님이
삼월 사구라 산란도나하니 사월 흑싸리 가시면서
오월 난초 오마더니 유월 목단이 다 떨어지고
칠월 홍돼지 홀로 누워 팔월 공산 달밝은데
구월 국화 놀든나비 시월 단풍에 다떨어지고
동지섣달 설한풍에 백설만 날려도 임의 생각

앉어 생각 누워서 생각 님의 생색에 간절하네
얼씨구 좋다 지화자좋아 아니놀지는 못하리라


## 다리세기 · 1

* 채록일시 : 1994년 2월 4일
* 가창자 : 김영자(여, 55세, 영월군 영월읍 거운1리)


이거리 저거리 갓거리

천도 만도 도만도

억대 억대 전라나

전라감사 어데나

바리다리

먼산에 가서

각을 짓고

똥 떼이


## 다리세기 · 2

* 채록일시 : 1994년 2월 4일
* 가창자 : 김영자(여, 55세, 영월군 영월읍 거운1리)


있나 없나

머구 때꾸

부지 갑전

너터리 쿵


## 다리세기 · 3

* 채록일시 : 1994년 2월 4일
* 가창자 : 김영자(여, 55세, 영월군 영월읍 거운1리)


앵기 땡기

물주 살주

가매 꼭지

딸그 당


## 창부타령

* 채록일시 : 1994년 2월 4일
* 가창자 : 김영자(여, 55세, 영월군 영월읍 거운1리)

해는 지고 저 몹씰놈에

옷갓을 하고는 어디를 가요

첩으 집을 갈라면은

나 죽은에 거동을 보고나가요

첩에 집은 꽃밭이요

요 내 집은 연못인데

꽃과 나비는 봄 한철이요

연못에 금풍으는 사시사철

얼씨구 좋아 기화자 좋아

아니 놀구서 무엇하랴


## 창부타령 · 2

* 채록일시 : 1994년 2월 4일
* 가창자 : 김영자(여, 55세, 영월군 영월읍 거운1리)

중구명산 만자봉에

바람이 불어 쓸어진 나무

눈비 온다고 일어스며

송죽 같이나 곧으나 절개

매를 친다고 허락하랴

얼씨구 좋다 기화자 좋아

아니 노지는 못하리라

### 개타령

* 채록일시 : 1994년 2월 4일
* 가창자 : 송계월(여, 80세, 영월군 영월읍 거운 1리)

개야 개야 가거리 검둥 수캐야

늙은 잡놈이 오거든 커겅커겅 짖고

총각 낭군이 오시거든 꼬리나 툭툭 쳐다와

## 3) 영월군 영월읍 문산리

### 아라리

* 채록일시 : 1996년 3월 17일
* 가창자 : 송재구(남, 52세, 영월군 영월읍 문산 1리 2반)
* 1948년 정선군 북평면(당시 북면) 숙암에서 태어나 아홉 살 때 문산리로 와
서 살고있다.

술아니 먹자구선 열두번 맹세를 했는데

안주보고 또보니는 한 잔 먹게 되었네

강물이 돌고 돌아서 바다로 나가건만

나는야 돌고 돌아서 어데로를 가나

문산리 그무에서 아라리를 채록하는 모습

술으는 술술이 잘두 넘어 가는데
찬물에 냉수는 중치에 미인다


세월아 네월아 오고가지 말아라
장안에 호걸이 다 늙어간다


인생이 부득이 갱 소년 하는데
다시 한 번 젊지는 못하리로구나

## 4) 평창군 미탄면 마하리

### 아라리

* 채록일시 : 1997년 12월 21일
* 가창자 : 박대형(남. 68세. 평창군 미탄면 마하리 1반)
* 1930년 영월읍 문산 1리에서 태어나 스물다섯 살 때 마하리로 들어와 살고있다.


황새여울 된꼬까리 떼 무사히 제 났으니
만지산 전산옥이야 술판을 차려 놓아라

## 5) 평창군 미탄면 기화리

### 아라리

* 채록일시 : 1998년 2월 24일
* 가창자 : 엄명옥(여. 79세. 평창군 미탄면 기화리 4반)
* 1920년 영월읍 문산리에서 태어나 열아홉 살에 강릉 구산으로 시집을 가 정선 여량 등지에서 살다가 스물아홉 살에 기화리에 와 살고 있다. 김용구 씨의 처로 설화와 민요 등을 많이 알고 있었다.


원추리 메나리 해마다 늙드래두
신정선야 어러리 한 마디 더 늙지를 마시라


두견야 접동아 네 슬퍼울지 말어라
네 슬퍼우는 음성 소리야 고향생각 또난다

정선읍에 일백 오십호 몽땅 다 잠이 들어요
꽁지 갈보를 더리고서는 성마령을 넘나
성마령 성마령 넘세

열녀 춘향이 죽은 무덤에 원이돼서야 개부럴 꽃이 피잖나
우리들은 죽어지면은 만승화가 핀다


## 다복다복 다복녀야

* 채록일시 : 1998년 2월 24일
* 가창자 : 엄명옥(여, 79세, 평창군 미탄면 기화리 4반)

다복다복 다복네야
너어드로 울고가나
우리어머니 몸진골로
젖줄바래 울고간다
살광밑에 쌈은팥이
싹트거든 오마드라
우리 어머니 언제오나
살광밑에 쌈은 팥이
싹트거든 오마드라
소단에 쌈은개가
컹컹짖으면 오마더라
소단에 쌈은개가
멍멍짖기 쉬울소냐
논드렁에 올러시니
말망아지 꽃달라네
다복다복 다복네야
집안에 들어오니
어린애기 젖달라네
마구새끼 꼴달라네

152

## 성님성님 사촌성님

* 채록일시 : 1998년 2월 24일
* 가창자 : 엄명옥(여, 79세, 평창군 미탄면 기화리 4반)

성님성님 사촌성님

분고개로 성님오네

성님마중을 누가갈까

반달같은 내가가지

니가무슨 반달이냐

초승달이 반달이지

성님성님 사촌성님

시집살이 우떠튼가

행주초매 열닥주기

눔물닦다 다웃어졌네

비단겉은 이내머리

비수리초매가 건져냈네


## 다리세기

* 채록일시 : 1998년 2월 24일
* 가창자 : 엄명옥(여, 79세, 평창군 미탄면 기화리 4반)
* 이 노래는 여러 사람이 둘러앉아서 두 손으로 땅을 두드리며 종지기를 무릎 안에 감추고 돌리며 부른다. 종지기를 못찾아 지는 팀은 그 해 흉년이 든다고 한다

이거리 저거리 갓거리

천도 만도 도만도

도로 주머니 장두칼


## 밭가는 소리

* 채록일시 : 1998년 1월 17일
* 가창자 : 김용구(남, 74세, 평창군 미탄면 기화리 4반)
* 1925년 정선읍 광하리에서 태어나 여덟 살 때부터 정선군 신동읍 덕천리에서 살았다. 스물두 살 때 지금 살고있는 평창군 미탄면 기화로 와 옥수수 등의 농사를 지으며 살고 있다.

이려 이 소여 얼른가자

우로 물러서라 내려서라

해는 저물고 얼른 갈구가자

이려 이리여 ~ 어 차 아 돌아가자

얼른 바삐갈자 이 소야

얼른 갈구 집에가서 여물먹구

편안히 지내라


## 6) 평창군 미탄면 한탄리

### 아라리

* 채록일시 : 1998년 1월 23일
* 가창자 : 이병순(남, 60세, 평창군 미탄면 한탄리 2반)
* 1939년 평창 미탄면 한탄리 안한둔에서 태어나 3년 동안 정선읍 회동리에서
산 것을 제외하곤 내내 한둔에서 잎담배등의 농사를 짓고 살고 있는 토박이다.
아라리를 잘해 평창 노성제 때도 소리를 했다고 하며, 마을 주변의 지명 또한 잘
알고 있었다.


평창은 약수가 있어서 병만들어 죽고
영월은 덕개가 있어서 사람만 얼어 죽네


날 디려 가거라 날 모셔 가게 날 디려 가요
갈보가 죽은에 혼령이거든 날만 모셔 가게


정선읍에 일백 오십호 다 타 망가져도
처녀 총각이 잠잔 방에는 불만 케 주오


우리가 살면은 한오백년 산나
우리야 살어서 둘이 맘먹고 살자


앞남산천에 도라지 꽃은 바람에 일러거리고
육칠월 큰애기 손목은 나를오라고 까덱 까덱하네

나는야 죽어져도 명당에 지지도 다 싫어요
갈보가 죽은데 무덤 우에다 날 엎어 묻어줘요


창절미야 차조밥에 울단콩 넣고서
혼자서 먹기가 하두나 얌냠해 손녀를 불렀소


이불요를 훨훨 피구야 잠자보기는 인자 일글렀으니
마틀마틀 멍석 자리에 깊은 정 두자


## 밭가는 소리

* 채록일시 : 1998년 1월 23일
* 가창자 : 이병순(남, 60세, 평창군 미탄면 한탄리 2반)


이라~ 이라~

어치~ 돌어서라

이 암소야 껌둥 암소야

저 글게 발다칠라

이라~ 이라~


# 7) 정선군 신동읍 덕천리

## 아라리

* 채록일시 : 1998년 2월 21일
* 가창자 : 정연호(남, 69세, 정선군 신동읍 덕천리 원덕천)
* 1930년 정선군 동면 백전리에서 태어나 마흔아홉 살에 신동읍 덕천리로 이사
와 살고 있다. 아라리를 잘 불렀고 설화 등도 많이 알고 있다.


사발 기녁은 깨어지면은 두세쪽 세세쪽이 나건만

삼팔선이 깨여진다면 한등거리가 되는구나


한치 뒷동산 곤드레 딱주기야 니가 말라야 주나만

여러분들 잡수신 술잔 마르지를 말어라

아리랑 아리랑 아라리가 났구나
아리랑 고개 고개로 나를 넝겨만 주시오


## 엮음 아라리

* 채록일시 : 1998년 2월 21일
* 가창자 : 정연호(남, 69세, 정선군 신동읍 덕천리 원덕천)


우리집에 서방님은 날을마다 울을치고 담을치고
열모재비 초를치고 칼로 물친 듯이 유대문을 벽차고
배추김치 소금을 연 듯이 솟대나돌아 가더니
단신이라 못다가서 나를 찾아 왔구나


## 화투 뒷풀이

* 채록일시 : 1998년 2월 21일
* 가창자 : 정연호(남, 69세, 정선군 신동읍 덕천리 원덕천)


정월 속속히 정들여 놓고
이월 매주나 맺은 정아
삼월 사구라 산란한 마음은
사월 흑싸리 홀로라네
오월 단초나 노던 나비
유월 목단은 춤을 춘다
칠월 홍대기 홀로란 마음
팔월 공산에 구경가자
구월 국화가 만발을 하여
시월 단풍에 어러진다
얼씨구나 좋네 증말로 좋아
이렇게 좋다가 첫 딸 낳지

## 자장가

* 채록일시 : 1996년 9월 6일
* 가창자 : 박옥분(여, 65세, 정선군 신동읍 덕천리 덕내)

자장 자장 우리 아가
우리 아가 잘두 잔다
젖을 먹고 잘두 잔다
잘도 자고 잘두 자네
우리 아가 우지 마라
니가 울면 아니된다
니가 울민 날이 샌다
아가 아가 울지 마라
젖 잘먹구 잘자거라

## 신세타령

* 채록일시 : 1998년 2월 22일
* 가창자 : 정연호(남, 69세, 정선군 신동읍 덕천리 골덕내)

이려어 허 이 소야 어서가자
해는 지구 저문 날에 어느 장부가 갈아주나
니와 날과 단둘이는 부자집에 딸린게 아니더냐
쥔영감 괄세를 하다가 보니 니 신세도 망치고
내 신세도 망치고 여 모양 요 꼴이 되었구나

## 노랫가락

* 채록일시 : 1998년 2월 22일
* 가창자 : 정연호(남, 69세, 정선군 신동읍 덕천리 원덕천)

쥑일 년아 살릴 년아 대산총편 몹쓸 년아
어린 새끼 젖 굶겨놓고 병든 가장을 널쳐놓고
오동추야 달 밝은 밤에 밤보따리가 왠 말이냐
얼씨구 좋아 증말로 좋아 아니 노지는 못하리라

## 8) 정선군 신동읍 고성리

### 아라리

* 채록일시 : 1998년 2월 22일
* 가창자 : 오대근(남, 66세, 정선군 신동읍 고성 2리 2반)
* 1933년 영월 하동에서 태어나 다섯 살 때 고성리로 와 살고 있다.


아사히 양궐련에 불바람만 놓고서

삼칭거리 칠호야 방으로 잠자로나 가세


### 목도소리

* 채록일시 : 1998년 2월 22일
* 가창자 : 이광옥(남, 63세, 정선군 신동읍 고성 2리 새나루)
* 1936년 고성 2리 새나루에서 태어나 줄곧 살고 있는 토박이다. 민요를 많이
알고 있었으며, 마을의 지명에 대해서도 잘 알고 있었다.


오호-자

　으적

으자

　으자차

으자

　으자차

으저

　잘두한다

으저

　으저

놓고


### 목화따는 소리

* 채록일시 : 1998년 2월 22일
* 가창자 : 정운화(여, 62세, 정선군 신동읍 고성 2리 창마을)
* 1937년 신동읍 운치리 수동에서 태어나 열여덟 살에 창마을로 시집을 와 살고
있다.

사대지골 질찬밭에
목화따는 저처녀야
주머니나 지어주게
주머니는 짓지만은
형겁없어 못짓겠네
반달따서 안을넣고
온달따서 겉세우고
주머니를 지어주게
주머니를 짓지만은
바늘없어 못짓겠소
중침따서 중침놓고
주머니를 지어주게
주머니는 짓지마는
끈이없어 못짓겠소
쌍무지개 끈을하고
외무지개 선을하고
주머니를 둘러차고
한양서울 올라가니
그주머니 지은사람
돈을줄까 은을줄까
은도싫고 돈도싫어
백년언약 맺어주게


## 풀써는 소리

* 채록일시 : 1998년 2월 22일
* 가창자 : 이광옥(남. 63세. 정선군 신동읍 고성 2리)


우라려
맛보지 말어
지랑이 갈빗대여

사주 곰방대여

양탄꾼자리

처자뿅왈


## 다리세기

* 채록일시 : 1998년 2월 22일
* 가창자 : 정운화(여, 62세, 정선군 신동읍 고성 2리 창마을)


이거리 저거리 갓거리

전도 만도 두만도

아리 영 다리 영

쥐 땡 대 쨍

오야 똥 땡


## 칭칭이 소리

* 채록일시 : 1998년 2월 22일
* 가창자 : 오대근(남, 66세, 정선군 신동읍 고성 2리 2반)


여러분네들 들어보소

　　쾌지나 칭칭나네

내소리가 적더라도

　　쾌지나 칭칭나네

잔솔밭에 호미도 많고

　　쾌지나 칭칭나네

한청 하늘에 잔별도 많네

　　쾌지나 칭칭나네

단견둘이 떡 같더면

　　쾌지나 칭칭나네

아버님 친구를 대접할까

　　쾌지나 칭칭나네

쌀뜬물이 술같더면

　쾌지나 칭칭나네
어머님 친굴 대접할까
　쾌지나 칭칭나네
쾌지나 칭칭나네


## 백발가

* 채록일시 : 1998년 2월 22일
* 가창자 : 이광옥(남, 63세, 정선군 신동읍 고성 2리)

슬프고도 슬프도다
어찌하여 슬프던고
이세월이 여륭할줄
태산같이 바랐더니
백년과거 못다가서
백발되니 슬프도다
이팔청춘 소년들아
백발노인 웃지말어
난들원래 청춘이냐
낸들원래 백발이냐
이팔청춘 소년들아
남기라도 고목되면
눈먼새로 아니오고
꽃이라도 낙화되면
오던나비 돌아가고
비단옷도 떨어지면
물걸레로 돌아가네
좋은음식 쉬어지면
수채구녕 찾아간다

상여소리

* 채록일시 : 1998년 2월 22일
* 가창자 : 오대근(남, 66세, 정선군 신동읍 고성 2리 2반)

나무여~

　나무여~

세상천지 만물중에

　나무여~

세~상을 다살고나면

　나무여~

서전서전을 달궈놓고

　나무여~

명산대천을 찾아가서

　나무여~

상탕에는 백미를짓고

　나무여~

중탕에는 목욕을하고

　나무여~

하탕에는 수족을지어

　나무여~

소대한상을 벌여놓고

　나무여~

향루향하 풀갖추고

　나무여~

소지일장 던진후에

　나무여~

구사당에 하배를하고

　나무여~

신사당에는 하직을하고

　나무여~

일가친척은 많다드니
　나무여~
어느일가가 대신간가
　나무여~
친정한탄 아무리한들
　나무여~
어느소재가 담당하나
　나무여~
친구야벗님네 한탄한들
　나무여~
어느친구를 대신가나
　나무여~


어히넘차어후
　어히넘차어후
낭기라도 고목이되면
　어히넘차어후
오던새도 아니와여
　어히넘차어후
꽃이라도 낙화가되면
　어히넘차어후
오던나비도 아니와여
　어히넘차어후
이제가면 언제나오나
　어히넘차어후
명사십리 해당화야
　어히넘차어후
꽃진다고 서러말어
　어히넘차어후
명년삼월에 봄이오면

어히넘차어후
너난다시야 피련마는
　어히넘차어후
인생은 한번가면
　어히넘차어후
다시못올 길이로다
　어히넘차어후
이세상에 나온사람
　어히넘차어후
누구의덕으로 나왔는가
　어히넘차어후
석사여래야 공덕으로
　어히넘차어후
아버님전 뼈를타고
　어히넘차어후
("하, 그다음은 못하겠는데. 숨이차서")

## 9) 정선군 신동읍 운치리

### 아라리

* 채록일시 : 1995년 10월 14일
* 가창자 : 심승열(여, 72세, 정선군 신동읍 운치 2리 번들)
* 1924년 정선 남면 광덕리 역밭에서 태어나 열여섯 살 때 운치리로 시집을 와
지금까지 살고 있다.

살우지 못할 거는 오래된 사공 아제씨
버릴줄만 글러 놓면은 이별이로구나

밥 한 냄비를 달달 볶아서 갓난이 아버지 드리고
갓난이하고 나하구는 제녁 굶어 자자

죽었는지 살았는지 문이나 열어 봅시다

죽지는 아니하여도 찬바람이난다


앞문산 떡갈잎은 천원짜리 기와장만 못해도
우리님 오시는 길에다 철로를 깔았네


산너매 달이 뜬거는 구름이 없는 탓이라
독수공방에 차마시 우는건 님이 우는 탓이라


시어머니는 강건네로 갔는데
우리야 삼동세 고사리국이나 먹세

### 뗏목 넘기는 소리

* 채록일시 : 1998년 3월 14일
* 가창자 : 이명근(남. 78세, 정선군 신동읍 운치 2리)
* 1921년 운치 2리 수동에서 태어나 살고있는 토박이다. 젊은 시절 떼꾼으로 이
름을 날렸으며, 마을 유래와 설화 등을 많이 알고 있었다.


무지공산아 잘 자랐나 한양을 간다네 여어차

한치 두치 여어차

이 고개가 옛날 부터 소문이 났다네 여어차

밭을 매면서 부르는 소리는 아라리가 대부분이다

목사는 보면 헌신 절갠데 여어차
우리 사공들은 애꾸될세 여어차
울컥 덜컥 여어차
한번만 더하면 되겠네 여어차
지남석에 쩍 들어붙었네 여어차
이 낭군을 보게 몸부림을 한다네 여어차
삼동허리를 고분주고 서네 여어차
정동같은 팔심으로 여어차
무지공산에 잘 자란 남귀야 한양을 간다네 여어차
울컥덜컥 여어차
한번만 더하면 될 듯 하네 여어차
이렇게 가도 한양을 간다네 여어차
삼동허리를 곱은 곱상 여어차
왜 이러한가 여어차


## 새쫓는 소리

* 채록일시 : 1997년 9월 16일
* 가창자 : 이부녀(여, 64세, 정선군 신동읍 운치리 번들)


웃녘새야 안녘새야
천지거불 녹두새야
녹두꽃에 앉지마라
녹두장수 울고간다


## 다리세기

* 채록일시 : 1997년 9월 16일
* 가창자 : 이부녀(여, 64세, 정선군 신동읍 운치리 번들)


한거리
진거리
대진거리

음이나 낮이나
가매꼭지
딸개 똥


**앞니빠진 갈가지**

* 채록일시 : 1997년 9월 16일
* 가창자 : 이부녀(여, 64세, 정선군 신동읍 운치리 번들)


앞니빠진 갈가지
뒷니 빠진 수만이
창문앞에 돌지마라
맹근장사 홀케간다

## 10) 정선군 정선읍 가수리

### 아라리

* 채록일시 : 1997년 12월 17일
* 가창자 : 유옥자(여, 69세, 정선군 정선읍 가수리 1반)
* 1929년 정선읍 가수리 가탄에서 태어났다. 스물한살 때 가수리 해매로 시집
을 가 살다가 서른살에 가수리 본동으로 들어와 살고있다.


트리재 말랑에 나물뜯지 말고
미창 아래짝 서천 바다에 들병장사 나가세


꼬부랑 곱산에 나물뜯지 말고
자동차 운전수 소첩이나 되지


저 건네 저묵밭은 작년에도 묵더니
올해도 날과같이로 또 묵는구나


한치 뒷산에 곤드레 딱주기 임이야 맛만 같다면
병자년 숭년에도 봄을살아 나지요

눈이 올라나 비가 올라나 억수장마 질라나
만수산 먹구름이 막모여 든다.


## 괭이소리

* 채록일시 : 1997년 12월 9일
* 가창자 : 앞소리 김석수(남, 67세, 정선읍 가수리 수미)
                  뒷소리 유영은(남, 79세, 정선읍 가수리 수미)
* 앞소리를 한 김석수씨는 1932년 가수리에서 태어난 토박이다.
  뒷소리를 한 유영은씨 또한 1919년 가수리에서 태어나 줄곧 살고있는 토박이다. 일제시대에 마을에서는 드물게 영월 주천 농업고등학교를 다녔고 몇 년 동안 교사등을 하다가 다시 마을에 들어와 살고 있다. 가수리의 설화는 물론 역사와 지명까지도 잘 알고 있었다.


오호오 괭이요

  오호 괭이요

조심하게 들어주게

  오호 괭이요

푸푹푸푹 파여주게

  오호 괭이요

얼매나 잘파였나

  오호 괭이요

눈치보아 찍어주게

  오호 괭이요

자빠지지 말고찍게

  오호 괭이요

한 손을 높이들고

  오호 괭이요

푹 푹 파만주게

  오호 괭이요

어허지구 좋을씨고

  오호 괭이요

좁씨가 안문혔네

오호 괭이요
어헐씨구 파만주게
오호 괭이요
문주만 날려주고
오호 괭이요
자빠지지 말고찍게
오호 괭이요
남에 발을 찌지말고
오호 괭이요
이래다가 보믄야
오호 괭이요
서산해가 다넘어갔네
오호 괭이요
옥추공산 달넘어갔다
오호 괭이요
집으로 돌아가자
오호 괭이요
한잔술을 먹고보니
오호 괭이요
영감할머이 자고보자
오호 괭이요


## 새야새야

* 채록일시 : 1995년 5월 20일
* 가창자 : 권옥난(여, 64세, 정선군 정선읍 가수리 수매)

새야새야 녹두새야
녹두낭게 앉지마라
녹두꽃이 떨어지면
청포할미 울미간다

## 11) 정선군 남면 광덕리

### 아라리

* 채록일시 : 1998년 2월 21일
* 가창자 : 신승래(남, 71세, 정선군 남면 광덕 2리)
* 1928년 정선 남면 광덕리에서 태어나 줄곧 살고있는 토박이다.


술 잘 먹고 돈 잘 쓸적엔 금수강산이지

돈 뜰어져서 술 못먹으니 백수건달이라


아리랑 아리랑 아라리요

아리랑 고개 고개로 날 닝겨주게


정선겉이야 좋은 고장에 한 번 쯤 놀러 오서요

동산 밑에 맑은 물에 목단화 피죠


### 엮음 아라리

* 채록일시 : 1998년 2월 21일
* 가창자 : 신승래(남, 71세, 정선군 남면 광덕 2리)


우리집에 서방님은 잘났던지 못났던지

얽어매고 찍어매고 한짝눈은 팔딱덮고

한짝팔은 곰배팔이 한짝다리 장치다리

엽전 열석냥 걸머지고서는

강릉 삼척에 소금 사러 갔는데

백봉령 구이비 구비 부디 조심 하서요


## 12) 정선군 정선읍 귤암리

### 아라리 · 1

* 채록일시 : 1996년 9월 21일
* 가창자 : 이연이(여, 73세, 정선군 정선읍 귤암리 1반)
* 1923년 삼척시 하장면에서 태어나 열여덟 살 때 귤암리로 시집와 지금까지 살
고 있다. 아라리 뿐만 아니라 베틀노래, 새타령 등의 민요를 많이 알고 있었다.

시집가구 장게가는데 울기는 왜울어
총각 뜻만 맞으면 백년해로 하겠네


앞남산 저북구리는 초상두나 좋구나
세 살적 듣던 음성이 변치도 않앗네


한가정 초매를 졸졸졸졸 끓고서
사시래 저동네 배이러나 갑시다.


머루다래를달라 그러냐 청사등을 들고요
올해 십팔세 색시를 찾을람 고염 별당으로 가세요


산천초목에 올러서서 뒤돌어보니
풀잎에 매두매두 찬이슬은 왜 매재


개구장가여기 퍼룸퍼룸에 날가자고 하더니
온산천이 다노래져도야 왜 소식이 없나


노랑저구리 연분홍치마는 받구야싶어 받았나아
부모님 말 한마디에 울민서 받았지


총각낭군이 떠다주시던 금박단 댕기
곤때도 아니 묻어서 합사조명은 왜왔나


석세배 열대작 한날 구르만 자니
읍녀네 젖몸살 강구지나네


술아니 먹는다고 열두번 맹세 했더니
쥔아뚜머니 보구요 안주보니 열 또 한잔 망쳤네

정선읍내 전기불은 일백일은 돼두우
김부장네 맏며느리 되기두 섬만력에 됨세


아라리 · 2

* 채록일시 : 1998년 2월 8일
* 가창자 : 최성월(여, 59세, 정선군 정선읍 귤암리 3반 개바우)
* 1940년 정선읍 귤암리 만지산에서 태어났다. 열여덟 살 때 귤암리 귤화로 시
집을 가 살다가 30여년 전 개바우로 이사와 살고있다.


개구장가에 거무노리는 무스네 죄를 지어서
큰 아기 손질에 칼침을 맞나


사시장철 고기 반찬에 맛을 몰러 못먹나
사절치기 강낭밥으는 맛만 편하면 되잖나


밥 한 냄비를 달달 긁어서 간난이 아버지 드리고
너하구 나하구는 저녁 긁어 자자


꽃 본 나비야 물 본 기러기 탐화봉접 아니냐

밭가는 소리는 소와 대화를 하듯 할 때 부르는 소리다.

어데서 꽃을 보구서 그저 돌어 갈소냐

소리 소리 오소리 강냉이 밭에 오소리
강냉이 한 자리 다 뜯어 먹구서 간곳이 없네

시집살이를 못한다구서 가라면 가야지
양궐런 술아니 먹구는 나는 못살겠네

허궁 중천에 뜬 저 달은 임이 기시는 곳을 아는데
나는야 어이해서 임계신 곳을 모르나

뒷 집에 숫돌이 좋아서 낫갈루로 갔는데
뒷집 색시 눈치보다가 낫날이 홀짝 넘었네

## 엮음 아라리

* 채록일시 : 1998년 2월 8일
* 가창자 : 최성월(여, 59세, 정선군 정선읍 굴암리 3반 개바우)

우리집에 서방님은 잘났던지 못났던지
얼거매고 찍어매고 노가지낭구 지게우에
엽전 섯냥 짊어지고
강릉삼천에 소금사러 가셨는데
멧두는 구이비구비 부데 잘다녀 오세요

## 밭가는 소리

* 채록일시 : 1997년 5월 21일
* 가창자 : 김춘근(남, 50세, 정선군 정선읍 굴암리 3반)

어 이려~ 이려~
자 올라서 자 이랴~ 차
올라라 이랴~

어취 하 올라서 자
이놈으 자식 빨리가나
자~어~치~
골에 들어서라
이랴~ 천천히 가자
와~와~


### 소 부르는 소리

* 채록일시 : 1997년 5월 21일
* 가창자 : 김덕준(남, 89세, 정선군 정선읍 귤암리 하귤하)

너와 너와

너와 너와

죽으나 사나

느 에밀 따러라

너와 너와

저근네 소는 배골아 죽고

이근네 소는 배터제 죽는다

너와 너와

어른 따라라 얼른

우리 깐내이

너와 너와

얼른 온나

우리 깐낸이

얼른 온나


### 춘향이 노래

* 채록일시 : 1997년 5월 21일
* 가창자 : 신금자(여, 64세, 정선군 정선읍 귤암리 1반 귤하)

남원읍에 성춘향이는

나이는 십팔세에
생일은 사월 초파일이요
정자놓고 노다갑시다


## 베틀가

* 채록일시 : 1996년 9월 21일
* 가창자 : 이연이(여, 73세, 정선군 정선읍 귤암리 1반)

노세노세 베틀노세
옹난간에 베틀노세
베틀라지 두다리요
베틀라지 두다리요
큰아기다리 두다리요
이에대나 쟁가요
올링대는 독자빙요
칭칭나무 바티집에
계수나무 연지붕에
무선석대 넣었더냐
새댁앞에 속되넉되
글씨는 무슨글씨
넝사진로 글씬밖엔
도투만님 입은옷을
벗으라고 누었다가
시간시간 보케지내
강애지고는 기왕담이요
일괄담은 자가주고
안씽굴은 홍적삼을
해입히고 미괄단은
(어, 허, 아이구)

## 새타령

* 채록일시 : 1996년 9월 21일
* 가창자 : 이연이(여, 73세, 정선군 정선읍 귤암리 1반)

새야새야

니어데를 자고왔나

부요명당 칠성방에

자고왔나

그방신랑 어떻더냐

인제사서 피배하고

분으라서 앵엽하고

무슨자리 깔았더냐

조성자리 깔았데야

무슨금침 놓였데야

무사기나 한일구들

허리만치 건네놓고

먼칠나니 손때묻고

덮을라니 살때묻고

원앙금침 잣비래고

머리맡에 던져놓고

색일부터 놀려다오

## 다리세기

* 채록일시 : 1996년 9월 21일
* 가창자 : 이연이(여, 73세, 정선군 정선읍 귤암리 1반 )

이거리 저거리 갓거리

전도 만도 도만도

전라감사 조고

알연 달연

묵은산에 귀걸걸이

칼바위 능선에서 내려다본 어라연은 동강에서 가장 아름다운 비경 가운데 하나다.

백운산의 험한 산세는 올빼미의 서식을 가능하게 했다. (사진 진익태 씨 제공)

동강은 우리나라에서 비오리의 대표적인 서식지이다. (사진 진익태 씨 제공)

밭을 멜 때 부르는 아라리는 일의 힘겨움을 덜어주는 소리였다.

메밀로 만든 국수의 면발이 굵어 들이킬 때 콧등을 쳤다는 콧등치기 국수는 동강 일대 사람들의 주식이기도 했다.

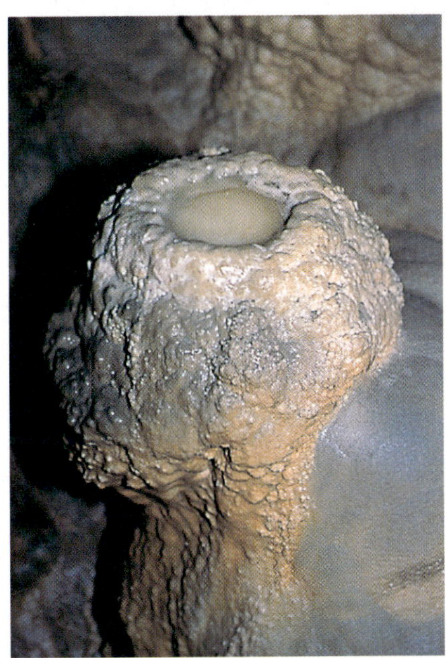
백룡동굴 안에 있는 최고의 걸작 에그프라이(사진 석동일 씨 제공)

백룡동굴의 종유석은 석회암 동굴의 전형적인 특성을 가장 아름답게 보여주고 있다.

동강 유역에는 선사시대부터 사람들이 거주했던 흔적이 곳곳에 남아있는 역사의 산 교육장이다. 사진은 고성리의 고인돌.

가탄 마을 할아버지의 깊은 주름과 할머니가 부르는 아라리에는 삶의 질곡이 그대로 배어있다.

봄에 뜯어 말린 쑥은 가정에서 가장 흔한 약재로 널리 사용되었다.

정선에서 서울까지 운목 수단으로 이용되었던 뗏목. 떼꾼들은 정선아라리를 물길 곳곳에 심어놓았다.

겨울에 바위 밑에 들어가있는 고기를 잡는 돌치기는 동강에서 흔한 어로법이다.

오야 똥 땍

## 말꼬리 잇기

* 채록일시 : 1997년 5월 21일
* 가창자 : 신금자(여, 67세, 정선군 정선읍 귤암리 1반)
* 1934년 귤암리 귤하에서 태어나 줄곧 살고있는 토박이다.

세다 세서

세모리 새다리

새날이 불면 등굽지

등굽으면 웅구숩지

응그승으면 동생이지

동생이면 껌지

껌으면 높으지

높으면 날지

날면 우산이지

우산이면 뚱글지

뚱글면 대란이지

대란이면 찢지

찢으면 게지

게면 굵지

굵으면 대피지

대피면 달지

달면 엿이지

엿이면 첩이지

## 방맹이점 노래

* 채록일시 : 1997년 5월 21일
* 가창자 : 신금자(여, 67세, 정선군 정선읍 귤암리 1반)

봉아봉아 천지봉아

용마에 대성봉아
일월성신 오셨거든
어디서 살리려오나
봉아봉아 대성봉아
일월성신 오셨거든
어디서 살려보나

## 13) 정선군 정선읍 광하리

아라리

* 채록일시 : 1997년 9월 22일 오전 10시 40분
* 가창자 : 전동한(남, 80세, 정선군 정선읍 광하 1리 4반)
* 1919년 정선읍 광하리에서 태어나 줄곧 살고있는 토박이다.

낙양동천 이화장에 유람객이 되셨나
춘삼월 고시절에도 못오신다

하루밤을 자구갔는데 잊지못해 우느냐
능라도 수풀에도 봄비가 온다

함경도 원산이 얼마 인심 좋은지
노랑전 한풀에이다 새피 두서이 준다

우수 경첩에 대동강이 풀리고
정든 님 자잔 말씀에 내 속이 풀린다

산중에 귀물은 멀구다래 아니냐
인간에 귀물은 남아 뿐일세

밭가는 소리

* 채록일시 : 1998년 2월 24일 오전 11시
* 가창자 : 최돈성(남, 81세, 정선군 정선읍 광하 2리 3반)

* 1918년 정선읍 광하리에서 태어나 줄곧 살고있는 토박이다.

이랴~   이랴~   이랴~

이따 얼릉가자 올라서라 올라서라

오 잘간다 이랴 이랴

이랴 이랴

어차~ 돌어서~라~


## 청춘가

* 채록일시 : 1998년 2월 24일 오전 11시
* 가창자 : 문복출(남, 62세, 정선군 정선읍 광하 2리 1반)
* 1936년 경상북도 봉화군 춘양면에서 태어나 서른다섯 살 때 부터 광하리에 들어와 살고있다.


에헤헤에 에이여

오는 새 가는 새 덤불덤불이 눌고

오는 님 가는 님은 내품안에 드는다

에헤라 둥기 둥거다

아니가 서쪽 뭇노래라

영화로다 어도 내가 못노리라


# 14) 정선군 정선읍 용탄리

## 아라리

* 채록일시 : 1997년 12월 17일
* 가창자 : 전선옥 (여, 65세, 정선군 정선읍 용탄 1리)
* 1933년 정선 동면에서 태어나 정선읍 회동리에서 성장했다. 열아홉 살 때 용탄으로 시집을 왔다. 삼십대 후반에는 충북 제천에서 삼년 가까이 살다가 남편을 잃고 다시 용탄으로 들어와 혼자 살고 있다. 소리를 좋아해 정선아리랑제 아리랑 경창대회에 나가기도했다.


행주초마를 똘똘말아서 옆옆에다 끼고서

총각낭군이 가자구할 적에 왜 못 따러갔나

바람은 불면 불수록 점점추워가고
임으는 보민 볼수록 정만 점점드네


노랑저구리 오실앞에 줄줄이 맺힌 눈물은
니탓이냐 내 탓이이냐 중신애비 탓이야


시집온지 삼일만에 바가지 장단을 쳤더니
시아버지 보시더니 엉덩이 춤만 추네


백년을 살아야 삼만육천오백일인데
고순간을 사느라니 고상고상하네


## 다복녀

* 채록일시 : 1997년 12월 17일
* 구연자 : 황길녀 (여, 65세, 정선군 정선읍 용탄 1리 )
* 1933년 정선읍 봉양리 생탄에서 태어났다. 홍천군 내면에서 성장을 했고 스
물한 살에 시집을 갔으나 남편을 잃고 재가해 용탄리에서 살고있다.


다복다복 다복녀야
너어드로 울고가나

우리어머이 몸진골로
젖먹으러 울고간다
아가아가 가지마라
너어드로 울고가나
느어머니 젖을짜서
구름길로 띄어주마
바람길로 띄어주마
아가아가 우지마라
너어드로 울고가나
우리어머이 몸진골로
젖먹으러 울고간다
실광밑에 삶은팥이
싹나거든 오마더라
삼년묵은 말뼉다구
살붙거든 오마더라
느어머니 젖을짜서
바람길로 띄어주마
구름길로 띄어주마


## 그네노래

* 채록일시 : 1997년 12월 17일
* 가창자 : 김영자(여, 57세, 정선군 정선읍 용탄리 노미)

수천당 새무진 나무
넓다란 그네를 메고
님이 뛰면은 내가 밀고
내가 뛰면은 님이 밀고
님아님아 줄 살살밀어
줄 떨어지면은 정 떨어진다


## 화투 뒷풀이

* 채록일시 : 1998년 3월 14일

* 가창자 : 김영자(여, 57세, 정선군 정선읍 용탄리 노미)

정월이라 속속한 마음
이월 매조에 맺었더니
삼월 사쿠라 살랑한 마음
사월 흑싸리 허사로다
오월 난초 나비 앉어
유월 목단에 떨어지니
칠월 홍돼지 홀로 누워
팔월 공산에 달또갈래
구월 국화 맺은 님이
시월 단풍에 다 떨어지니
오 동짓달에 가신 님이
설달이 다가도 못오시니

정월이라 속속한 마음

# 4. 동강 마을 사람들의 의·식생활

# 1. 의(衣)생활

옛날과 비교해 볼 때 의(衣)생활은 인간생활에 절대적으로 필요한 의·식·주 가운데 가장 크고 민감하게 변화하면서 발전해 왔다. 이러한 변화는 특히 대외적인 상황에 따라 크게 영향을 받아왔다.

상고시대, 삼국시대, 통일 신라시대, 고려시대, 조선시대를 거치면서 우리나라에는 고유한 형태의 의복이 있었는가 하면 중국 의복의 영향을 받아 온 이중구조의 복식 형태였음을 여러 문헌을 통해서 알 수 있다. 그러나 1876년 병자수호조약과 함께 서양 문물이 급속히 들어오기 시작하면서 의복에 있어서도 일대 혁신이 일어나기 시작했다.

군인들의 복장도 신식 훈련과 함께 서서히 근대식으로 바뀌는 조짐이 일어났고, 1884년 갑신정변이 일어나면서부터 개혁에 따른 의식전환의 필요성이 강조되기 시작했으며, 복식에 있어서도 개화파들에 의한 변화의 바람이 불기 시작했다. 마침내 1894년에는 의제개혁(衣制改革)으로 이어져 간편한 옷으로 바꾸도록 하였는데, 이 때 특별히 포(袍)는 두루마기(周衣)를 입도록 하였다. 특히 고종 32년(1895년)에 내려진 단발령은 우리나라 의복사에 가장 놀랄만한 사건이라 할 수 있다. 우리나라 전통적인 의례의 상징처럼 여겨졌던 갓을 벗게 된 것은 의복에 있어서도 전통적인 복장에서 벗어나는 계기가 된 것이다.

1900년에는 관리들의 관복을 먼저 양복으로 바꾸고 백성들이 양복을 입는 것을 관에서 정식으로 인정하기에 이르렀다. 신라의 삼국통일 이후 무려 1300여 년 동안 지속되었던 우리 옷과 중국 옷 사이에서 토착화 되었던 전통 의복이 다시 서양 옷과의 공존 현상이 나타나기 시작하여 그 후

100여 년이 지나며 우리 전통 의복은 거의 대부분 사라져갔고 서민들 옷도 서양복식에 자리를 내어주게 되었다.

동강 유역 마을 사람들의 전통 의복도 이러한 시대적인 흐름 속에서 독자적인 특색을 지닌 옛날 모습의 복장을 더 이상 찾아 볼 수 없게 되었다. 삼국시대부터 영토의 변방이었고, 그 이후에도 독창적이고 배타적인 문화를 형성하지 못한 채 이어져 왔다. 다만 동강 유역을 포함하고 있는 옛 읍지(邑誌)나 1970년대 이후 발간된 군지(郡誌)등의 기록과 함께 70세 이상 노인들의 증언을 종합해 보면 미흡하나마 이 지역의 전통적인 복식의 일면을 확인할 수 있다.

예로부터 이들 지역은 교통의 불편에 따른 외부 지역과의 단절에 따라 의복감이 귀했고 경제적인 사정으로 좋은 의복감을 구하기가 어려워 대부분 이 고장에서 생산되는 건포, 명주, 삼베로 의복을 지어 입었다. 일제시대에 이르러서야 서양 옷이 간간히 들어오기 시작했고, 다른 지역과는 달리 전통적인 복식이 사라진지도 오래되지 않았음을 알 수 있었다.

지금도 화학섬유를 재료로 한 기성복의 발달로 대부분 전통적인 의상은 사라졌지만 아직도 70세 넘는 노인들은 전통적인 복장을 고수하려고 하고 있다.

대개 남자의 전통 의복은 고이, 적삼, 조끼, 마고자, 두루마기, 바지, 저고리 등이었고 여자의 의복은 치마, 저고리, 단속곳, 적삼 등이었다. 이러한 전통 의복들이 아직도 노년층에서 발견되는데 반해 토수, 감발 등은 발견되지 않았다.

관모(冠帽)도 노인들이 있는 집에서 흑립(黑笠)만 보일 뿐 백립이나 초립 등은 눈에 띄지 않았다. 신발의 경우에도 나막신, 미투리 등은 노인들의 입에서 오르내릴 뿐이었다. 지역 특성상 이들 지역의 전통 의복 대부분은 무명 옷이고 삼을 많이 했기 때문에 삼베옷을 많이 입기도 했다.

동강 유역에 살고있는 주민들이 입었던 전통 의복을 살펴보면 아래와 같다.


저고리 - 상체에 입는 옷으로 한복에서 기본이 되는 옷이다. 삼국시대 이전에는 유(襦)·삼(衫), 신라 때는 위해(尉解)라고 했다. 영월댐 수몰 예정지 어느 곳에서나 노인들은 저고리를 가리켜 '우티' 라고 하는데, 이 말은 임진왜란전 부터 쓰기 시작한 말이다.

저고리는 삼국시대부터 고려시대, 조선시대를 거치며 길이와 구성 등에 있어서 큰 변화 과정을 겪어왔다. 평창군 미탄면 기화리의 노인들에 따르면 구한말 저고리의 기장은 지금과 크게 다를 바 없지만 지금과는 반대로 안고름이 밖으로 나와 있었다고 했다.

**호장 저고리** – 자주색 소매 끝동과 소매진동 밑에 남색 계통의 색을 넣어 붙이고, 동정 밑에 자주색 깃을 달고 자주색 고름을 늘이는 저고리로 '삼호장 저고리'라고도 한다. 자주색 소매 끝동과 자주색 깃만 달아입는 저고리는 '반호장저고리'라고 한다.

이러한 호장저고리는 남편이 있는 정상적인 부인들만이 입었으며, 과부는 아무리 청상(靑孀)이라고 해도 호장저고리를 입지 않았고 자주고름을 매지 않았다. 그러나 삼년상을 치르고 난 뒤에는 유색 저고리는 못 입었어도 자주색 고름을 달지 않은 노색(老色)의 저고리는 입을 수가 있었다.

정선읍 용탄리에서는 남편이 없어도 아들이 있을 경우에는 자주색의 끝동과 고름을 달 수 있었다

**드렁저고리** – 남녀 어린 아이들의 저고리로 양반 서민 모두가 입던 옷이다. 소매는 색동으로 되었지만 남자 아이들의 저고리는 소년기에 접어들면서 검은 회색, 짙은 남색으로 바뀌었고, 여자 아이들의 경우 나이가 듦에 따라 부인들의 저고리를 따랐다.

**덧저고리** – 겨울에 입는 솜저고리로 저고리 위에 입는 방한용 옷이다. 기장은 보통 저고리보다 더 길게 해서 속에 가벼운 솜털을 넣어 두루마기 대신 입는 것으로 정선읍 가수리에서 볼 수 있다.

**겹저고리** – 봄 가을에 많이 입는 저고리로 무명을 겹겹이 누벼 입었다.

**조끼적삼** – 길이가 보통 저고리보다 길고 깃이나 섭자리가 없이 진동에서 앞가슴으로 단을 달았다. 아이들이 입는 옷이었다.

섣달이적삼 - 조끼적삼보다 길이가 짧고 깃과 섶을 달아 만든 것이다. 어른들이나 생활이 넉넉한 사람들이 입는 옷이다.

바지 - 바지는 『삼국사기(三國史記)』에 '고(袴)'라고 해서 나온다. 남녀 공통으로 입었던 옷으로 통이 넓은 바지(大口袴)와 통이 좁은 바지(細袴)가 있다. 신라 때는 가반(柯半), 조선 중기에는 파지(把持)라고 했는데, 이 말이 변해 오늘날의 바지가 되었는지 아니면 받친다는 뜻인 우리말의 '받이'가 변해 생겨난 말인지 확실하지는 않다.

홑바지 - 두 다리와 허리를 감싸기 위한 옷으로 앞 뒤 모양을 같게 해 허리끈을 달았다. 발목은 대님으로 맨다. 산골마을에서는 보통 한두 벌의 흰색 홑바지와 회색으로 물을 들인 홑바지를 가지고 있었다고 한다.

솜바지 - 겨울에 방한용으로 입는 바지로 세탁을 할 때에는 반드시 뜯어서 빤 후 다듬이질을해 다시 꿰멘다.

십자바지 - 어린이들이 입었던 바지로 바지통이 좁았다. 어린이들이 입는 바지에는 아예 대님을 붙여 달았다.

속곳 - 바지 밑에 입는 홑것옷으로 단속곳과 비슷하나 가랭이가 더 넓고 밑이 길다. 바지 밑에 속곳을 바쳐 입어야 보온이 되고 옷차림이 단정하게 된다. 여름 속곳은 삼베 모시 등으로 했고, 겨울 속곳은 옥양목으로 했다.

단속곳 - 속곳과 같은 모양이나 가랭이가 속곳보다 좁다.

치마 - 여성 전용 하의로 허리, 끈, 치마폭으로 구분되며 긴 치마가 원칙이다. 삼국시대에는 폭이 넓은 치마(裙)와 폭이 좁은 치마(裳)가 있었다. 조선시대 세종 때는 '적마(赤)'라고 하였고, 그 후 '치마'로 변한 것으로 보고 있다. 치마를 여밀 때는 왼쪽으로 여미는 것과 오른쪽으로 여

미는 것이 있다.

옛날에는 오른쪽으로 여미면 상놈이라 하였는데, 주로 기생들만이 오른쪽으로 여미었다. 요즘은 치마가 모두 겹치마지만 옛날에는 홑치마였다. 동강 유역에서 확인할 수 있는 치마감은 대부분 삼베나 모시 등이어서 넉넉치 못했던 생활상을 엿볼 수 있었다.


도포 - 겉에 입는 옷으로 옛날부터 지금까지 이어져 내려오는 옷이다. 조선시대에는 대표적인 남성복으로 서민들은 엄두도 내지 못했으나, 1894년 의제개혁으로 도포 대신 두루마기를 입도록 권하였다.

민간에서는 예복으로 관혼상제 등에 반드시 입는 옷이 되었다. 청색과 백색이 있었는데, 청색은 길복(吉服)으로 주로 상류층에서 입었다. 평창군 미탄면 기화리의 이화균 씨는 조선시대 벼슬을 한 부친이 입던 청색 도포와 관복을 소장하고 있었으나 수년 전 인멸되어 지금은 없다.


토시 - 방한용으로 손목에 끼는 것으로 천을 알맞게 잘라 솜을 속에 넣어 만든다. 한복의 소매통이 넓어 찬바람이 들어오는 것을 막기 위해 사용하였다.


감발 - 무명천을 3치 5자 정도로 잘라 발과 발목을 감싸도록 만든다. 겨울에 추위를 막고 여름에는 산이나 들에서 일을 할 때 다치거나 뱀에게 물리지 않도록 하기 위한 일종의 보호대로 쓰였다.

복건 - 지금은 어린 아이의 돌잔치에서나 볼 수 있는 것으로 옛날에는 양반들이 많이 썼다.


남바위 - 방한을 위한 것으로 머리에 쓴다. 앞은 머리와 이마를 덮을 정도이며 뒤는 길게 만들어져 목까지 덮는다.


갓 - 둥근 테와 둥근 모자를 합친 것으로 평상시 외출할 때 쓰는 흑립(黑笠)과 결혼 초에 쓰는 초립(草笠), 국상이나 상례용으로 쓰는 백립(白笠)이 있다. 근세까지 널리 쓰이던 것으로 갓받침으로 망건과 탕건을 쓰고 그

위에 갓을 썼다. 정선읍 용탄리, 정선읍 가수리, 정선 신동읍 고성리, 운
치리, 덕천리, 평창 미탄면 기화리 등지에서는 아직도 흑립을 볼 수 있다.

버선 - 근래에는 남자는 신지 않지만 예전에는 남녀 모두 신었다. 의관
(衣冠)을 정제(整齊)할 때는 반드시 신었던 것으로 보통 무명으로 하였다.
옛날 결혼할 때 신부가 버선에 알록달록 수를 놓아 가지고 왔는데, 혼수
버선 하면 4, 50켤레 많으면 열 죽(100켤레) 정도를 해왔다.

신 - 옛날에는 짚신(草履), 나막신(木履), 미투리(麻鞋) 등과 같은 풀이
나 나무, 옷감, 종이 등을 썼다. 특히 영월댐 수몰 예정 지역에서는 오래
전부터 삼(麻)을 많이 재배했던 까닭에 삼 줄기로 만드는 미투리를 많이
신었다.

# 2. 식(食)생활

　식생활은 지역 주민들의 외모에서부터 사고방식에 이르기까지 생활문화 전반에 걸쳐 상당한 영향을 끼친다. 식생활이 어떠한가에 따라 주민들의 삶의 모습에 큰 차이를 보이는 것도 이 때문이다.

　한강 상류인 동강을 끼고 있는 마을들은 대부분 산촌으로 이루어져 밭이 전 농경지의 90퍼센트 이상을 차지하고 있다. 따라서 대부분 주민들은 농사를 짓고 살아가기 때문에 결국 산골마을의 전형적인 식생활 형태에서 그다지 벗어나지 않는다. 영월·평창·정선은 예로부터 산다삼읍(山多三邑)이라 하여 교통이 불편해 고립되다시피 한 생활 속에서 이러한 식생활 형태는 다른 지역보다 오래 지속되어 왔다.

　30여년 전까지만 해도 '평생 먹어야 쌀 두 말을 못먹고 죽는다'고 할 만큼 쌀은 주식이 되지 못했다. 쌀밥이라야 일 년에 한 두세 번 명절 때나 출산일, 제삿날에 먹는게 고작이었다. 그것도 장에 나가 한 되 정도 사서 옥수수, 감자 등을 넣고 섞어 먹거나 제수용으로 쓸 정도였다.

　대부분 주민들은 마을에서 주로 생산되는 감자, 옥수수, 메밀, 도토리, 콩 등으로 만든 음식이 주식(主食)이 되다시피 했고, 산 속에 풍부하게 널린 취나물, 고사리, 두릅, 곤드레, 딱주기, 더덕 등의 산나물과 버섯 등은 동강에서 잡은 물고기와 더불어 부식(副食)이 되어왔다.

　특히 동강에는 쏘가리, 누치, 꺽지, 빠가사리, 피래미 등의 물고기가 풍부한 까닭에 시루보쌈 어법, 통발 어법, 살쿠 어법, 오리몰이 어법 등 다양하고 특색있는 담수 어법이 발달되었다. 이러한 방법을 이용해 잡은 고기에다가 고추장, 막장, 된장 등을 넣고 끓이면 더없는 별식(別食)이 되곤 했다.

오늘날에 이르러 이러한 음식들이 별미가 되어 사랑을 받고 있으며, 시장 등지에선 토속음식으로 옛 맛을 풍겨 사람들의 입맛을 돋우고 있다.

## 1. 전통음식

### 감자밥

'감자바우' 라는 말처럼 강원도를 연상시키는 식물하면 감자이다. 산간 마을에서 생산되는 감자는 다른 지방과는 달리 분이 많아 맛이 좋다. 감자밥을 지을 때는 감자를 깎아 큼직하게 썰어 쌀과 함께 섞어 밥을 한다. 밥을 뜰 때는 주걱으로 감자를 으깨면서 섞어 뜬다. 감자가 부슬부슬 으깨진 밥은 먹기에도 부드러워 어린이나 노인 모두 즐기던 음식이다.

밥을 뜰 때 으깨서 뜨는 감자밥은 동강유역 사람들의 주식이었다.

### 감자시루떡

보통 통감자를 그대로 쪄서 먹기도 하지만 감자 시루떡, 감자 송편 등을 만들어 먹기도 한다.

감자 시루떡은 감자를 갈아서 앙금을 가라 앉힌 다음 앙금에다 물을 조금 섞어 넣고 삶은 팥, 불린 콩 등을 넣고 시루에 안쳐 찌면 감자 시루떡이 된다.

192

### 감자녹말 송편

감자를 썩혀 자주 물을 갈아주어 앙금을 가라앉게 해 감자 녹말을 만든
다. 감자 녹말을 반죽하여 팥속이나 고구마속 또는 강낭콩이나 밤을 넣어
송편을 빚어서 찌면 감자송편이 된다.

감자 녹말 송편은 흔히 감자떡이라고 하는데, 색은 약간 거무튀튀하지
만 뜨거울 때 먹으면 맛이 쫄깃쫄깃해 별미 중의 별미다.

쫄깃쫄깃한 별미중의 별미인 감자녹말 송편

### 감자부치기

감자부치기(부침개)를 만들려면 먼저 굵직한 감자를 씻어 껍질을 벗기
고 강판에 간다. 다 갈린 감자의 물기를 짜서 앙금을 받아내고 간 감자에
섞어 소금과 후추 등으로 간을 맞춘다. 그리고  간 감자를 번철(燔鐵)
에다 둥그렇게 지지면서 손가락 마디만큼 썬 파와 둥글둥글하게 썬 고추
를 얹고 노릇노릇해 질 때까지 뒤집어 가며 익힌다. 다 익은 감자부침개
는 초간장이나 간장에 찍어 먹는다. 요즘에는 관광지에서 가장 쉽게 볼 수
있는 음식이 되었다.

### 감자옹심이

감자를 깨끗하게 씻어 껍질을 벗기고 나서 강판에 간다. 다 갈린 감자
를 보자기에 넣고 짠 후 물이 빠진 찌끼는 따로 두고 감자물은 녹말이 가

라앉도록 둔다.

녹말이 가라앉으면 뽀얀 윗물을 따라내고 보자기에 쌓인 찌끼와 녹말가루를 골고루 잘 섞고 소금을 적당히 넣어 간을 맞춘다. 반죽이 되고 나면 엄지와 검지, 집게 손가락으로 직경 2, 3센티미터 정도 되게 뚝뚝 떼어 내어 끓는 물에 넣는다.

구수한 맛을 내기위해 통감자를 얄팍하게 썰어 넣고 끓이며 소금으로 간을 맞춘다. 감자가 익을 무렵 채로 썬 호박도 넣고 끓이다가 수제비가 끓어 떠오르면 그릇에 담아 먹는다. 국물이 시원하다고 해서 즐겨 먹는다.


## 감자 만두

감자를 썩혀 자주 물을 갈아주어 앙금을 가라앉게 해 감자 녹말을 만든다. 말린 감자 녹말을 반죽하여 미리 준비해 놓은 만두 속을 넣고 만두를 빚는다.

만두 속으로는 대개 다져서 꼭 짠 김치와 으깬 두부를 넣었다. 맛을 내기 위해서는 만두 속에 당면이나 간 고기를 넣기도 했다. 보통 감자만두는 쪄서 먹는데 속이 말갛게 들여다 보인다. 맛이 쫄깃쫄깃해 별식으로 인기가 있다.


## 콧등치기

콧등치기는 메밀로 만든 국수인데, 흔히 '꼴뚜국수', '꼴뚜각시기' 라고도 한다.

메밀은 '뿌려놓기만 하면 자란다' 고 할 만큼 척박한 땅에서도 잘 자라 흉년에도 버티게 하는 대표적인 구황작물(救荒作物)이었다.

예로부터 메밀은 오덕(五德)을 갖춘 오방지영물(五方之靈物)이라고 해 귀하게 여겼다. 메밀의 꽃은 흰(白)색, 잎은 녹(綠)색, 열매는 검은(黑)색, 줄기는 붉은(赤)색, 뿌리는 누런(黃)색이어서 다섯가지의 색을 갖춘 영물로 쳤다.

이러한 메밀을 먹고서 얻을 수 있는 다섯 가지의 덕(五德)은 맛이 시원하고 독특해 좋고, 성인병 예방에 좋고, 여자들의 미용식으로 좋고, 마음이 맑고 건강해지고, 값이 싸서 좋다는 것이다.

메밀로 만든 요리로 면발이 굵어 들이킬 때 콧등을 친다는 콧등치기

통메밀을 맷돌에 넣고 타면 가루가 고운 멥쌀과 결이 고르지 않은 나깨 가루로 구분되는데, 콧등치기는 주로 결이 좋지 않은 가루를 사용해서 만든다. 콧등치기를 만들기 위해서는 먼저 메밀을 가루로 만들어서 따뜻한 물에다 반죽을 하고 나서 홍두께로 밀어서 듬성듬성하게 썬 다음 막장을 푼 물로 끓인다. 다 끓고 난 후 갓김치 등을 얹어 먹으면 맛이 좋다.

### 메밀국죽

껍질을 벗기지 않은 통메밀을 삶아 바짝 말린 후 방아를 찧으면 쌀알이 빠진다. 세모잽이 메밀 쌀이라고 부르듯 세모처럼 생긴 메밀쌀을 싱겁게 푼 막장물에 넣고 갓김치 또는 감자나 콩나물 등을 넣고 푹 끓인 다음 두부를 굵직굵직하게 넣고 죽을 쑨다.

메밀국죽은 지금의 국밥과 모양새는 비슷하지만 보기와는 달리 씹히는 맛이 없어 옛날 사람들은 '먹으나 마나한 죽'이라고 폄하하기도 했다. '산골 아주머니가 평생 쌀 두말을 못 먹고 죽는다'는 말처럼 옛날에는 메밀국죽이 주식처럼 되곤 했는데, 출산을 하고나면 메밀에 쌀을 넣어 국죽을 끓이기도 했다.

요즈음 메밀값이 비싸 귀한 음식으로 여기는데, 정선 읍내의 음식점에서 파는 국죽이나 집에서 해 먹는 국죽에는 맛을 내기위해 멸치를 넣기도 한다.

### 메밀만두

메밀을 맷돌에 타갠 멥쌀을 빻아 따뜻한 물에 반죽을 한다. 반죽을 하면 거무튀튀한 색깔을 띠게 되는데 만두속으로는 대개 김치를 썰어 넣었다. 섣달 그믐께는 닭을 잡아 살을 발라 속으로 넣기도 하고 꿩고기를 넣어 만들기도 했다. 만두국을 끓여도 금방 꾸덕꾸덕해져 먹기가 나빴다.

### 메밀범벅

멥쌀을 뺀 나머지 나깨가루를 체에 쳐서 부드러운 가루로 만든다. 물을 붓고 풀어서 김치를 썰어 넣고 불 위에서 풀처럼 되직하게 끓이면 범벅이 된다.

### 메밀국수

멥쌀을 곱게 빻아서 물을 붓고 반죽을 한다. 반죽을 국수틀에 넣고 누르면 국수가 아래로 떨어지는데 주로 잔치 등의 행사 때 많이 만들었다. 갓김치나 김치를 곁들이면 더 맛이 있다.

소화가 잘 되는 보쌈식 메밀떡 메밀전병

### 메밀전병

멥쌀을 빻은 가루로 부침개를 만들어 능정이나물이나 갓김치, 김치 등을 속에 다져넣고 말아먹는 보쌈식 메밀떡이다. 소화가 잘 되는 음식으로 '전병(煎餠)', '총떡'이라 하고 '부꾸미'라고도 한다.

전병을 만드는 방법은 다음과 같다.

196

올챙이처럼 생긴 올챙묵

1. 메밀을 맷돌에 갈아 체에 밭쳐서 물에 가라 앉힌다.

2. 말린 능정이 나물이나 고춧잎을 삶아 꼭 짜서 물기를 뺀다.

3. 체에 밭친 메밀을 조금씩 떠서 번철 위에 놓고 얇게 전(煎)을 부쳐서 삶은 능정이나물이나 고춧잎을 돌돌 말아 어슷어슷하게 썰어 간장이나 초장 등에 찍어 먹는다.


## 올창묵

노란색이 나는 메강냉이 알맹이를 따서 맷돌에 간 후 솥에다 넣고 끓인

올창묵을 압력으로 눌러 만드는 올창묵틀

다. 어느 정도 끓여 죽처럼 되고, 이것을 올창이묵 틀에다 부으면 올창이처럼 생긴 국수가 뚝뚝 떨어지게 되는데, 이때 찬물에 떨구어야 국수 모양이 변하지 않고 풀어지지 않는다.

올창묵은 옥수수를 불에 죽처럼 잘 익히는 게 중요한데, 잘 익으면 국수가 떨어진 찬물이 맑지만 잘 익지 않으면 뿌연 색을 띠게 된다.

찬물에 응고된 국수를 건져내어 여러 가지 양념을 넣어 먹는다. 국수 맛이 구수하고 소화가 빨리 되어 여름철 노인들이 좋아하는 음식이기도 하다.

올창묵틀은 바가지에 구멍을 뚫어 사용하기도 하지만 나무로 만든 사각형 틀을 만들어 양철판을 대고 못으로 구멍을 총총히 뚫어 사용한다.

강냉이를 타는 모습

강냉이 밥을 푸는 모습

강냉이밥

찰강냉이(찰옥수수)나 메강냉이(황옥수수) 알맹이를 따 맷돌에 갈아 밥
을 한다. 맷돌에 갈 때 대충 타면 강냉이 낱알이 크게 네 동강 정도가 난
다 해서 '사절치기 강낭밥'이라고 한다. 밥을 할 때에는 콩, 팥, 감자 등
의 잡곡을 같이 넣어 까칠까칠한 맛을 덜게 하는데, 쌀밥과는 달리 뜸이
들 무렵 휘저어주어야 바닥에 눌어붙지 않는다.

메강냉이밥은 껍질을 굵게 탄 옥수수로 밥을 해 놓으면 색깔이 마치 금
조각같이 노랗다고 해서 '금(金)밥'이라고도 한다.

정선 아리랑에도

사절치기 강낭밥은 오글발짝 끓는데
우리 님은 어딜 갈라고 버선 신발 찾나

라는 가사가 나올 만큼 지금부터 약 30년 전까지만 해도 주식이 되다시
피한 음식이었다.


수수말이

수수쌀을 가루로 빻아 찬물에 적당하게 반죽을 한 후 다져서 볶아놓은
꿩고기와 데쳐 저며놓은 숙주나물과 무채를 한데 섞어 식초와 설탕 등을

수수쌀가루로 만든 전병인 수수말이

넣고 여러 가지 양념으로 간을 맞추어 속을 만든다. 그리고 수숫가루 반죽을 조금씩 놓고 얇게 적을 부친 후, 그 위에 양념과 속을 넣고 말아 따뜻할 때 먹는다. '수수전병' 또는 '노치' 라고도 한다.

### 수수만두국

먼저 수수를 빻아 가루로 만든다. 꿩고기를 다져서 볶아놓고 숙주나물과 꼭 짠 두부를 한데 섞고 양념으로 간을 맞추고 속을 만든다. 이렇게 만든 속을 손바닥으로 동글동글하게 빚어 풀어놓은 계란에 굴리고 수숫가루를 발라 물에 삶고 나서 그 위에 계란과 마늘, 파로 고명을 만들어 얹어 먹는다. 예전에는 주식 대용으로 먹던 음식이다.

### 콩갱이

생콩을 물에 담궈 불린 후 맷돌에 갈아 김치, 감자, 메밀쌀과 함께 소금을 약간 넣고 죽을 끓인다. 죽이 끓어 넘치려고 할 때면 소금을 뿌리거나 소금물을 뿌리면 삭아 내리게 된다.

콩죽을 끓일 때 소금으로 끓여 넘치지 않게 하면서 간을 맞추는 것이 중요하고 어려웠기에 '기술로 끓여야 한다' 는 말이 생겨나기도 했다.

구수한 맛이 독특했지만 속이 나쁜 사람에겐 잘 맞지 않는 음식이기도 하다.

### 가수기

밀가루만을 재료로 해서 만드는 일반적인 국수와는 달리 콩가루를 섞어 만드는 두메산골의 대표적인 국수다.

밀가루와 콩가루를 4대 1 내지 3대 1 정도로 섞어 반죽을 한다. 밀가루로만 국수를 하면 칠칠하다고 해 콩가루를 넣는데 콩가루를 많이 넣을수록 맛이 구수하다.

홍두깨로 밀어 반죽을 하고 난 뒤 칼로 가늘게 썰어 국수를 만들고, 뜨거운 물에 넣고 끓인다. 이 때 김치를 썰어 넣고 막장을 풀어 넣어 간을 맞추는데, 막장이 없을 때는 소금을 넣기도 한다.

옛날 어른들은 밀가루로만 국수를 만들면 '휘저부리하다' 고 해 잘 먹지 않았지만, 콩가루를 넣으면 맛이 구수하고 면발이 꾸들꾸들해 잘 먹었다고 한다. 가수기에 식은 보리밥을 말아 먹는 맛은 별미(別味) 중의 별미로 치기도 했다.

'가수기가 만두보다 낫다'고 할 만큼 지금까지도 즐겨 먹는 음식이다.


### 도토리묵

옛날부터 흉년이면 도토리가 많이 달린다고 했다. 가을철이면 도토리를 주워다가 껍질을 벗기고 큰 가마에 넣고 삶은 후 말린 다음 물에 담궈 놓으면 거무스레한 물이 우러난다. 떫은 맛이 우러나는 이 물을 여러 날에 걸쳐 보통 열여섯 번 정도 갈고 난 뒤 방아를 찧어 앙금을 만든다.

묵을 쑬 때는 펄펄 끓는 물에 도토리가루를 부어 처음에는 빨리 젓다가 묵이 엉기기 시작하면 서서히 불을 약하게 하면서 끓인다. 뜸을 들이고 나서 들어내어 식히면 단단하게 굳는다.

도토리묵을 먹을 때는 양념장을 섞고 김치를 송송 썰어넣어 무치는데, 이 때 참기름과 깨소금, 굵은 막고춧가루를 함께 넣으면 맛이 더할나위없이 좋다.


### 두부

콩을 타 물에 담궈 불린 후 맷돌에 간다. 가마솥에 물이 끓으면 불을 조정해가며 콩 갈은 것을 퍼 넣는다. 처음에는 젓지 말고 불을 지피다가 끓기 시작하면 슬슬 저어가며 익힌다. 끓은 것을 바가지로 퍼서 베 보자기에 담은 후 짜낸다. 곱게 거를수록 두부맛이 좋기 때문이다. 곱게 짜내린 물이 식으면 두부결이 곱지않고 맛이 덜하므로 재빨리 가마솥을 씻어낸 후 곱게 짜내린 물을 붓는다. 그 다음엔 소금을 한 움큼 뿌리고 물에 탄 간수를 조금씩 부어가며 주걱으로 살살 젓는다. 간이 섞인 후 굳으면 두부가 되는데, 산초 기름에 구워서 먹거나 따뜻할 때 양념장을 찍어 먹으면 고소한 맛이 일품이다.

### 꿀밤

도토리 껍질을 벗기고 삶거나 찐 다음 물에 담궈 떫은 맛을 우려낸다.

거무스레하게 우러나는 물을 열번 이상 갈아 더 이상 우러나지 않으면 도토리를 건져 응달에서 말린다.

도토리가 바짝 마르면 삿가루를 넣고 빻아 가루를 만들고 나서 항아리에 넣어두고 물에 비벼 먹거나 가루채로 먹었다.

많이 먹으면 변비가 생긴다고 해 간식으로 먹던 음식으로 옥수수 가루와 섞어 국수나 떡을 만들어 먹기도 했다.

### 팥적

팥을 맷돌에 타서 물에 담궈 놓는다. 한참 뒤 팥이 불었을 때 손으로 비벼 팥이 하얗게 될 때까지 껍질을 벗겨내고 맷돌에 갈아서 번철에 둥그렇게 지진다. 이 때 벌건 김치와 소금에 절인 배추를 척척 걸쳐얹어 지지면 고소한 맛의 부침개인 팥적이 된다.

먹다가 남은 팥적은 고춧가루를 타 걸쩍하게 끓여 먹는데, 이것을 '적국'이라 한다.

### 녹두부치기

녹두를 물에 불려서 껍질을 벗기고 물을 부어가며 맷돌에 간다. 맷돌에 간 가루에다 잘게 썬 돼지고기, 삶은 고사리, 시금치, 김치 등을 넣고 번철에 지진다. 설날에 주로 해먹던 음식이었다.

### 곤드레국죽

산에서 곤드레나물을 뜯어 삶은 후 마른 콩을 갈아 타갠 강냉이, 감자를 넣고 죽을 쑨다. 간을 맞추기 위해서는 막장을 풀어 넣는다.

### 곤드레밥

곤드레나물과 강냉이쌀을 솥에 넣고 밥을 한 뒤 소금, 장, 기름을 넣고 볶아 먹으면 구수한 곤드레밥이 된다.

### 원반죽

동강을 끼고 있는 영월 · 평창 · 정선 지역에선 천렵 방식 또한 다양했

곤드레나물과 강냉이로 만든 곤드레밥

다. 동강에서 흔한 괴리를 잡아 비늘을 벗겨내고 지느러미를 자른 후 회를 떠 밀가루반죽에 버무린다.

솥에 물이 끓을 때 수제비처럼 뚝뚝 떼어 넣고 고추장을 풀고 마늘잎과 부추를 썰어 넣고 끓이면 얼큰한 맛이 난다.

원반죽은 마을 사람들이 여름에 솥을 짊어지고 강가에 나가 즐겨 해먹던 음식이었으며, 때론 잡은 물고기를 회를 쳐 무채, 고추장, 깨를 넣고 무쳐서 먹기도 했다.

### 댑싸리떡

댑싸리잎을 따서 깨끗하게 씻은 다음 쌀가루와 버무린다. 여기에 설탕이나 엿기름을 알맞게 넣고 보자기에 싸서 찐다. 맛이 달아 어린이들에게 주로 해주던 음식이었다.

### 호박죽

늙은 호박의 속을 파낸 후 껍질을 벗기고 듬성듬성 잘라 솥에 넣고 푹 끓인다. 호박이 푹 익어 풀어지면 찹쌀이나 멥쌀가루를 넣고 뜸을 들인 후 소금으로 간을 맞춰 먹는다. 아이들은 설탕을 넣어 먹기도 했다.

### 호박범벅

늙은 호박의 껍질을 벗기고 속을 파낸 후 썬 다음 솥에 넣고 푹 끓인 후 옥수수가루나 콩을 넣고 되게 쑨다.


### 강냉이막걸리

메강냉이나 찰강냉이를 약 3일 동안 물에 푹 불린 다음 건져내서 방 아랫목에 놓고 싹을 틔운다. 싹이 약 1센티미터 가량 돋으면 방아에 넣고 빻는다. 다 빻은 가루를 반죽해 틀에 넣고 아랫목에서 다시 띄운 후 방아로 찧어 죽을 쑨다. 이 죽을 강냉이 누룩과 섞어 독에 넣고 3, 4일 동안 발효시키면 거품이 부걱부걱 솟아 오르고 발효가 되면서 괴어 오른다. 그 후 이것을 체에 걸러 짜면 토종 강냉이막걸리가 된다. 이와 같은 방법으로 막걸리를 만드는 방법을 '막걸리 새긴다'고 한다.

강냉이막걸리는 첫맛이 달콤하고 고소해 금방 취하게 되고, 특히 누룩을 써서 만들면 뒷골이 아프고 속에서 싹내가 난다고 한다. 하지만 집안이나 마을 대소사엔 없어서는 안될 음식이었기에 옛날에는 잔칫날이 다가오거나 할 때면 미리 누룩을 내놓아 준비를 했다. 초상 등 갑작스런 일이 생기면 누룩 대신 강냉이를 갈아 엿질금을 넣고 막걸리를 만들기도 했다.


### 마늘술

늦가을에 잘 여문 마늘을 골라 껍질을 벗기고 마른 수건으로 잘 닦아 소주와 설탕, 국화잎을 넣고 밀봉을 한 후 약 20일쯤 지난 뒤 마시면 된다. 다른 술과는 달리 너무 오래 보관하면 독특한 냄새가 사라지는 단점이 있다. 원기를 보충하거나 머리가 아플 때 마시는 약술로 이용되었다.


## 2. 김치담그기

일상 부식으로 기본이 되는 음식이자 저장·발효 식품의 대종을 이루는 김치류는 배추김치, 갓김치, 양배추김치, 무김치, 깍두기, 파김치, 동치미, 총각김치, 오이김치, 고들빼기김치 등 종류가 다양하다. 이는 동강 유역 대부분에서 배추, 무 등을 많이 재배하고 고들빼기도 풍부한데다가 다른 부식의 수급이 여의치않아 김치 조리 및 저장과정은 다른 지역 못지않게 발달되었다. 특히 김치를 저장하기 위해 피나무 등으로 김치통을 만들어 저장하거나 땅 속에 묻어 저장하는 방법은 김치가 이들의 삶에 얼마나 중요한 찬이었는가 하는 것을 잘 보여주고 있다.

겨울 동안에 먹을 김치류를 한꺼번에 담그는 일을 김장이라고 하는데 대개 11월 경 입동 전후에 하게 된다. 속설에는 입동(立冬)에 배추를 만지면 배추가 무른다고 하여 김장하는 일을 금했다.

김장의 재료로는 배추, 무, 갓, 고춧가루, 마늘, 파, 생강, 소금과 감칠맛을 내기 위해 다양한 젓갈을 쓴다. 김장은 땅에 묻어야 제맛이 난다고 해서 땅에 김치독을 묻고 눈이 쌓이지 않고 김치가 얼지 않게 그 위에 각목이나 통나무를 원뿔 모양으로 세운 후 마른 옥수수 대궁을 돌려 덮는 김칫광을 세운다.


### 배추 김치

배추의 누런 겉잎을 뜯어내고 다듬어서 반을 가른 후 칼집을 넣어 소금물에 하룻밤쯤 재운다. 배추가 알맞게 절여지면 흐르는 물에 두세 번 씻어서 물기를 빼고 속을 넣는다.

배추 속은 무채, 파, 마늘, 생강, 고춧가루, 젓갈, 썰은 갓, 풀물을 넣고 버무려 만든다. 풀물은 찹쌀을 물에 불린 후 물을 넉넉히 붓고 끓이는데, 맛은 덜하지만 멥쌀가루나 밀가루를 쓰기도 한다. 요즈음 김장김치에는 젓갈을 많이 쓰지만 예전에는 젓갈을 많이 쓸 여유가 없어 마늘, 생강, 고춧가루, 파만을 넣었다. 젓갈로는 대개 명태, 새우젓 등을 쓴다.


### 양배추김치

양배추를 다듬어서 여러 갈래로 칼집을 내고 큰 무를 큼직하게 썰어서 소금물에 절인 후 씻어 물기를 빼고 속을 넣는다. 양배추 속은 무채, 파, 생강, 고춧가루, 풀물 등을 넣고 버무려 만드는데, 항아리에 속을 넣은 양배추와 무를 차곡차곡 넣어두고 먹는다.

가을 김장 때 담그는 양배추 김치는 겨울에는 양배추맛보다는 시원하게 우러난 물과 무 맛으로 먹고 봄에는 양배추의 상큼한 맛으로 먹는다고 한다. 지금도 정선군 신동읍 덕천리 지역에서 많이 해먹는 김치이다.

갓 김치

포기가 너무 크지 않으며 싱싱하고 연한 갓을 깨끗이 씻어 큰 통에 넣고 굵은 소금을 뿌려 2, 3시간 정도 절인다. 갓이 알맞게 절여지면 깨끗이 씻어서 물기를 빼고 속을 넣어 버무린다.

속은 식힌 밀가루 풀에 고춧가루를 넣고 되직하게 갠 다음 대파, 마늘, 다진 생강, 깨를 넣고 고루 섞어 소금으로 간을 맞춘

옛날 갓김치 보관을 위해 사용했던 피나무 김치통

다. 속을 넣은 갓김치는 두세 포기씩 잡아 잎사귀로 돌려 묶고 차곡차곡 담은 후 삼베 버선을 신고 올라가 고루 밟고 그 위에 우거지를 덮는다.

옛날에는 갓김치를 피나무통에 넣어 저장했다. 아래가 뚫려있는 나무통과 받침 사이의 틈새는 깨끗하게 씻어 말린 느티나무 잎을 방아에 찧어 채에 친 가루를 끓는 물에 반죽해 메웠다. 다 절인 갓김치를 나무 김치통에 넣고 어느 정도 차면 윗뚜껑을 덮고 느릅나무 가지로 위아래 세 곳을 조인다. 나무통 속에 저장된 갓김치를 이듬해 2, 3월에 꺼내 먹으면 맛이 변하지 않은 갈고동색의 갓김치를 먹을 수 있다.


깍두기

무를 깨끗이 씻어 잔뿌리를 떼어내고 1.5센티미터 두께로 통썰기를 한 다음 깍뚝썰기를 해 소금물에 절인다. 소금물에 적당히 절여진 무를 꺼낸 후 고춧가루에 다진 마늘, 생강을 넣어 만든 다데기를 넣고 실파와 미나리를 넣어 버무린다.

206

### 나박 김치

무를 굵직하게 썰어 고춧가루와 소금으로 간을 한 후 항아리에 물을 많이 넣고 담근다. 겨울에 무에 간이 배고 둥둥 떠오르면 물이 시원해 무와 함께 반찬으로 먹고 밥을 말아 먹기도 한다.

### 총각 김치

무청이 파랗고 싱싱한 총각무를 잘 씻은 다음 굵은 소금을 뿌려 하룻밤 정도 절인다. 소금물에 적당하게 절여진 무를 두세 번 헹구어 씻은 후 물기를 빼고나서 찹쌀풀 양념에 총각무를 넣고 버무린다. 찹쌀풀 양념은 찹쌀풀에 고춧가루를 풀고 생강, 마늘, 설탕, 소금을 넣어 간을 맞춘다.

### 동치미

단단하고 물기가 많으며 윗부분이 파랗지 않은 무를 깨끗이 씻은 뒤 굵은 소금에 굴린 다음 항아리에 담아 하룻밤 정도 절인다. 갓과 실파를 깨끗이 손질하여 소금에 잠깐 절이고 풋고추는 꼭지를 떼지 않고 소금물에 여러 번 담가 푹 삭힌 것을 씻은 다음 물기를 닦고 붉은 고추도 깨끗이 씻는다. 마늘과 생강은 껍질을 벗기고 씻어서 얄팍하게 저민 후 거즈에 싼다. 절인 무는 건져 헹구고 갓과 실파도 씻어서 헹구어 물기를 짠 후 두세 줄

무청이 달린 작은 무로 만든 총각김치

기씩 잡아 돌돌 말아 묶
는다. 항아리에 마늘, 생
강 싼 것을 넣고 무와
갓, 실파, 풋고추, 붉은
고추를 켜켜로 담고 소
금에 풀어 거즈에 걸른
물을 항아리에 부은 다
음 무거운 돌로 누르고
뚜껑을 덮어 익힌다.

### 파김치

중간 크기의 파를 소금
물에 절였다가 마늘, 생
강, 고춧가루를 넣어 만든
양념을 넣고 버무린다.

겨울에 시원하게 먹을 수 있는 동치미

### 오이김치

싱싱한 오이를 5센티미터 정도의 길이로 자른 후 십자로 칼집을 낸 다
음 소금에 절인다. 마늘, 생강, 부추를 고춧가루에 버무려 속을 만들어 칼
집을 낸 사이에 채워 넣는다. 주로 오이가 나는 여름철에 해먹는 김치다.

### 고들빼기김치

고들빼기를 찬물에 10여 일 동안 담궈두었다가 헹궈 건져서 마늘, 생
강, 고추를 넣고 버무린다. 물에 담그는 과정을 '삭인다'고 한다.

## 3. 장류(醬類)

### 간장

콩메주로 담근다. 먼저 소금물에 콩메주를 넣고 숯과 마른 고추를 넣는
다. 한달 이상 지난 후 체에 걸러 내면 간장이 된다.


### 된장

간장을 뜨고 난 무거리로 간을 맞추어 치대어서 만든다.


### 막장

산간 마을에서는 없어서는 안될 국거리장이다. 막장을 만들 때는 보리
쌀을 맷돌로 갈아 엿기름 가루로 삭였다가 풀을 쑨다. 여기에 보리쌀 밀
가루를 조금 섞어넣고 끓여 묽은 조청처럼 되었을 때 식혀서 메주콩가루
를 버무리고 소금간을 하고 고춧가루를 약간 넣는다.


### 고추장

동강 유역은 고추농사가 주를 이루기에 고추가 매우 흔한 지역이다. 고
춧가루나 고추장을 담글 때는 맵지 않은 고추와 매운 고추를 섞어 맛을 내
는게 일반적이다. 고추장은 찹쌀고추장과 보리고추장, 밀가루고추장을 담
그는데 최근들어서는 밀가루고추장을 거의 담그지 않는다.

고추장을 담그는 방법은 먼저 찹쌀을 가루로 빻아 경단으로 빚어 삶아
건진 다음 메주가루와 고춧가루에 조금씩 넣어가며 섞으면서 소금간을 조
절하여 맞춘다.

찹쌀고추장을 만드는 재료의 비는 보통 찹쌀 1말, 메줏가루 5되, 고춧
가루  6근을 쓴다.


### 청국장

콩을 푹 삶아서 시루에다가 짚을 펴고 베보자기를 깔고 담는다. 김이 잘
통하는 보를 덮은 채 방 아랫목에서 3일 동안 띄운다. 이 때 가운데를 푹
패이게 담아야 썩지 않고 잘 뜬다.

진이 따라 올라 올 정도로 떴으면 절구에 넣고 소금간을 해가며 대충 찧는다. 그릇에 담아 조금씩 덜어 장국을 끓여먹고, 약간 말렸다가 조금씩 먹기도 한다.

## 4. 구황(救荒)식품

동강 유역 마을 사람들은 30여년 전까지만 해도 옥수수와 감자, 메밀을 주식으로해 살았다. 그나마 농사가 잘 되어 먹을 거라도 풍부하면 다행이지만 흉년이 들어 식량이 모자라기라도 한다면 초근목피(草根木皮)를 뜯어먹고 살아야만 했다.

사람들은 이른 봄부터 산에 올라가 나물을 뜯어 데쳐서 말리고 한해 한해를 힘겹게 살아갔다. 한겨울을 보내고 이듬해 봄을 지내는 일이 얼마나 버거웠으면 '봄살아 난다'는 말이 나올 정도였다.

지금은 이런 산나물들이 건강에 좋다고 해서 각광을 받고 있지만 이 지역의 노인들에게는 아직도 배고픈 시절을 연명하던 잊을 수 없는 식품으로 기억된다.


### 도라지

봄에 속잎이 나와 여름이 지나고 꽃을 피우고 열매를 맺는다. 나무를 날카롭게 깎아 도라지를 캔 다음 껍질을 벗겨 물에 담가 쓴맛을 우려낸 후 소금간을 해 볶아먹거나 고춧가루, 마늘, 식초, 설탕 등의 양념을 해서 무쳐먹기도 한다. 또는 바짝 말린 후 가루를 내 밥에 섞어 먹는다.

도라지는 민간의약에서 거담·진해 등 몸 상부 질병에 많이 쓰였고, 소염제로도 쓰였다.


### 더덕

덤불 밑 습지에서 자라는 식물로 춘분(春分)이 지난 후 캔다. 향이 매우 강해 옆을 지나다가도 쉽게 알 수 있을 정도다.

껍질을 벗겨 양념장을 발라 볶거나 구워 먹으며, 때론 삶아 말린 후 가루를 내어 밥에 섞어 먹기도 하였다.

### 고사리

4, 5월에 야산에 피어있는 고사리를 손으로 꺾어 딴 후 깨끗이 씻는다.
그리고나서 끓는 물에 데쳐서 무친 다음 밥반찬으로 해 먹거나 말린다.


### 고비

입하(立夏) 무렵 채취하는 나물로 깊은 산 속에서 자란다. 길이가 길고
잎이 넓으며 세콤한 맛이 난다. 주로 장에 넣고 무쳐서 먹거나 대궁의 껍
질을 벗겨 간장에 찍어 먹기도 한다.

고비는 시기를 잘 맞춰 뜯어야 한다.


### 곰취

빛깔이 진녹색으로 잎이 큰 나물이다. 깊은 산에서 잘 자라는 식물로 손
으로 꺾어 뜯은 후 깨끗하게 씻어 쌈을 싸서 먹거나 끓는 물에 데쳐서 말
린다. 또는 잿물에 삶은 후 다시 물에 빨아 떡에 넣어 취떡을 해 먹는다.

주로 음력 4월경 부인네들이 허리에 데리끼를 차고 다니면서 뜯던 대표
적인 봄나물이었다. 지금은 뿌리채 뽑아가는 무분별한 채취로 예전만큼
뜯기가 쉽지 않다고 한다.

봄나물로 최고의 맛과 향기를 갖은 곰취

말려서 반찬을 만드는 미역취

취떡을 해먹을 때 쓰는 떡취

나물로 무쳐서 먹거나 끓여 먹는 곤드레

### 나물취

곰취와는 달리 잎이 넓지 않고 약간 갸름하다. 깨끗이 씻어 쌈을 싸서 먹거나 말려서 나물로 무쳐 반찬을 해 먹는데 쓴다.

### 미역취

나물취보다 잎이 더 갸름하다. 얕은 산에도 많으며, 주로 말려서 반찬을 해먹는데 쓴다.

### 떡취

잎이 크고 뒷면이 흰 빛을 띤다. 삶으면 냄새가 좋아 취떡을 해 먹는데 쓴다.

### 곤드레

4월 말에서 5월에 걸쳐 채취하는 산나물이다. 나물취와 모양이 비슷하나 잎이 둥그스레하며 표면에 윤기가 나는 점이 다르다. 나물을 무쳐서 먹거나 국을 끓이면 마치 미역국처럼 부드러워 다른 음식과 함께 즐겨 먹던 나물이다. 정선아리랑 가사에

> 한치 뒷산에 곤드레 딱주기 님의 맛만 같다면
> 올같은 흉년에도 봄살아 나지요

라는 내용이 나올 정도로 배가 고플 때 삶아 실컷 배불리 먹던 산나

212

물이었다.

### 딱주기

곤드레와 함께 4월과 5월에 채취하는 대표적인 산나물이다. 대궁이 자라면서 옆으로 잎이 다섯장씩 자라며 맛이 부드러워 남녀노소 즐겨 먹던 나물이다.


### 참나물

높고 깊은 산의 습지에서 잘 자라는 식물로 주로 소만(小滿)이나 망종(芒種)에 손으로 뜯는다. 깨끗하게 씻어 끓는 물에 데친 후 무쳐서 반찬으로 먹는다.

### 두릅

4월 초에 갈고리를 가지고 어린 순을 채취한다. 끓는 물에 데친 후 고추장에 찍어 밥반찬으로 먹거나 무쳐서 먹는다.

두릅에는 참두릅과 개두릅이 있는데, 참두릅은 옛날 악귀를 쫓기 위해 집집마다 문설주 위에 걸어 놓던 가시돋힌 엄나무의 새순으로 많이 먹으면 속이 쓰리다. 그러나 개두릅은 참두릅보다 더 부드러우며 많이 먹어도 속이 쓰리지 않다. 특히 개두릅은 가시가 거의 없는데다 신경통에도 좋아 장터에서 잘 팔리는 나물이다.


### 꼬들배기

봄, 가을, 겨울 세 계절에 묵은 밭에서 채취하는 식물로 '씀바귀' 라고도 한다. 주로 여자들이 채집하며 무쳐서 밥반찬으로 해 먹거나 가을 김장철에는 고들빼기김치를 담근다.


### 달래

봄에 밭에서 저절로 자라는 것을 호미로 캔다. 주로 여자들이 캐서 깨끗하게 씻은 후 초고추장에 살짝 무쳐서 반찬을 해 먹거나 된장찌개를 끓이는데 넣는다. 톡 쏘는 매운 맛이 강해 봄철에 떨어진 입맛을 돋우는데 좋다고 한다.

### 누리대

정선·평창에서는 '누르대'라고도 하며, 음력 4월 말경에 깊은 산속에 들어가 줄기를 손으로 뽑아서 채취한다. 줄기가 길고 누린 맛이 나 처음 먹는 사람은 비위를 상하게 된다. 반찬으로 먹거나 껍질을 벗겨서 간장에 찍어 술안주로 많이 이용된다.

### 버섯

습지의 나무에 기생하는 표고버섯이나 느타리버섯, 글국버섯 등을 따다가 물에 불린 후 깨끗하게 씻어서 삶아 밥반찬을 해 먹거나 죽을 쑤어 먹는다.

'부자지간에도 있는 곳을 가르쳐주지 않는다'는 송이버섯은 옛날부터 값이 좋았고, 참나무 고목에서 자라는 영지버섯이나 운지버섯, 뽕나무 고목에서 자라는 상황은 약재로 쓰였다.

### 송피(松皮)

소나무 겉껍질을 벗겨내고 속껍질인 송피를 칼로 긁어 방아에 찧거나 이겨서 옥수수가루나 콩가루에 버무린 후 솥에 쪄서 떡처럼 만들어 먹는다. 떫은 맛이 많이 나지만 병자년에 춘궁기를 넘기던 대표적인 구황식물이었다.

어려울때 보탬이 되었던 글국버섯

나무에서 채취하는 영지버섯과 운지버섯

칡

산지 곳곳에 흔한 칡뿌리를 캐서 토막을 낸 후 전분을 내어 먹는다. 또 삶은 칡잎으로 칡떡을 해 먹기도 했으며, 어린 아이들은 물이 빠질 때까지 칡뿌리를 씹으며 간식을 대신했다.

## 5. 담수어업(淡水漁業)

한강의 상류인 동강은 우리나라 여러 강 가운데 자연형 하천구조를 그대로 유지하고 있으며 어종 또한 풍부한 지역이다. 특히 물을 정화시켜 주는 여울이 많고 수심이 깊은 소(沼)가 많아 천연기념물 제 259호인 어름치를 비롯해 누치, 미유기, 금강모치, 연준모치, 궤리, 쏘가리, 메기, 꺽지, 탱수, 묵납자루, 쉬리, 뚜구리, 뱀장어, 미꾸라지, 튀바리, 빠가사리 등과 같은 토종 물고기와 다슬기가 많이 서식하고 있다.

그러나 최근들어 영월댐 건설 문제로 동강이 언론매체 등을 통해 널리 알려지면서 밧데리나 폭발물 등을 이용하는 외지인들의 불법 어로가 급증하고 상류의 오염 등으로 인해 어종(魚種)이 급격히 줄어드는 실정이다.

동강 주변 마을 대부분의 주민들은 관광객들을 상대로 상행위를 하는 이들을 제외하곤 밭농사에 종사하면서 소규모의 어로행위를 하고 있다. 따라서 이 지역 주민들의 담수어업은 대개 계절적으로 하는 부업이나 취

흔하게 보고 사용하는 소형 그물인 족대

미로 천렵을 즐기는 수준에서 머물고 있다.

그물이나 낚시가 요즘처럼 흔치 않던 시절 강마을 사람들은 계절과 고기의 습성에 따라 다양한 방법으로 고기를 잡았는데, 동강 지역에서 많이 쓰이던 담수어법(淡水漁法)은 다음과 같다.

### 족대 어법

천렵을 하는데 가장 많이 쓰이는 족대를 이용하는 어법이다. 족대는 양 옆에 손잡이로 쓰이는 나무를 댄 그물로 주로 깊지 않은 물에서 뚜구리나 피라미 등을 잡는데 쓴다.

족대의 폭은 앞쪽이 뒤쪽보다 벌어질 수 있게 폭이 넓고 대추알만한 납덩어리를 달아 바닥을 훑을 수 있게 되어 있다. 족대 어법은 혼자서 하기도 하지만 보통 한 사람이 고기를 몰고 다른 한 사람은 족대질을 한다.

### 낚시 어법

물의 흐름이 빠른 곳에서 하는 방법으로 지렁이를 미끼로 해 줄낚시를 친다. 보통 해질 무렵에 쳐서 새벽에 걷어 들이는데, 정선군 신동읍 운치리, 덕천리에서 많이 볼 수 있는 방법이다.

216

물길이 빠르고 고기들이 모이는 곳에서 사용하는 던짐그물

### 던짐그물 어법

물흐름이 다소 빠르나 고기들이 많이 몰려드는 곳에서 주로 사용하는 방식이다. 고기가 모인 곳에 그물을 던져 끌어 당기는 방법이다.

### 후리그물 어법

물이 깊고 흐름이 완만한 곳에서 주로 사용되는 방식이다. 보통 두 사람이 그물을 펴고 양쪽에 서있고 다른 사람이 고기를 그물 쪽으로 몰아 고기가 그물에 들면 즉시 그물을 오무리고 들어 올린다. 배를 이용해 후리그물을 치기도 한다.

### 메기그물 어법

주로 여름에 마을단위로 큰 고기를 잡는 어법이다. 구멍이 1센티미터 정도되고 높이가 어른 키높이 만한 그물을 삼베로 만들어 음력 6월부터 쓴다. 봄농사를 마친 마을 사람 여러 명이 그물을 들고 강에 서서 위로 훑으면 큰 고기가 걸리게 되는데, 이때 잡은 고기는 즉석에서 회를 뜨고 매운탕을 만들어 먹는다.

'부침 마쳐놓고 천렵가자' 라는 말이 있는데, 5월과 6월 사이 콩 강냉이를 다 심고 고기를 잡아 먹으러 가자는 말이다.

### 시루보쌈 어법

옹기시루 안에 된장이나 깻묵을 넣고 입구를 천으로 덮어 고무줄로 묶는다. 시루 구멍은 하나만 남겨둔 채 돌로 막고 고기들이 잘 다니는 여울이나 소(沼)에 땅을 파고 엎어 놓으면 고기가 들어가 나오지 못하고 잡힌다. 초겨울에는 자갈을 파고 놓으며 대개 저녁 늦게 설치하고 그 다음날 아침에 고기를 거둬 들인다.

옛날 정선읍 가수리 갈매에 옹기 시루점이

큰 고기를 잡는 그물인 메기 그물을 정리하고 있다

있어 옹기를 구하기가 쉬웠던 탓인지 이 방법이 지금까지도 널리 사용되고 있다. '시루새미' 라고도 한다.

### 어항 어법

가운데가 불룩한 어항에 된장이나 깻묵을 미끼로 넣고 물에 넣어두면 고기가 들어온다. 시루보쌈 어법과 마찬가지로 고기가 어항에 들어오면 나가지 못하고 잡힌다.

### 통발 어법

대나무 조각으로 발을 엮어 원추형으로 만들고 그 윗부분에 구멍을 내고 아래 부분은 뚫지 않은 원추형이 되게 한다. 물살이 흐르는 곳에 통발을 두고 통발 옆쪽을 돌로 막아 놓으면 고기가 내려 오다가 구멍 속으로 들어가 통발 속에 갖히게 된다. 주로 2월이나 가을에 이용하던 방식으로

218

여울이나 소에 땅을 파고 놓는 옹기시루보쌈

예전에는 열목어를 잡기 위해 통발을 많이 썼다고 한다.


### 어살놓기 어법

폭이 넓은 강에서 주로 이용하던 방법으로 고기들이 하류 쪽으로 내려가는 10월 하순에 주로 어살을 놓는다. 어살을 만들 수 있는 재료로는 강쑥, 물쑥, 수수대 등이나 가볍고 단단하며 흔하게 구할 수 있는 '빵대' 혹은 '배뱅대를 으뜸으로 쳤다. 어살을 짤 때는 고드레 돌을 이용해 마치 돗자리를 엮듯 짜는데, 버팀목이 들어갈 양쪽 끄트머리를 조금 비워둔다. 이렇게 엮은 것을 '살대' 또는 '살쿠' 라고 부르며 그 폭은 대개 여섯자 안팎이었다.

어살은 물살이 세고 고기가 숨을 만한 큰 바위가 없는 자갈 바닥에 놓는다. 어살을 놓는 것을 '어살 지른다' 고 했다. 어살 지르기는 먼저 버팀목을 삼각형으로 단단히 묶어 고정시키고 그 사이에 살대 아래쪽을 조금 높게 올려 설치한다. 예전에는 괜찮은 살터 하나면 잡은 고기와 곡식을 바꿀 만큼이 되었고 한번 잡은 살터는 다음에도 계속 그 자리를 차지할 수 있었다.

어살 설치가 끝나면 물을 깨끗하게 만들기 위해 강바닥을 완전히 한 번 뒤집는다. 그래야 물고기들이 잘 모여 들었기 때문이다. 살대 위로 고기

물고기를 몰아 놓고 창을 던져 잡는 창치기 어법

가 밖으로 튀어 나가지 않게 건성건성 솔가지를 덮어두면 물이 살대를 빠져 나가면서 아래로 향하던 물고기가 발에 걸려 잡히게 된다.

해마다 농사가 다 끝날 무렵부터 이듬해 봄까지 아침마다 뱀장어, 어름치, 꺽지 등의 고기를 건져다 먹기만하면 될 만큼  자주 쓰던 방식이기도 했다. 드물지만 요즘도 정선읍 가수리, 영월읍 거운리 등지에서 어살 놓기를 한다.


### 돌치기 어법

갑자기 날이 추워 고기가 물가의 돌 밑으로 들어가면 다른 돌로 그 돌을 때려 충격을 이용해 고기를 잡는 방법이다. 요즘은 돌로 때리기도 하지만 큰 망치(해머)를 가져와 돌을 치기도 한다. 정선읍 가수리의 노인들은 돌로 내려치는 것을 '돌우박 준다', '돌로 우린다'고 한다.

돌로 칠 때에도 '겉돌을 때려야 한다'고 하는데, 겉돌(들린돌)을 때리면 괴리가 잡히고 안돌(붙은돌)을 때리면 뚜꾸매리가 잡힌다고 한다.

주로 바위 밑에 들어갈 만한 작은 민물고기를 잡는 어법으로 어린 아이들도 즐겨 한다.


### 창치기 어법

불을 고를 때 쓰는 곰베로 물고기를 몰아놓고 창을 던져 고기를 잡는 방

220

법이다. '던짐창(뭇)'이라고도 하는데, 옛날 노인들은 창던지기 어법을 잘 했다고 한다. 창이 없을 때는 '발개'라고 하는 소나무 가지로 만든 작살을 이용했다. 주로 눈치가 떼를 지어 물가를 오르내릴 때 많이 쓰이던 방식이다.

독물 어법

고기가 숨어 있을 만한 곳의 물길을 막고 산가래나무의 뿌리나 물가에서 자라는 풀인 여뀌를 찧어 물에 풀면 독(毒)으로 인해 고기가 둥둥 떠오른다. 가래나무 뿌리를 찧은 물에는 비눗물을 섞기도 했다. 또 고기가 숨어있는 큰 바위 밑에 두드린 가래나무 뿌리를 수건에 싸 긴 막대를 이용해 넣고 쑤시면 물고기가 우러난 물을 먹고 떠오른다.

옛날 사람들이 푸른 잎에 휘돌아간 빨간 줄이 많고 적음을 보고 장마가 질지 가물지를 판단하던 '개풀'을 찧어 비눗물을 풀어 쓰기도 했다. 주로 여름에 사용하던 방법이다.


오리몰이 어법

채의 나무를 반으로 자른 뒤 길이 15센티미터, 폭 5센티미터 정도 되는 조각으로 만들어 끝부분을 뾰족하게 만들고 윗쪽에 구멍을 뚫는다. 구멍에 줄을 끼워 나무 조각들을 두 자 간격으로 되게 한 후 두 사람이 줄 양쪽 끝을 잡고 강 양쪽에 서서 비스듬히 올라가면 물에 뜬 나무조각들이 오리처럼 보여 물고기들이 폭이 좁은 한쪽으로 몰리게 된다. 이 때 다른 한 사람은 투망을 쳐 한쪽으로 몰린 고기를 잡는다.

피래미, 괴리, 불괴리 등의 고기를 잡기 위해 봄에 많이 하던 방식으로, 정선읍 광하리에서는 지금도 이 오리몰이 어법이 쓰이고 있다.

# 5.  민간의약

# 1. 질병 예방법과 퇴치법

고대사회로부터 질병의 치료는 의원(醫員)이 담당하는 것이 원칙이었다. 그러나 동강 유역은 오랜 옛날부터 최근에 이르기까지 교통의 불편 등으로 인해 의술의 혜택을 입지 못하는 경우가 대부분이었다. 이에 따라 전염병이 유행하던 근대까지는 다양한 예방법과 치료 방법이 고안되었으며, 무주적(巫呪的) 방법과 주술적(呪術的) 방법이 광범위하게 행해졌다. 이는 전염병의 발생이 병원균에 의한 것이 아니라 병귀(病鬼) 또는 악귀(惡鬼)가 몸에 들어와 기승을 부려 병이 발생하는 것이라고 믿어 왔기 때문이다.

전근대사회에서 질병에 걸리지 않는 최선의 방법은 병귀가 몸에 들어오지 않게 하는 것이었지만, 일단 병귀가 몸에 들어오면 이를 퇴치하기 위해 갖은 애를 썼다. 병귀를 퇴치하는 방법은 귀신에게 적극적으로 대항하여 물리치는 방법과 귀신에게 음식을 제공하거나 의복 등을 바치는 방법으로 복종하여 섬김으로써 귀신의 노여움을 풀어 질병을 퇴치하고자 했던 것이다. 이때 귀신을 섬기는 사람은 호의호식이나 향락과 오락을 금하고 정성껏 귀신을 섬겨야 했다. 이밖에도 귀신이 싫어하는 붉은색을 이용하고, 방울이나 징 등의 소리를 이용해 스스로 물러가게 하고 독한 냄새가 나는 물건을 태우거나 주문(呪文) 혹은 부적(符籍)을 사용하기도 했다.

동강 유역 사람들이 예로부터 여러 가지 질병을 예방하고, 이를 퇴치하기 위한 방법으로 썼던 주술적인 방법들은 대부분 사라졌지만, 아직도 몇 몇가지 방법들은 이곳 사람들의 마음 속에 깊게 뿌리내려 이용되기도 한다.

동강 유역 사람들 사이에 전승되어 온 질병 예방법과 퇴치법을 서술하고자 한다.

## 1) 질병 예방법

질병 예방

* 방문 위에다가 호랑이 그림을 붙여 놓으면 삼재(三災)를 예방하고 질병에도 걸리지 않는다.

* 정월 보름날 마을 입구나 고개마루에 금줄을 쳐 놓으면 그 해는 마을 사람들이 질병에 걸리지 않는다.

* 정월에 비둘기 고기를 먹으면 병에 걸리지 않는다.

* 음력 섣달 그믐날 밤 큰 나무 아래서 당산제를 지내면 나쁜 질병이 마을에 들어오지 못한다.

* 매일 아침 식전에 자기 오줌을 마시면 병에 걸리지 않고 건강해진다.

* 손톱에 봉숭아 물을 들이면 어떤 질병도 예방하고 귀신도 퇴치할 수 있다.

호랑이 부적을 방문위에 붙여 질병을 예방한다.

전염병 예방

* 음력 정월 보름날 저녁에 마을 어귀에서 불을 피우면 그 해는 병귀가 마을에 들어오지 못해 각종 전염병을 예방할 수 있다.

* 음력 정월 보름날에 마을 입구의 나무나 성황당에 금줄을 쳐두면 병귀가 들어오지 못해 각종 전염병과 질병을 예방할 수 있다.

* 음력 섣달 그믐날에 팥을 자기 나이 수 만큼 먹으면 악성 전염병을 예
방할 수 있다.
* 동짓날에 팥죽을 쑤어 집 주위에 뿌려두면 악성 전염병에 걸리지 않
는다.
* 마늘을 묶어 문이나 창문에 매달아 놓으면 전염병을 예방할 수 있다. 이
는 보통 전염병을 일으키는 귀신이 마늘 냄새를 싫어하기 때문이라는 믿
음에서 나왔다.
* 집 문앞에서 목화씨를 태운다.
* 고추를 대문 옆에 심어두면 나쁜 전염병을 예방할 수 있다.
* 고추 열 개를 실에 꿰어 방안에 매달아 두면 매운 냄새로 전염병을 예
방할 수 있다.


  티푸스(장티푸스) · 콜레라 예방
* 마당 한가운데에 옹기를 엎어두면 티푸스를 예방할 수 있다.
* 호미를 굴뚝 속에 넣어두면 티푸스를 예방할 수 있다.
* 소나무 가지를 꽂은 금줄을 대문에 걸어두면 티푸스를 예방할 수
있다.
* 매운 고추를 불에 그을리거나 태워 냄새를 내면 장티푸스를 예방할 수 있다.
* 자기집 지붕에 푸른 소나무를 꺾어 세워두면 장티푸스에 걸리지 않
는다.
* 주인없는 무덤에서 자란 탱자나무 가지를 꺾어 문 앞에 달아 놓으면 장
티푸스를 예방할 수 있다.
* 산신제 때 불결한 행위를 하면 장티푸스가 유행한다고 해 몸가짐에 조
심을 한다.
* 목화씨 열매를 사방에서 태우면 독한 냄개가 나 콜레라 병귀가 도망간다.
* 매운 고추나 여자 머리카락을 방 안에서 태우면 그 냄새로 콜레라 병귀
가 도망간다.


  홍역 · 두창 예방
* 밤에 여자들이 종이나 북을 치면서 마을을 돌아다니면 홍역 병귀가 쫓

겨간다.
* 흰 개를 죽여 피를 문에 바르고 가족들이 죽은 개의 고기를 먹으면 3년 동안은 홍역에 걸리지 않는다.
* 정화수 한 그릇을 장독대에 얹어 놓으면 두창에 걸리지 않는다.
* 비가 올 때 초가집 처마 끝에서 떨어지는 빗물을 받아 마시면 홍역에 걸리지 않는다.

　기타 질병 예방
* 유행성 감기는 대문에 소금물을 뿌려놓아 예방한다.
* 피부병의 예방에는 정월 보름날 콩으로 만든 과자를 먹는다.
* 더위를 먹는 병의 예방에는 삼복날 보신탕을 먹는다.
* 중풍 예방에는 피나물이 좋다.
* 중풍 예방에는 단오날 싸리나무 열매를 따서 동쪽에서 떠온 샘물과 함께 먹는다.
* 유산을 방지하기 위해서는 유산된 아이의 시체를 화장실 입구 근처에 묻어둔다.
* 어린 아이가 계속 죽을 때는 시체를 거적으로 싸서 강물에 떠내려보낸다.
* 젖에 잘 체하는 어린 아이에게는 골뱅이(다슬기)나 달팽이를 푹 삶은 국물을 마시게 한다.

## 2) 질병 퇴치법

　질병 퇴치
* 대문 양쪽에 소나무 가지를 세 개씩 걸어둔다.
* 음력 섣달 그믐날 밤 마을의 큰 나무 아래에서 당산제를 지내면 나쁜 질병이 마을에 들어오지 못한다.

　전염병 퇴치
* 가시가 돋은 엄나무를 문 위에 걸어두면 전염병 병귀가 들어오지 못한다.
* 고추 10개를 실에 꿰어 방문 입구에 걸어두면 전염병 병귀를 쫓을 수 있다.

* 나무로 인형 머리를 만들고 天下大將軍 地下女將軍(천하대장군 지하여
장군)이라고 써서 마을 입구에 세워둔다.


### 티푸스(장티푸스) · 콜레라 퇴치
* 티푸스에 걸렸을 때는 소를 죽여 제사를 지낸다.
* 환자의 집 굴뚝에 돼지 똥을 넣으면 티푸스가 유행하지 않는다.
* 장티푸스 환자의 집이나 근처에서는 된장이나 단 것을 가지고 요리를 해
서는 안된다. 이는 장티푸스 귀신이 된장 냄새와 단 냄새를 좋아하기 때
문이다.
* 장티푸스에 걸렸을 때는 목화와 보리 씨앗을 각 문에서 태워 실내에 가
득 차게 한다.
* 장티푸스가 유행할 때는 아무도 모르게 환자가 쓰는 변소나 광에 불을
지르면 그 부근을 떠돌고 있던 귀신이 도망을 간다.
* 장티푸스가 유행할 때는 환자집이 있는 쪽의 숲이나 나무에 불을 지르
면 병귀가 쫓겨간다.
* 콜레라가 유행할 때 두릅나무나 산초 나무 가지를 문에 매달아 놓거나
담을 만들어 놓으면 병귀가 쫓겨간다.
* 콜레라가 나돌면 네거리에서 개를 죽여 제사를 지낸다. 길신(道神)이 감
복해 그 마을에서 발생하지 않는다.


### 두창 · 홍역의 퇴치
* 두창이 유행할 때 문 윗부분에 고추 세개와 환자의 저고리를 걸어둔다.
* 두창이 유행할 때 산 개의 피를 문에 바르면 병에 걸리지 않는다.
* 두창에 걸렸을 때는 두창신에게 음식을 잘 대접하고 섬기며 근신한다.
호위호식  해서도 안되며, 부부의 잠자리도 금해야 하며, 방안에 못을 박
는 일조차 삼가야 한다. 그렇지 않으면 두창신의 화를 입어 환자는 혼수
상태가 되거나 흔적이 심하게 남는 곰보가 된다.
* 두창이 유행할 때는 나무 끝을 뾰족하게 깎아 문 위에 걸어두면 병귀가
두려워 들어오지 못한다.
* 무당을 불러 북을 치고 종을 치면 두창 귀신은 쫓겨간다.

기타 질병의 퇴치

* 정신병의 치료에는 소경을 불러 환자의 몸을 묶고 복숭아 나무가지로 때
리면서 독경을 하면 낫는다.
* 유행성 감기가 기승을 부릴 때는 목화씨 및 고추를 태운다.
* 유행성 감기가 기승을 부릴 때는 다른 집 변소에 몰래 불을 지른다.

# 2. 민간의 질병 치료법

고대사회로부터 인간은 각종 질병에 시달려 왔다. 질병을 치료하는데 있어서 민간에서 행하던 방법은 예방과 퇴치에서 치료로 꾸준하게 발달해 왔다. 그러나 치료법이 제아무리 발달했다 하더라도 많은 질병을 모두 치료할 수 있는 것은 아니었다.

질병의 치료에서 실패를 거듭하면서 부터는 주술적(呪術的), 무주적(巫呪的) 방법과 같은 민속적인 치료방법에 의존하려는 경향이 더욱 강해졌다. 특히 별다른 치료법이 없었던 전염병이나 정신병 등은 그 원인을 병귀(病鬼)나 악귀(惡鬼) 탓으로 돌려 환자의 몸 안에 있는 귀신을 내쫓는 방법이 유일한 치료라는 믿음이 쌓이게 되었다. 이러한 방법은 현대의학의 잣대로는 다소 황당무계하지만 경험적인 치료 방법이나 약물 치료로 효험을 보지 못했을 때, 많은 사람들이 걸릴 수 있는 전염병과 같은 질병일 때 널리 쓰였다. 이와 함께 질병을 치료하기 위한 수단으로 주변에서 쉽게 구할 수 있는 약재를 이용한 민간요법이 치료에 널리 활용되었다.

특별한 지식이 없어도 집 주위나 산에 자생하는 풀이나 동물 등을 치료하는 방법은 오랜 세월을 거치며 효과가 축적되었고 주로 마을의 어른이나 집안의 가장에게 구전되어 가족의 치료에 활용되기도 했다.

비록 민간요법이 현대의학의 관점에서 보면 비과학적이고 비위생적인 요소가 많지만, 동강 주변 산골짜기에 널려있는 약초를 이용한 민간요법은 오랜 세월 시행착오를 거치며 안심하고 사용할 수 있는 것으로 전승되어 왔고 그 효과 또한 경험을 통해 입증되어 온 까닭에 간과되어서는 안 될 것이다.

특히 동강변에 흔한 약초를 이용한 민간요법은 현대의학의 한계를 뛰어넘은 대체 의약으로 다양한 임상실험을 통해 효과가 드러나고 있다.

질병을 치료하기 위한 수단으로 사용하던 민간의약은 아직도 널리 쓰이고 있다.

동강 주변 마을 사람들이 질병 치료에 쓴 민속적인 방법과 질환에 따라 비방(秘方)으로 쓴 민간요법을 서술하고자 한다.

## 1) 민속적 방법

### 콜레라

* 보리 줄기와 오이 잎을 불에 태워 더운물에 타서 마신다.
* 걸리자마자 즉시 대퇴부까지 천으로 단단히 묶어두면 낫게 된다.
* 꿀에 마늘을 절여서 먹으면 낫는다.
* 민물고기를 날 것으로 먹고 생고추를 즙을 내어 마시면 낫는다.

### 홍역

* 태아의 탯줄을 구워 먹으면 낫는다.
* 개똥이 약으로 쓰인다. 개똥을 노랗게 될 때까지 불에 볶다가 헝겊에 싸서 물그릇에 하루밤을 담가 놓는다. 밤새 노랗게 우러나온 물을 먹으면 낫는다.

### 장티푸스

* 개똥을 말려서 가루를 내어 물에 타서 마시면 낫는다.
* 마늘을 많이 먹고 땀을 흘리면 낫는다.
* 작은 칼로 환자를 찌르면 낫는다.

### 부인병

* 깊은 산 속 움푹 파인 곳에 고여 있는 빗물을 마시면 낫는다.
* 새의 쓸개를 불에 태워 먹으면 낫는다.

### 감기 · 기침

* 산모가 기침으로 고생할 때는 두세 살 어린 아이의 오줌을 받아 마시면 완전하게 낫는다.
* 어린 아이의 감기에는 집게 손가락 끝을 바늘로 찌르면 낫는다.
* 감기에는 인동넝쿨에 박속과 대추, 밤, 동쪽으로 뻗은 울타리 나뭇가지를 넣어 삶아 그 물을 마신다.
* 유행성 감기에는 그늘에서 말린 쑥을 넣고 물을 끓인 후 그 속에 들어가서 땀을 흘리면 낫는다.

### 두통

* 가마솥에 물을 끓인 다음 그 뚜껑을 머리 위에 얹고서 땀을 흘리면 낫는다.
* 금구줄로 머리에 띠를 두르면 낫는다.

### 이질

* 돼지 기름을 먹는다.
* 개뼈를 태워 복용하면 효과가 있다.
* 벚나무 뿌리에서 짜낸 즙을 마신다.

### 소화기 병

* 강변에 있는 둥그런 돌을 불에 달구어 아픈 부위에 갖다 댄다.
* 도끼를 불에 달구어 헝겊에 싼 후 배에 갖다대면 낫는다.
* 위장병에는 닭똥의 흰 부분을 물에 녹여 복용하면 낫는다.
* 소화불량에는 돼지똥을 먹으면 즉시 낫는다.
* 토사는 집게 손가락 끝을 바늘로 찌르면 낫는다.

눈에 삼(눈동자에 좁쌀만하게 생기는 희거나 붉은 점)이 났을 때
* 아침 일찍 햇빛이 비치는 벽에 사람 얼굴을 그려 놓고 그 눈에 못을 박는다. 못을 박으면서 'ㅇㅇ생 눈에 들은 간세를 걷어 달라'고 빌면 보통 3일만에 나았다고 한다.

벽에 얼굴을 그려놓고 그 눈에 못을 박으면 낫는다고 믿었다

* 벽에다가 '天下太平天(천하태평천)'이라 써놓고 못이나 바늘을 꽂으면 낫는다.

* 근처에 있는 산에 올라가 찔레나무의 동쪽으로 뻗은 가지의 가시를 떼어 다시 거꾸로 떼어낸 자리에 찔러 넣는다. 가시를 뗄 때는 반드시 삼이 선 사람의 생년월일을 찔레나무에 일러주고 그 자리에 박아야 한다. 산에서 내려올 때는 올라갔던 길과 다른 길로 내려와야 한다.

* 종이 위에 사람 얼굴을 그리고 그 눈동자에 바늘을 콕콕 찌르면 낫는다.

* 물그릇에 삼 줄거리나 수수 순을 담궈놓고 적두팥을 눈에 대고 비빈다. 이 때 'ㅇㅇ생 삼을 낫게 해주오'라고 빌면서 눈을 비비던 팥알을 물에 떨구면 삼이 낳았다.

* 발바닥에 임금 王(왕)자를 쓰고 바늘로 찌르면 나았다.


눈다래끼

* 눈다래끼 치료에는 종기가 난 부위의 눈썹을 뽑아 조약돌 위에 얹고 그 위를 작은 돌로 덮어 놓는다. 지나가던 사람이 발로 그 돌을 차면 다래끼가 그 사람에게 옮겨가게 된다.

* 눈다래끼 치료에는 대들보에 북어를 못으로 박아 놓는다.

234

### 뇌막염

* 닭똥이나 인분을 먹으면 낫는다.
* 말린 쑥을 주먹만한 크기로 만들어 대뇌 부위에 얹고 뜸을 뜬다.


### 폐결핵

* 어린 아이의 오줌을 마시면 완전히 낫는다.
* 태반을 날 것으로 먹으면 낫는다.
* 노루, 사슴, 소 등의 신선한 피를 마시거나 독사나 살모사, 구렁이 등의 뱀을 달여 먹으면 낫는다.


### 문둥병

* 사람의 고기를 먹으면 낫는다.
* 가지로 환부를 문지른 다음 퇴비 속에 묻으면 낫는다.


### 미친개에 물렸을 때

* 물린 개의 털을 뽑거나 잘라 상처 부위에 붙이고 뜸질을 하면 낫는다.


### 기타

* 전염병에는 환자의 이불에다 소금을 넣어두면 낫는다.
* 말라리아에 걸렸을 때는 뱀을 잡아 이빨을 모두 뽑은 뒤 환자가 모르게 환자 몸에 감는다. 그 때 환자가 깜짝 놀라면 병이 낫는다.
* 두창으로 사망한 시신은 들판에 서 있는 나무 위에 매달아 둔다.(일제 시대 전까지 쓰던 방식이다)
* 황달에는 개의 창자로 순대를 만들어 먹으면 낫는다.
* 난산일 때는 임산부의 발에 ‘하늘 天(천)’ 자를 쓰면 순산한다.
* 산후 병에는 태아를 씻어낸 물을 마시면 낫는다.
* 머리가 깨졌을 때는 된장을 찍어 발랐다.
* 상사병에는 마음에 두고 그리워 하는 여자의 음모를 달여 마시게 한다.
* 급성 질환에는 벼락 맞은 나무를 달여 마신다.
* 신경쇠약에는 태반을 태워 먹으면 낫는다.

* 정신병 치료에는 복숭아 나무 가지로 환자를 때리면서 손과 발에 침을
무수히 놓는다.

## 2) 질환별 민간요법

### (1) 호흡기 질환

#### 유행성 감기

* 말린 지렁이를 물에 끓여 복용한다. 주로 열이 심한 감기에 쓰는 약으
로 말린 지렁이가 없을 때는 살아 있는 지렁이를 쓴다.
* 인동넝쿨에 대추와 밤 등을 넣어 진하게 달인 후 수시로 마신다.
* 민들레 뿌리를 물에 넣고 진하게 달여 공복에 마신다.
* 이질풀을 물에 끓여 하루 세 번 정도 공복에 마신다.
* 부추로 된장국을 끓여 먹는다. 부추는 땀을 내는 작용이 있어 으슬으슬
한 증상의 감기에 좋다.

#### 기관지염

* 도라지에 물을 붓고 물이 절반으로 줄 때까지 서서히 달여 공복에 마신
다. 도라지는 기침을 가라앉히고 가래를 삭게하는 효과가 탁월하다.
* 산초나무 열매를 물에 끓인 후 하루 세번 식전에 마신다.
* 무를 썰어 옥수수엿이나 수수엿에 넣어두면 물엿이 되는데, 여기에 끓
는 물을 넣어 마시면 효과가 있다.

#### 기관지 천식

* 산바위취를 끓여서 하루 세 번 정도 물을 마신다.
* 산초나무 열매를 물에 넣고 푹 끓이면 옅은 밤색이 난다. 이 물을 하루
세 번씩 식전에 마시면 효과가 있다.

#### 폐렴

* 엉겅퀴의 생즙을 내서 발바닥 용천혈에 붙인다.
* 만년청 뿌리를 찧어서 발바닥 한가운데 오목 들어간 곳에 붙인다.

늑막염

* 질경이 생잎을 소금에 비벼 가슴과 등에 붙인다.
* 함박꽃 뿌리를 물에 끓여 하루 세 번 공복에 마신다.

(2) 소화기 질환

급성 위염

* 벚나무 껍질 적당량을 물에 넣고 달여 식후에 마신다.
* 여뀌를 물에 넣고 서서히 끓인 후 하루 세 번 마신다.
* 민들레 잎과 뿌리의 즙을 하루 세 번 공복에 마신다. 민들레에는 소화
효소가 들어있고 염증 치료에도 효과를 나타내 위장 질환 치료에 널리 사
용되는 약재이다.

만성 위염

* 씀바귀 잎과 줄기에 물을 붓고 30분 정도 끓여서 마신다.
* 구기자나무 잎을 차로 달여 마신다.
* 결명자, 이질풀을 하루 용량으로 하여 물을 붓고 서서히 끓여서 하루 세
번 공복에 마신다.
* 민들레 뿌리와 잎을 1대 2의 비율로 해 끓인 후 하루 두차례 복용한다.

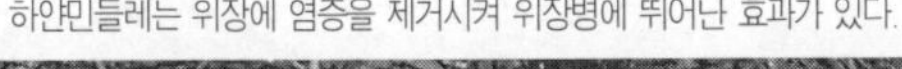
하얀민들레는 위장에 염증을 제거시켜 위장병에 뛰어난 효과가 있다.

* 하얀 민들레꽃을 삶아서 하루 세 번 식후에 복용한다. 소화효소가 들어
있는 민들레는 위장에 염증을 제겆시켜 위장병에 뛰어난 효과를 나타낸다.
* 생감자를 강판에 갈아 식사 전에 먹는다. 감자는 위장의 염증과 궤양 치
료에 효험이 있다.

　위하수

* 삽주 뿌리와 생강을 물에 넣어 끓인 후 하루 세차례 식후에 복용한다.
삽주 뿌리는 위의 운동을 왕성하게 해 위장에 탁월한 효과를 나타낸다.
* 황기와 삽주를 물에 넣고 서서히 끓여서 공복에 마신다.


　십이지장 궤양

* 감자 싹을 채로 썰어 즙을 마신다. 감자를 강판에 갈아 먹기도 한다.
* 물가에 흔한 여뀌에 물을 넣고 끓인 후 하루 세차례 정도 공복에 마신
다.


　급성 장염

* 이질풀에 물을 붓고 충분히 끓였다가 하루 세차례 공복에 마신다. 이질
풀은 장을 덥게 하며 염증을 완화시켜 설사에도 효과가 좋다.
* 가래나무 잎과 줄기를 서서히 끓였다가 공복에 복용한다.
* 마디풀을 끓여 하루 세차례 공복에 마신다.


　만성 장염

* 비자나무 열매를 찧어서 물을 붓고 끓여서 식전에 마신다.
* 콩꼬투리를 말려서 솜털을 없앤 후 끓여서 마신다. 콩꼬투리를 달인 물
은 해독작용이 뛰어나다.


　맹장염

* 우엉을 생즙내어 공복에 한 두잔씩 복용한다.
* 칡가루를 물에 타서 하루 서너 차례 복용한다.
* 생강을 짓찧어서 아픈 부위에 붙인다.

치질

* 괭이밥풀, 곰취 잎과 줄기의 즙을 내어 환처에 바르고 찜질을 한다.

* 사철쑥을 물에 끓인 후 그 물로 찜질을 한다. 쑥 찜질은 항문질환에 뛰어난 효과를 나타낸다.

* 속새를 태워 환처에 붙인다.

* 거미를 찧어 하루 한차례 일주일 정도 환부에 발라주면 낫는다.

* 산 두꺼비의 골을 치질 환부에 넣어주면 효과가 있다.

3) 순환기계 질환

고혈압

* 뽕나무 새순을 나물로 무쳐서 먹는다.

* 뽕나무 수염뿌리에 물을 붓고 충분히 끓인 후 공복에 마신다.

* 누에똥을 컵에 넣고 술을 부어 저은 다음 햇볕에 말려 가루를 내서 하루 세차례 식사 30분 전에 복용한다.

* 결명자와 약모밀 각각 10그램을 하루 용량으로 하여 물을 붓고 끓여 복용한다. 결명자는 혈압을 내리면서 머리와 눈을 맑게 한다.

* 다 자란 냉이를 다듬어 물을 붓고 끓여서 그 물을 공복에 마신다. 냉이 끓인 물은 이뇨작용에도 좋아 고혈압에 간접효과를 나타낸다.

동맥경화

* 표고버섯을 물에 담궜다가 장복한다. 표고버섯은 고지혈증을 내려줌으로 효험이 있다.

* 영지버섯을 물로 서서히 끓여서 공복에 복용한다. 쓴맛을 내는 영지버섯은 장기복용할 경우 혈관벽에 쌓여있는 지방 성분을 분해시켜 동맥경화에 효과가 좋다.

### 뇌졸증

* 감나무 잎을 진하게 달여 차로 마신다. 감잎은 혈압을 내리게 한다.(감나무가 많은 정성읍 귤암리와 가수리에서 널리 사용되던 방법이다)
* 뽕나무잎을 물에 달여 복용케 한다. 뽕잎은 혈압을 내려준다.

### 저혈압

* 말린 생강을 30분간 푹 끓여서 하루 세차례 마신다. 생강은 혈액순환을 활발하게 하고 몸을 덥게 해 기력을 회복시키는데 효험이 있어 장복을 하면 혈압이 상승된다.
* 마늘과 꿀, 검은 깨를 혼합해서 환을 만든 다음 장복을 한다. 마늘은 맵고 몸을 덥게 해 혈액 순환을 촉진시키고 검은 깨는 기력 회복에 좋다.

### (4) 간질환

### 급성 간염

* 멧돼지 쓸개를 한번에 1그램 정도씩 하루 세차례 공복에 복용한다.
* 사철쑥에 물을 붓고 끓여서 하루 세차례 공복에 복용한다.

만성 간염

* 쇠비름을 삶아서 먹는다.

* 사철쑥 어린잎 또는 성숙한 잎을 물에 넣고 끓여서 공복에  마신다. 이 약은 간기능을 활성화시키고 담즙의 분비물 촉진으로 회복력을 빠르게 유도한다. 대개 1년 내지 1년 반 동안 꾸준히 복용해야 혈액 내에서 약리 작용이 활성화되어 효과를 보게 된다.

* 마디풀을 끓여서 복용한다. 이 약은 몸이 붓고 소변량이 적으면서 간기능이 감퇴되어 있는 환자에게 유효하다.

* 민들레는 뿌리를 제외하고 물에 끓인다. 그 물을 식사 후 1시간에 하루 3회 복용한다.

* 부추를 즙을 내서 하루 두차례 공복에 소주 한 잔쯤 곁들여서 마신다.

* 쇠비름을 삶아서 먹거나 또는 건조시킨 줄기와 잎을 물에 넣고 푹 달여서 식후에 복용한다.

간경화

* 인진쑥의 생즙을 내어 마신다. 인진쑥의 생즙은 간기능 회복에 탁월한 효과를 보인다.

* 예덕나무 껍질을 물로 달여서 식사 후 1시간이 지나 복용한다.

* 뱀과 지렁이와 굼벵이를 혼합해서 3시간 정도 푹 달인 후 복용한다. 뱀은 단백질 공급으로 환자의 기운을 돋구고 굼벵이와 지렁이는 염증치료와 해열에 도움을 주어 간경화 환자에게 좋은 치료제가 된다.


담석증

* 모과나무 열매를 삶아서 먹는다.

* 산호에 물을 붓고 절반이 될 때까지 끓인 후 마신다.

* 시호에 물을 붓고 푹 끓여서 공복에 하루 세 번 복용한다. 시호는 담즙의 분비와 결석을 삭히는 효력이 있어서 효과를 보게 된다.


담낭염

* 사철쑥, 마디풀을 물에 넣고 충분히 끓여서 공복에 복용한다. 담즙의 분비 촉진과 이뇨작용으로 효력을 얻게 된다.

* 예덕나무를 물에 넣고 끓여서 하루 세 번 복용한다.

　(5) 비뇨기 질환

　급성 신장염

* 오동나무의 열매꼬투리를 끓여서 식사 1시간 전에 하루 3회 복용한다.
* 으름덩굴 열매, 잎, 덩굴에 물을 붓고 푹 끓여서 마시는데 하루 세번 복용한다. 이 약들은 이뇨 작용이 현저하여 소변의 배설을 촉진시키고 신장에 염증을 가라 앉히면서 독성이 전혀 나지 않는다.
* 비수리 잎과 줄기를 물에 넣고 끓여서 식사 30분 전에 복용한다.
* 산편두, 율무를 물에 넣고 잘 끓여서 공복에 마신다. 이뇨작용과 신장에 염증을 가라 앉게 해 효과를 얻게 된다.
* 옥수수 수염, 옥수수 속대를 물에 넣고 푹 삭게 끓여서 공복에 복용한다. 이 약은 소변의 배설량을 증대시킬 뿐만 아니라 염증을 제거시키는 효력이 있어서 효과를 나타낸다.


　만성 신장염

* 붉은 팥을 푹 삶아서 큰 숟가락으로 한 숟가락씩 매 식사 때마다 먹는다. 붉은 팥은 이뇨 작용이 현저하여 배설을 촉진시키고 신장에 염증을 가라앉히는데 효과를 나타낸다.
* 마디풀을 물에 넣고 달여서 하루 세 번 공복에 복용한다.


　요로 결석

* 마디풀 건조시킨 것에 물을 붓고 푹 끓여서 공복에 마신다.
* 금전초 달인 물을 하루 세 번 공복에 복용한다.


　방광염

* 댑싸리 씨에 물을 붓고 푹 끓인 후 공복에 복용한다. 또는 줄기, 잎을 달여서 복용한다. 이 약들은 열을 소변으로 배출시켜 이뇨작용을 돕고 방광의 염증을 가라앉히는데 탁월한 효과를 나타낸다.
* 마디풀에 물을 붓고 달여서 하루 세 번 공복에 복용한다. 마디풀은 이

뇨작용이 뛰어나고 염증을 제거시키는 효력을 얻게 된다.
* 미역취에 물을 붓고 끓인 후 공복에 하루 세 번 복용한다.
* 청미래덩굴 뿌리를 물에 끓여서 공복에 하루 세차례 복용한다.
* 곶감, 검은 설탕, 볶은 검은깨를 짓이겨 하루 용량으로 하여 먹는다.

요도염

* 옥수수 수염을 물에 푹 달여 공복에 마시면 이뇨 작용이 신속하고 염증
을 가라 앉히므로 효력을 보게 된다.
* 마디풀, 율무에 물을 붓고 달여서 공복에 복용하면 소변의 배설이 원활
해지고 통증은 제거되면서 치유된다.

정력증강

* 깊은 산속에 자라는 삼지 구엽초에 물을 붓고 끓여서 식사 30분 전에 하
루 3회 복용한다. 음양곽이라고도 하는 이 약은 성신경흥분작용과 정액의
분비 촉진으로 효력을 보이므로 조루, 발기부전, 정액감소증 등에 효력을
나타낸다.
* 감자, 양파, 홍당무를 각각 10그램씩에 물을 붓고 서서히 끓여서 하루
세 번씩 장복한다.
* 마늘, 검은 참깨, 꿀로 환을 지어서 하루 60개 , 1회 20개씩 공복에 복
용한다.
* 둥글레 뿌리에 물을 넣고 푹 끓여서 하루 세 번씩 공복에 복용한다. 몸
이 수척하고 기력이 떨어지는 증상에 좋다.

(6) 내분비 질환

빈혈

* 당귀에 물을 붓고 충분히 끓여서 하루 세 번씩 공복에 복용한다. 이 약
은 조혈모세포를 자극하여 조혈 기능을 왕성케 하므로 빈혈을 다스리게
된다. 그리고 혈액순환을 촉진시킴으로 대사를 활성화시킨다.
* 묵은 생강을 채로 쳐서 장복한다. 이것은 몸이 차서 일어나는 양기 부
족 증상에 특히 좋다.

* 채소를 많이 먹는다. 이 요법은 열이 많고 몸에 발진이 돋으면서 신경이 날카로워지는 이들의 양기 부족에 좋다.

### 당뇨병

* 두릅나무 뿌리껍질 생것에 물을 붓고 잘 끓여서 하루 세 번씩 공복에 마신다.
* 누에똥을 한번에 한숟가락 정도 식사 후에 복용하면 좋다. 이 약은 혈당을 내리면서 기력을 소생케하는 효력이 있다.
* 매일 아침 식사 전에 뽕잎의 즙을 내어 공복에 복용한다.

## (7) 소아 질환

### 허약증

* 이질풀, 초결명을 1회 용량으로 해서 장복하면 식욕이 증가하고 허약 증상도 서서히 없어진다.
* 연전초, 이질풀을 물에 푹 달여서 공복에 복용한다. 또한 연전초, 약모밀을 달여 하루 세 번 식후 1시간 정도 지나 복용한다.
* 감초, 인삼, 대추를 넣고 푹 끓여서 공복에 복용한다.
* 황정, 구기자에 물을 붓고 푹 끓여서 물을 마시듯 수시로 복용한다. 이 약들은 보혈 작용과 기운을 증강시키면서 면역 기능을 왕성케 하므로 효력을 나타낸다. 이런 약물들을 장기 복용하였을 때에 성장력이 왕성하게 되고 다른 질환에 감염되지도 않는다.

### 만성 소화불량

* 민들레 잎으로 쌈을 싸서 먹거나 물에 데쳐서 먹는다. 민들레는 소화액의 분비 촉진을 활발하게 해 위염치료에 탁월한 효과를 보이게 된다.
* 애기똥풀에 물을 붓고 푹 달인 다음 식후 30분에 복용한다. 이 약은 속쓰린 증상을 없애면서 복통을 가라앉히므로 효력을 나타낸다.
* 삽주 뿌리를 가루내서 팥알 크기로 환약을 만들어서 한 번에 열 알씩 하루 세 번 장복하면 건위, 소화 작용, 소염 작용으로 위염 증세를 호전시킨다.

홍역

* 우엉씨에 물을 붓고 푹 끓여서 세 번 나누어서 복용한다.


유행성 볼거리염

* 메밀가루를 미지근한 물에 반죽해서 환부에 붙인다. 이것은 냉한 약이
므로 염증부위에 발열, 발적부종을 내려주는데 좋은 반응을 보이고 있다.
* 무 생즙을 환처에 붙여서 염증을 삭힌다. 독성이 없으면서 열을 내려 부
종을 삭히게 된다.
* 수선화 뿌리를 생즙을 내서 환부에 붙인다. 이 방법도 염증을 삭히고 열
을 내리는데 기여하게 된다.
* 여뀌 또는 쪽, 대청 등의 생즙을 내서 염증 부위에 붙인다. 해열, 소염,
진통, 부종 제거에 신통한 반응을 보이므로 민간에서 많이 응용하는 방법
중의 하나이다.

(8) 눈의 질환

안구 피로

* 구기자와 결명자를 물에 푹 끓여서 식후 1시간 지나 복용한다.
* 익모초 씨, 잎과 줄기에 물을 붓고 잘 끓여서 1일 3회 나누어서 복용한
다. 익모초는 안구 혈관의 순환장애로 인하여 피로가 잦고 물체가 희미하
게 보이는 증상을 개선시킨다.
* 산초나무 열매를 소금에 절였다가 많이 먹는다. 한방에서 전초라고 하
는 산초나 무 열매는 비타민의 공급원이 되어 피로회복에 유효하기 때문
이다.
* 냉이를 물에 넣고 끓여서 그 물을 복용한다. 냉이에는 단백질, 칼슘 등
이 다량 함유되어 있어서 눈 질환에 큰 도움을 주고 있다.


눈 다래끼

* 쇠물푸레의 줄기와 잎을 물로 달여서 그 물을 눈에 넣는다. 이렇게 반
복하면 시력도 향상되고 눈꼽도 없어지면서 염증이 삭는다.
* 질경이 잎을 불에 구워서 눈꺼풀에 붙이면 염증도 제거된다.

눈꼽 낄 때

* 콩나물과 양파를 샐러드로 만들어서 복용한다. 눈에 염증을 제거하고 충분한 영양소가 보급되어 효과를 본다.

### (9) 귀의 질환

중이염

* 약모밀의 생즙을 내서 솜에 묻혀 귀 안에 넣는다. 귀에서 열이 나고 통증이 머리까지 치솟을 때에 쓰인다.

외이염

* 우엉잎과 밥풀을 개어서 귓속에 넣어 주면 통증이 가라앉는다.
* 살구씨 속을 짓찧어서 솜에 싸 귓속에 넣는다.
* 엉겅퀴 뿌리의 생즙을 내서 솜에 싸 귓속에 밀어 넣는다.

살구씨를 찧어 솜으로 싸 귀에 넣으면 외이염이 삭는다.

### (10) 코의 질환

비염

* 삼백초의 생잎과 줄기를 썰어서 물을 넣고 끓여서 공복에 복용한다. 염증을 완화시키기 위한 방법이다.
* 칡뿌리 생즙을 1컵씩 하루 세 번씩 공복에 복용하면 염증이 삭는다.
* 목련꽃 봉우리에 물을 붓고 끓여서 하루 세 번 공복에 복용한다.

코피

* 쑥의 생잎을 짓찧어서 코 안에 삽입한다. 혈관 수축 작용이 신속하고 혈액응고 촉진 작용으로 지혈 반응을 나타낸다.

* 연뿌리의 생즙을 탈지면에 묻혀서 코 안에 삽입한다. 이 약도 코 안과 머리의 열을 내리면서 지혈 시간을 크게 단축시키고 있다. 일반 출혈 증상에도 많이 활용된다.

* 야채를 오랫동안 복용한다. 머리에 늘 충혈증상을 보여 코피가 잦은 사람은 야채를 늘 먹을 경우 열이 내려 결국 치료 효과를 거두게 된다.


축농증

* 씀바귀 마른 것에 물을 붓고 끓여서 공복에 복용한다. 하루 세 번씩 실시하면 좋다.

　쓴 약은 염증을 제거하고 열을 내리는 작용을 하기 때문이다.

* 약모밀의 생즙을 솜에 묻혀서 코 안에 넣어 둔다. 머위의 줄기를 즙내서 코 안에 넣어 염증을 가라 앉힌다.

* 현삼을 가루를 내어 코 안에 넣는다. 현삼은 혈압을 내리고 염증을 가라앉히면서 축농증을 치료하게 된다.

## (11) 인후 및 구강 질환

편도선염

* 질경이 잎과 줄기를 물에 충분히 끓여서 공복에 복용한다. 질경이 잎은 편도선염에 간접적인 소염, 해열 작용을 나타낸다.

* 치자에 물을 붓고 끓여서 식사 30분 전에 복용한다. 염증 부위에 열을 내리고 통증을 가라 앉히며 부종을 내려 치료 효과를 거두게 된다.

* 도라지 뿌리에 물을 붓고 달여서 하루 세 번 그 물을 목 안에서 웅얼거리다가 서서히 마신다.

* 석류잎에 물을 붓고 끓여 그 물을 입에 물고 있다가 복용하는데 하루 세 번 복용한다.

* 수영의 뿌리를 찧어서 식초에 갠 후 목이 아픈 곳에 붙이면 염증을 삭게 하고 열도 내리게 한다.

* 토란의 껍질을 벗긴 다음 생강을 혼합해서 밀가루에 이겨 아픈 곳에 붙인다.


## 편도선 비대증

* 황백가루, 치자가루, 남천 잎을 곱게 가루로 만들어서 헝겊에 싸서 목 안에 물고 있다가 꺼낸다. 이 약들은 맛이 쓰고 염증을 제거할 뿐만 아니라 해열 작용과 황색포도상구균, 연쇄상구균에 대한 항균작용이 강하여 효력을 나타내는 것이다.
* 결명자를 볶아서 진하게 달여서 하루에 수차례 입 안에 물고 있다가 복용한다.
* 감초에 물을 붓고 달여서 그 물을 입 안에 물고 있다가 서서히 마신다. 이와 같은 방법으로 하루 서너차례 반복한다. 감초는 염증성 질환에 유효할 뿐만 아니라 편도선 비대를 감소시키는데 효과가 있는 약물이다.
* 무를 강판에 갈아서 그것을 목 안쪽 편도 부위까지 닿도록 하였다가 뱉는다. 이와 같은 방법을 하루 3, 4회 반복한다.
* 붉나무의 열매에 물을 넣어 푹 달여서 그 물을 목 안에 물고 있다가 마신다.
* 질경이 잎, 줄기에 물을 붓고 끓여서 공복에 복용한다.
* 승마 뿌리를 물로 달여 그 물을 목 안에 물고 있다가 서서히 마신다. 이 약도 항균작용으로 인하여 효과를 볼 수 있다.


## 구내염

* 닭의장풀의 생즙을 내서 입 안에 물고 있다가 뱉는다. 이것은 염증을 삭히는데 좋은 약물 중의 하나이다.
* 가지 꼭지에 물을 붓고 끓여서 그 물을 입안에 물고 있다가 양치질한다. 하루 2, 3회 반복하면 염증이 삭고 상처가 쉽게 치유된다. 치통에도 좋은 약재이다.

(12) 관절 질환

무릎 관절염

* 청미래덩굴 뿌리에 물을 붓고 달여서 공복에 복용한다. 관절의 염증을
제거시키고 통증을 완화시켜서 치료케 된다.

* 쇠무릎지기에 물을 붓고 달여서 공복시에 복용한다. 1일 3회 꾸준히 복
용해야 완쾌된다. 대개 초기 증상에는 이 약만으로 효험을 얻는다.

* 개연꽃의 뿌리에 물을 붓고 달여서 그 물을 공복에 마신다.

* 댕댕이 덩굴 뿌리에 물을 붓고 달여서 공복에 마신다. 관절의 부종을 내
려주고 통증을 완화시키면서 굴신(屈身)을 자유스럽게 유도하는 좋은 치
료제이다. 때로는 잎, 줄기를 썰어서 쓰기도 한다.

* 으아리 뿌리에 물을 붓고 달여서 공복에 복용한다. 관절의 통증을 가라
앉히면서 골질을 보호하고 근육의 수축작용을 증강시키는데도 유효하다.


관절염

* 쇠무릎지기 뿌리, 개연꽃 뿌리에 물을 붓고 끓여서 공복에 복용한다. 1
일 3회 계속 복용하면 염증 부위가 붓는 증상이 점차 줄어들고 통증도 가
벼워지면서 보행이나 행동이 자유스러워진다. 그리고 관절낭 속의 수분을
밖으로 배설시키는데 크게 효험을 보인다.

* 뽕나무 가지에 물을 붓고 끓여서 공복에 복용한다. 1일 3회 실시한다.
이 약들은 골질을 강화시키면서 염증을 삭히고 근육의 수축작용을 증강시
키는 데도 큰 효험을 보이게 된다.

* 청미래덩굴 뿌리, 율무에 물을 붓고 끓여서 공복에 복용한다. 항균, 소
염, 이뇨 작용으로 효력을 보이게 된다.

* 주염나무 가지에 물을 붓고 끓여서 공복에 복용한다. 1일 3회 계속 복
용한다.


신경통

* 꼭두서니 뿌리에 물을 붓고 달여서 공복에 복용한다. 1일 3회 반복 복
용한다. 이 뿌리는 일명 신경초라고 부르는데 혈액순환 개선 작용과 진통

효과가 있어서 효력을 나타내는 것이다.

* 엉겅퀴 뿌리를 소주에 담가 두었다가 백일이 지난 뒤 한 잔씩 하루 세 차례 공복에 마신다. 엉겅퀴 뿌리는 민가에서 신경통, 근육통을 다스리는 약재로 널리 쓰인다.

* 수세미·오이 덩굴의 생즙을 식사 30분 전에 하루 세차례 복용한다. 이 약은 풍습성으로 오는 신경통에 진통 효과가 있어서 효력을 나타낸다.

* 다래나무 열매나 또는 나무 덩굴에 물을 붓고 끓여서 식사전 1시간에 하루 3회 복용한다.

* 율무로 죽을 쑤어서 장복한다. 이 요법은 체내에 수분이 과다하게 쌓여서 일어나는 신경통에 진통효과도 있고 근육의 운동을 활발하게 이끌어 효력을 보인다.


### 염좌(관절이 삘 때)

* 미나리 뿌리를 짓찧어서 삔 부위에 붙인다. 미나리는 약성이 차고 서늘해서 염증을 가라앉히고 해열에 탁월한 반응을 보인다.

* 부추를 잘게 썰어서 달인 물에 치자가루와 밀가루를 동일한 용량으로 섞어서 혼합하고 환처에 붙이면 염증이 제거되고 통증이 가라 앉는다.

* 감자를 곱게 갈아서 삔 부위에 붙인다. 이 요법은 삔 곳에 피가 잘 돌게 하고 붓기를 내려주면서 주변 염증의 살균 효과로 인해 효험을 보게 된다.

* 파의 머리 부분을 짓찧어서 아픈 부위에 하루 3회 붙인다. 이 요법은 삔 곳에 피가 잘 돌게 하고 붓기를 내려주면서 주변에 살균 효과를 주어 효험을 보게 된다.


### 골절상

* 엄나무 껍질을 골절 부위의 겉에 둘러 매고 여러 날이 지나 풀어보면 치유된다. 이 방법은 골절의 유합을 촉진시키고 진통 효과가 뛰어나다.

(13) 피부질환

습진
* 고추나물의 잎이나 줄기를 태워서 참기름을 넣고 조합한 후 바른다.
* 범의귀의 생즙을 짜서 고백반을 약간 섞은 다음 바른다.


두드러기
* 사철쑥, 치자, 대황을 물에 끓인 후 하루 세 번 식전에 복용한다.
* 벚나무 껍질을 물에 푹 달인 후 그 물을 마신다. 이 약은 식중독으로 발생한 두드러기에 효과가 크다.


피부 소양증
* 담뱃잎을 삶은 물에 환부를 담근다. 평창군 미탄면 마하리 등 잎담배 생산을 많이 하던 지역에서 쓰던 방법으로 담배의 살균력으로 염증을 제거하던 방법이다.
* 쑥잎을 헝겊에 잘 싸서 뜨거운 물에 담그면 쑥물이 우러난다. 이 물에 목욕을 하면 피부진균의 발육을 억제시켜 피부질환에 탁월한 효과를 나타낸다.


무좀
* 무좀이 심하지 않을 경우 매운 고추를 물에 끓인 후 그 식은 물에 발을 담근다.
* 식초를 물에 타서 끓인 후 그 물에 발을 담근다. 식초에는 강한 살균력이 있어 무좀균의 발육을 저하시키기 때문에 효과를 나타낸다.


(14) 부인과 질환

생리불순
* 쑥의 생즙을 내어 공복에 마신다. 쑥의 생즙은 맛이 써서 복용하기가 어려우나 자궁이 허약하고 차서 생리가 고르지 못한 여자에게 큰 효과를 나타낸다.

* 익모초와 약쑥을 달인 물을 하루 세 번 공복에 마신다. 익모초를 달인 물은 자궁에 직접 흥분작용을 나타내어 생리가 불규칙하거나 생리통에도 빠른 효과를 나타낸다.

### 생리통

* 약쑥에 밤, 대추, 생강을 넣어 달인 물을 하루 세 번 공복에 마신다. 약쑥은 아랫배가 차고 생리가 고르지 못한 사람에게 효과를 나타낸다.
* 구절초와 익모초에 약쑥, 밤, 대추, 곶감, 수수, 엿기름을 넣고 달인 물을 하루 세 번 공복에 마신다. 구절초는 생리를 조절하고 자궁의 수축력을 증가시켜 생리통을 다스리는데 다른 약재보다 큰 효과를 나타내고, 익모초 또한 생리통이 심한 사람들에게 좋은 효과를 나타낸다.

### 자궁출혈

* 연뿌리의 생즙을 내어 하루 세 번 공복에 마신다. 연뿌리 생즙은 자궁 내에서 혈관을 수축시켜 지혈작용을 나타내므로 자궁 출혈에 큰 효과를 나타낸다.
* 측백나무 잎을 짓찧어서 즙을 내어 마시거나 삶아서 먹는다. 측백나무 잎은 혈관수축 작용이 뛰어나 자궁출혈 뿐만 아니라 일반 출혈성 질환에도 뛰어난 효과를 나타낸다.

### 임신 구토(입덧)

* 부뚜막 아궁이 흙을 물에 타서 가라앉힌 후 그 물을 마신다. 흙물이 위장의 역한 기운을 가라앉히므로 효과를 나타낸다.
* 참나무 그루터기에서 나오는 버섯 두세 개를 그릇에 넣고 뜨거운 물을 붓고 우려낸 물을 마신다.

### 임신중 감기

* 콩나물과 엿을 넣고 1시간 정도 푹 달빈 후 그 물을 마신다. 콩나물을 넣어 뜨겁게 달여 마시는 것은 해열작용과 땀을 나게 하므로 감기치료에 효과가 있고 엿은 자양성을 높이기 위해 넣은 것으로 산모 감기에 좋은 효

252

력을 보인다.

산후 질환
* 산후에 온몸이 부었을 때는 늙은 호박을 삶아 먹는다. 늙은 호박은 이
뇨효과가 뛰어나고 몸을 보호하는 작용도 있어 산후부종에 대단한 효과를
보인다.

# 6. 세시풍속과 민속놀이

# 1. 세시풍속

## 1) 정월

### 설날(음력 1월 1일)

대개 음력 설을 지낸다. 설날에는 대부분 조상께 제사지내는 것으로 하루를 시작한다.

제사는 대게 메(밥)로 지내고 닭고기를 발라 속을 넣어 빚은 만두로 지내기도 한다. 아침에는 떡국이나 만두국을 먹고 강정, 식혜, 적 등을 만들어 먹는다.

정초에는 친지가 서로 만나 덕담을 한다. 덕담(德談)은 앞날을 축원하는 말로 이미 다 이룬 듯이 완료형으로 말을 하는데, 이를테면 '올해 농사가 대풍이 되셨다지요'나 '금년엔 부자가 되셨다지요'라고 말한다.

아이들은 설빔을 입고 세배를 하러 다니는데, 어른들은 덕담을 하며 세배돈을 준다. 이날 남자들은 윷놀이, 여자들은 널뛰기를 하고 어린 아이들은 연날리기를 하면서 놀았다.

정선군 신동읍 운치 2리에서 연날리기를 할 때는 집집마다 연을 하나씩 만들어 가지고 나와 연줄끊기라든가 높이 날리기 내기를 했다. 옛날에는 농악대가 있어 집집마다 다니면서 지신밟기를 했다. 그러면 주인은 쌀 한 말, 돈, 북어, 실, 만두국으로 대접하였다.

영월읍 문산리에도 정월에 농악대가 집집마다 돌아다니며 놀이를 하였다. 지금은 흔치 않으나 정초에 복조리를 사면 일년 내내 복을 받는다고 믿어 복조리를 사기도 했다. 집집마다 복조리를 안방이나 부엌의 부뚜막 위에 걸어놓고 그 안에 태실과 성냥을 넣어 두기도 한다.

또 나서부터 9년 만에 한 번 씩 든다는 삼재(三災)를 피하기 위해 문 위
에 몸 하나에 머리가 셋인 매(鷹)나 호랑이를 그려 붙여 놓는다.


입춘

입춘(立春) 때는 집안의 복을 비는 뜻에서 '立春大吉(입춘대길)' 등과
같은 춘련문구(春聯文句)를 써서 대문에 붙인다. 마굿간에는 농사나 가축
에 관한 문구를 쓴다.


대보름(음력 1월 15일)

보름 전날인 14일은 까치보름이라고 해서 오곡(五穀)밥을 찐다. 오곡밥
은 여러 집의 것을 먹으면 몸에 좋다고 하여 아이들은 밥을 얻으러 다니
기도 했다.

정선읍 귤암리에서는 이날 밥을 아홉 그릇 먹고 나무도 아홉 짐을 해야
했다. 또 밤에는 잠을 자면 눈썹이 하얗게 센다는 백미속(白眉俗)이 있었
다. 부럼은 밤, 대추, 과자, 튀밥 등으로 했다.

보름날 해뜨기 전에 동쪽으로 뻗은 복숭아나무 가지를 꺾어 개 목에 둥
근 테를 만들어 걸어주고, 소에게는 왼새끼를 꼬아 둘러주고 더위를 잘 이
기라고 소원한다.

새벽부터는 친구들을 찾아 다니며 제일 먼저 이름을 불러 대답을 하면
'내 더우 한 장 사오'하며 더위를 파는 말부터 한다. 그래서 이 날은 이름
을 불러도 일부러 대답을 하지 않는 경우가 많다. 이날 더위를 팔면 그 해
여름엔 더위를 덜 탄다고 한다. 또 부스럼 깨물기라고 하여 잣이나 호도
를 깨물고 귀밝이술(耳明酒)도 먹는다.

아침에는 찰밥, 약밥 등을 해 먹는데, 보름밥을 짓기 전 새벽에 앞 개
울물이나 강물에서 물을 제일 먼저 퍼다 밥을 하면 '복물' 또는 '용물'이
라하여 복이 온다고 믿었다. 밥을 지을 때는 부잣집 나무를 훔쳐오면 부
자가 된다 하고, 거름을 훔쳐오면 쇠거름이 많아진다고 한다.

보름날 밥을 먹을 때 찬물을 먹으면 비를 맞는다고 하며, 아침에 김치를
먹으면 풀쐐기에 쏘인다고 한다. 또 숟가락으로 먹으면 밭을 맬 때 넓은 고
랑을 차지하게 되고, 젓가락으로 먹으면 좁은 고랑을 차지한다고 믿었다.

이 날 아이들은 대추나무에 열매가 많이 열리라고 돌맹이로 두드리면서 찰밥을 나무가지에 꿰어주는데 이것을 '대추나무 시집 보낸다' 고 한다.

보름날에는 풍년을 기원하는 뜻에서 소에게 오곡밥과 나물을 먹여 우대한다. 정선읍 가수리, 귤암리와 평창 미탄면 마하리, 기화리에서는 오곡밥 대신 만두를 주기도 한다. 그러나 개에게는 보름날 잘 먹이면 털갈이를 잘 못한다고 해서 달이 뜰 때까지 아무것도 주지않고 굶겼다. 이 때문에 명절을 쓸쓸하게 보냄을 풍자하는 말인 '개 보름쇠듯 한다' 는 말도 생겨났다.

보름날 저녁에는 홰를 가지고 산에 올라가 달보기(望月)를 한다. 홰에 불을 붙여놓고 달이 떠오르면 달을 보고 자신의 소원을 비는데, 이것은 여자들은 하지 않고 남자들만 한다. 또 남자들은 구멍을 숭숭 뚫은 깡통에 나무 쭉정이를 넣고 불을 피워 돌리는 망우리 돌리기를 했는데 지금은 산불 우려로 금하고 있다.

떠오르는 달빛으로 그 해의 액운을 점쳐보기도 한다. 달이 붉으면 가뭄이 들 조짐이고, 희면 장마가 들 것임을 알았다. 달을 둘러싼 주위의 광채를 보고 길흉(吉凶)을 점치기도 했다.

액이 있는 사람은 지푸라기로 사람을 만들어 태우며 액을 쫓아냈다. 액이 나쁘다고 생각하는 사람은 짚신 세 켤레에다가 돈 3백원과 떡을 넣고는 그것을 물 속에다 버리고 절을 세 번 한 후 뒤를 돌아보지 않고 돌아오면 액을 면한다고 하는데 이를 '유황 제사' 라고 한다.


귀신날(음력 1월 16일)

보름 다음날은 귀신날이라고 하여 신발을 바깥에 내어 놓지 않거나 엎어 놓는다.

귀신이 와서 신을 신어보고 발이 맞으면 집주인이 그 해에 죽거나 불길한 일을 당하기 때문이었다.

귀신을 막기 위해 대문에 체를 걸어 놓고 고추씨 등을 태웠다. 이는 한 해 동안 부정한 귀신이 들어오지 못하게 하기 위해서인데, 귀신이 체에 있는 구멍을 세다가 다 세지 못하고 새벽녘 닭울음 소리에 놀라 도망가도록 하기 위함이라고 한다. '귀신 달랜날' (정선읍 귤암리)이라고도 한다.

## 2) 이월

### 영등(음력 2월 1일)

영등 또는 풍신(風神)이라고 하는 날이다. 풍신(風神)은 영등할매라 하여 여신(女神)이므로 여자들이 모시게 되는데 새벽에 장독대에 깨끗한 물 한 그릇을 떠다놓고 영등제를 지낸다. 이 날 부터 영등신은 보름동안 모시게 되는데, 수시로 물을 갈아 준다.

2월 초순에 비가 내리면 '물영등'이라고 하여 그 해 농사가 풍년이고, 바람이 불면 '바람영등'이라 하여 흉년이 들 것을 미리 예측했다.

정선 신동읍 운치 2리에서는 영등신을 모실 때 닭만두를 빚어 걸어 놓았는데, 이것은 영등할매가 올라가는 날에 국을 끓여 먹고 무사히 가기를 바라는 뜻에서였다.

영등날 각 가정에서는 '나이떡'이라고 해서 가족 나이 수 대로 숟가락으로 쌀을 떠 떡을 해먹었다. 이날 다른집 여자가 출입을 하면 일년 내내 닭이 잘 안되고 재수가 없다고 해서 출입을 꺼렸다.

### 좀상날(음력 2월 6일)

이 날은 달을 따라가는 좀생이별(昴星)을 보는 날이다. 별과의 거리를 눈으로 측정하여 풍년과 흉년을 점쳤다. 정선읍 용탄리에서는 좀생이별을 젖먹이 아기와 비유해서 달을 따라가는 거리가 멀면 아기가 젖을 먹기 힘들다고 하여 흉년임을 점쳤다.

## 3) 삼월

### 삼짓날(음력 3월 3일)

예로부터 양수의 달에 겹치는 날, 곧 1월 1일, 3월 3일, 5월 5일 등은 양기가 충만하다고 했다. 삼짓날은 강남 갔던 제비가 돌아오는 날이다.

이 날 아이들의 머리를 깎아주면 머리에 부스럼이 나지 않고 잘 자란다고 했다.

한식

동지 후 105일 째가 되는 날인 한식(寒食)은 동지 날짜가 일정치 않아 2월에 들기도 하고 3월에 들기도 한다. 이 날에는 성묘를 하고 묘가 얼었던 부분에 잔디를 입히고 다듬는 사초(砂草)를 한다.

예전에는 한식날 차례를 지내기도 했으나 답청이라 해서 들놀이를 가는 일이 많아졌다.

## 4) 사월

초파일(음력 4월 8일)

석가(釋伽)의 탄생일인 초파일에는 불교도들이 절에 가서 불공을 드리고 연등행사를 한다.

정선읍 가수리에서는 이날이면 해마다 풍광이 좋은 강변으로 가 천렵을 하고 마을에서 장만해온 음식을 먹으며 잔치를 벌인다.

영갈

옛날 비료가 부족했을 무렵 모심기를 하기 전에 반드시 퇴비로 갈을 꺾어 넣는다. 지금은 아무 때나 갈을 꺾을 수 있지만 예전에는 마을의 우두머리가 되는 사람이 갈을 꺾어도 좋다는 령(令)을 내려야 산에 올라가 갈을 꺾을 수 있었기에 이를 '영갈'이라고 한다.

갈을 꺾기 위해 영갈을 하는 이유는 마을 사람들에게 갈을 꺾는 평등의 기회를 주어 마을의 화목을 생각해서였기 때문이다.

## 5) 오월

단오(음력 5월 5일)

단오(端午), 중양절(重陽節), 단양(端陽), 천중절(天中節)이라고 한다. 정선읍 귤암리에서는 햇보리와 멥쌀을 한 되 섞어 밥을 하고 차례를 지내지만 대부분의 마을에서는 차례를 지내지 않는다. 단오날 새벽에는 이슬에 젖은 약쑥을 뜯어다가 그늘에서 말린다. 쑥을 말려 환(丸)을 만들어 여름철 배탈이 났을 때 먹거나 달인 물로 산모의 몸을 씻기 위함이다.

단오날에는 쑥떡이나 취떡을 만들어 먹고 여자는 그네를 뛰고 남자는 널을 뛴다. 그네를 뛰면 모기를 쫓는다고 믿고 있으며, 널을 뛰면 나무 그루터기를 밟지 않는다고 믿고 있다.

정선읍 귤암리에서는 이날 송아지의 코를 뚫고 코뚜레를 꿰기도 했다.

## 6) 유월

유두(음력 6월 15일)

유두(流頭)에는 동류수(東流水)에 머리를 감으면 좋다고 한다.

정선·영월·평창 지방에서 유두날 풍속은 그리 잘 나타나지 않는데, 정선읍 귤암리에서는 이날 귀리떡을 해 먹는다.


삼복날

복(伏)날은 초·중·말의 삼복(三伏)으로 되어 있고 일년 중 가장 더울 때이다. 복날에는 개장국을 먹거나 감자전을 부쳐 먹는다.

영월읍 문산리나 평창 미탄면 기화리, 정선읍 귤암리에선 감자전이나 떡을 해서 논밭에 갖다놓고 제사를 지내며 농사의 풍요를 기원했다.

## 7) 칠월

칠석(음력 7월 7일)

칠석은 견우와 직녀가 만나는 날로 이 풍속은 오늘날 사찰에 주로 남아 있다. 이날 불교신자들은 절에 가서 불공을 드린다.

정선읍 귤암리에서는 이 날을 국수 먹는날이라고 한다.

칠월은 어정어정 보내는 농한기여서 '어정 칠월 건들 팔월'이라는 속담이 생겨 났는데, 칠석도 대부분 마을 주민들이 함께 어우러져 노는 날로 여겼다.

## 8) 팔월

벌초(음력 8월 1일)

요즘은 벌초를 추석 전 아무 때나 하지만 옛날에는 음력 8월 초하루로 정해져 있었다. 벌초할 때는 주과포(酒果脯)를 차려 놓고 성묘한 다음 시작한다.

정선읍 광하리에서는 7월 그믐날 자신의 증조부와 고조부의 묘지를 벌초했고 8월 초하루에는 부모의 묘지를 벌초했다.


### 추석(음력 8월 15일)

중추(仲秋) 또는 한가위라고도 부른다. 이 날에는 햇곡식으로 밥을 짓고 햇과일을 장만하여 차례를 지내고 송편을 빚어 나누어 먹는다. 송편은 속으로 콩, 대추, 밤 등을 넣고 빚는데 예쁘게 빚어야 신랑과 딸의 인물이 좋다고 한다.

추석은 일년 중에서 가장 잘 먹는 날이라고 하여 '일년 열두달 더도말고 한가위만 같아라' 는 속담이 생겨났다.

추석날에는 차례를 지내고 조상의 산소를 찾아가 성묘를 한다.

정선읍 가수리에서는 이날 성묘를 가지 못하면 9월 9일날 간다고 한다.


## 9) 구월

### 중구일(음력 9월 9일)

제비가 강남으로 돌아 간다는 날이다. 중구일(重九日)에는 햇곡식으로 술을 만들고 제사를 지냈다.

옛날에는 단풍철이어서 산에 오르는 풍습이 있었으나 별다른 습속은 없다. 다만 추석때 성묘를 가지 못한 사람들이 성묘를 하는 날이다.


## 10) 시월

### 안택(安宅)

상달인 10월에 안택을 위한 가신제(家神祭)를 지낸다. 안택은 한 해의 농사를 마친 뒤 가신들에게 하는 제사로 길일을 받아 성주신, 조왕신, 토지신 등에게 메와 떡을 올리고 대청, 마굿간, 장독대, 우물 등지에도 가져다 놓고 빈다.

정선읍 가수리에서는 정월 초순에 많이 한다.

김장

음력 10월이 되면 입동을 전후로해서 겨우내 먹을 여러가지 김치를 담근다.

## 11) 동짓달

### 동지(冬至)

일년 중 낮이 가장 짧은 동짓날에는 대부분 가정에서 팥죽을 쑤어 먹는다. 팥죽에는 찹쌀로 새알심을 만들어 넣고 이것을 나이 수 대로 먹는다. 예전에는 팥죽으로 제사를 지내고 대문에 뿌려 액막이를 하였다.

동지가 초순에 들면 '애동지', 하순에 들면 '노동지'라고 하는데, 애동지 때나 조상 중에 동짓달에 질병으로 죽은 이가 있으면 팥죽을 쑤지 않는다.

## 12) 섣달

### 납향(臘享)

동지 지난 뒤 세 번째의 말일인 납일에 그 해에 지은 농사 형편과 여러 일에 대하여 신에게 고하는 제사로 지금은 제사가 거의 사라졌다. 다만 털 가진 짐승의 고기를 먹으면 일년 내내 병이 없다고 하여 참새를 잡아먹는 풍속이 있다.

### 섣달 그믐

섣달 그믐에는 만두를 빚어 조상의 수 대로 만두국을 떠놓고 제사를 지낸다. 이날 밤은 집안 구석구석에 불을 밝히고 잠을 자지 않는데 이것을 '수세(守歲)'라고 한다.

불을 밝히고 잠을 자지 않는 이유는 일주일 전에 하늘로 올라갔던 부엌신인 조왕신이 그 집의 자세한 내막을 하늘에 보고하고 돌아오는 날이기 때문이었다.

정선 신동읍 운치리에서는 만두 대신 밥을 떠놓고 한해를 보살펴 준 조상에게 제사를 지냈다.

# 2. 민속놀이

## 1) 영월 문산 농악

영월 지방의 대표적인 농악으로 지금도 문산 2리 마을에서 전승되고 있다. 문산 농악의 유래는 조선시대로 거슬러 올라간다.

조선 6대 임금인 단종대왕이 죽자 그 혼령이 태백산 산신령이 되기 위하여 황쏘가리로 변해 남한강 상류로 거슬러 올라 가던 중 어라연이라는 경치가 좋은 곳에서 머물고 갔다고 한다.

어라연 상류인 문산리에 사는 주민들은 이와 같은 전설에 따라 단종대왕의 혼령인 어라연 용왕을 모시는 용왕굿을 하며 모든 재앙으로부터 주민들이 해를 입지 않기를 기원했고 마을의 안녕과 풍년을 기원했다. 이러

영월지방의 대표적인 농악으로 문산 2리에서 전승되고 있다.

한 굿은 오랜 시간이 흐르면서 마을 전 주민이 참여하는 대동놀이로 발전하여 맥을 이어오고 있다.

문산 농악의 구성은 행진, 인사굿, 마당 닦기, 멍석말이, 태극 그리기, 십자오방진, 법고 놀이, 무동 놀이의 순서로 진행된다. 이때 사용되는 가락은 인사 굿가락, 3채 가락, 자진 가락, 3채 길굿가락, 굿거리 가락이 쓰여진다.

문산 농악의 가락이 다른 지역의 가락과 다른 점은 징과 북을 한 점 더 친다는 것이다.

지난 1993년 9월 16일부터 17일 까지 삼척에서 열린 제 11회 강원도 민속예술 경연대회에 참가하여 노력상을 받은 바 있다.

## 2) 정선 고성 산성제

정선군 신동읍 고성리 고방 마을 앞산에 있는 고성리 산성(강원도 기념물 제 68호)은 삼국시대 한강 상류를 확보하기 위해 고구려가 남하하면서 쌓은 것으로 추측되는 성이다.

해발 4백여 미터의 야트막한 산에 쌓은 이 성은 성곽이 비교적 잘 보존되어 있고 굽이 흐르는 동강의 아름다움을 잘 관망할 수 있는 곳이기도 하다.

고성리 산성 주변 마을 주민들은 1993년부터 고성산성 보존회를 구성

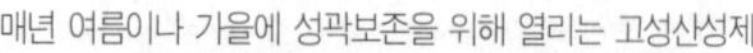

매년 여름이나 가을에 성곽보존을 위해 열리는 고성산성제

하여 매년 여름 또는 가을에 전통 문화를 계승 발전시키고 지역 주민들의 자긍심과 애향심 고취를 위해 '고성 산성제'를 열고 있다.

1박 2일간 열리는 고성 산성제는 산성 아래에 있는 마을 앞 고방정에서 기념 행사를 갖고 산성에 올라가 제사를 지낸 후 성곽을 둘러보는 행사를 갖는다. 이 날에는 산성에서 어린이 사생대회를 비롯해 봉화 놀이, 통나무 멀리 던지기 등의 행사가 열리고 산성 아래 고방정 주위에서는 마을 주민 노래자랑, 부녀 돌탑 쌓기 대회 등의 행사가 다양하게 펼쳐진다.

고성산성제에 참석한 여자들이 탑쌓기 행사를 하고 있다 .

### 3) 정선 운치리 섶다리 놓기

정선군 신동읍 운치 2리 수동과 번들 마을 주민들은 해마다 11월이면 두 마을 한가운데를 흐르는 강에 섶다리를 놓고 마을 잔치를 벌인다.

섶다리는 나룻배로 오가기 힘든 겨울을 나기위해 놓는 다리로 겨울을 지내고 이듬해 큰물이 나면 떠내려가는 다리로 이 마을에서 수백 년째 놓아왔다.

다리를 놓기전부터 마을 사람들은 산에 올라가 교각으로 쓰이는 다릿발 등을 만들기 위해 나무를 한다. 이들 나무들의 이름 또한 특이한데, 다릿발을 연결해 고정시키는데 쓰이는 나무를 '머그미' 라고 하며, 상판에 해

다리발을 세우고 머그미를 얹고 나무쐐기를
박는다

강 양쪽끝에서부터 소나무 가지를
열모사이에 엇끼워 끝이 밖으로
향하게 한다

동강 12경의 하나인 운치리 수동
섶다리를 주민들이 놓고 주민이
한가운데서 만난다.

당하는 길고 굵은 나무를 '열모' 라고 한다.

　다리를 놓는 날이면 마을 사람들은 이른 아침부터 분주하다. 여자들은 가마솥을 걸고 음식 준비를 한다.

　섶다리를 놓는데는 먼저 배를 상류에 줄로 매어 놓고 Y자 형태의 다릿발을 먼저 세운다. 그리고 그 위에 길이가 약 1미터 정도로 양쪽 끝에 홈을 판 머그미를 얹고 그 홈에다가 다릿발을 끼워 움직이지 않게 나무쐐기를 박는다.

　강을 낀 마을 사람들은 양쪽에서부터 교각을 세워 강 한가운데로 나오면서 다릿발을 세운다. 물이 깊고 물살이 세차 배를 고정시키기도 벅찬데 다릿발을 세우고 머그미를 씌우기란 여간 어려운 일이 아니다. 이런 식으로 교각을 2미터 간격으로 20미터 쯤 세운 뒤 교각과 머그미 위에 길이가 약 4미터되는 소나무를 걸쳐 놓으면 뼈대가 완성된다.

　다리를 다 놓은 것과 마찬가지인 이 때 쯤이 되면 강 양쪽에서 소나무와 갈나무 가지를 열모 사이사이로 엇갈려 끼워오기 시작한다. 소나무와 갈나무 가지 끝이 양쪽으로 향하게 놓는 것은 강물 위로 폭이 그다지 넓지않은 다리를 지날 때 공포감을 덜게하기 위함이다.

　섶 위에다가 흙을 깔아 다리가 완성되면 양쪽마을 사람들은 마을의 최고 연장자를 앞세워 서로 마주보며 다리를 건너며 반가운 인사를 한다. 비록 겨울 삭풍을 견디고 이듬해 봄눈이 녹아 큰 물이 내려오거나 여름 장마로 강물이 불어 떠내려갈 다리지만 두 마을 사람들의 마음까지도 가깝게 이어놓은 것이다.

　섶다리가 위용을 드러내면 마을 사람들은 농악의 장단에 맞춰 한바탕 마을 잔치를 벌인다. 감자밥과 칼국수에 메밀묵, 고들빼기 김치 등의 토속음식을 먹고 옥수수 막걸리 등을 마시며 마을의 안녕과 화합을 빌었다.

　영월댐 건설로 수몰되면 영영 사라지게 될 섶다리를 재현하기 위해 지난 1997년에는 예미농협의 후원과 정선아리랑연구소의 고증으로 '정선 수동 섶다리놓기' 행사를 벌였다.

# 7. 동강 유역의 선사유적

# 1. 신석기 시대 유적

## 정선군 신동읍 덕천리 소골 유적

덕천리 소골 유적은 소골마을 북쪽 나리소에서 칠족령 아래로 굽이 도는 동강변 퇴적 지대에 집중적으로 분포되어 있다. 소골 앞으로 흐르는 강은 물굽이가 커서 퇴적지대 또한 수천 평에 이르고 있는 곳으로 신석기 시대부터 청동기 시대에 이르기까지 유적들이 고루 분포되어 있는 곳이기도 하다.

덕천리 소골의 신석기 유적은 1987년 국민대 박물관 조사팀이 청동기 시대의 유물을 조사하면서 처음 알려졌으며, 그 후 1989년 단국대학교 중앙박물관에서 발굴조사를 하면서 소골의 고인돌 4기와 함께 신석기 시대 유물 상당수가 발굴 조사되었다.

소골지역은 신석기, 청동기, 철기시대 유물이 분포된 선사유적의 보고다.

소골에서 발견된 신석기 시대 유적은 주로 빗살무늬토기와 석기 등으로 단국대학교 중앙박물관에 보존되어 있다.

지금까지 소골의 신석기 시대 유적은 소골 남쪽 소골상회를 지나 커다란 밤나무 아래에 있는 고인돌 아래에 위치하고 있는 것으로 조사 되었으며, 주변 밭에는 아직도 무수한 토기조각들이 널려 있다.

## 정선군 신동읍 고성리 고방마을 유적

정선군 신동읍 고성리 고방마을 고방정 뒤에 있는 유적이다. 고성산성이 있는 해발 435미터의 산자락이 끝나는 커다란 바위 아래에 위치하고 있으며, 암벽 아래로는 마치 길이 나 있었는 듯 폭 1.5미터 정도로 평탄하게 이어져있다.

암벽 아래에 마치 작은 동굴과 같이 입구가 파인 곳이 바로 바위 밑 유적지다. 이곳에서 1997년 강릉대학교 박물관 조사팀이 빗살무늬토기 조각, 숫돌, 뼛조각, 조개껍질 등을 발굴 조사 한 바 있다.

고성산성 입구에 있는 고방정은 오래전부터 인근 마을 어린 아이들의 놀이터였으며, 정밀 지표조사가 되기 전인 1995년부터 고성산성제 행사 때 본행사와 함께 부녀자들이 탑쌓기 놀이를 하면서 암벽 아래 유적지 일부가 훼손된 것으로 보인다.

· 고방정 뒤에 있는 바위 밑 유적. 빗살무늬토기 조각, 숫돌, 조개껍질 등이 발굴되었다.

## 정선군 신동읍 운치리 납운돌 유적

  소골 유적에서 정동쪽으로 약 1킬로미터 상류인 정선군 신동읍 운치리 납운돌 갈벌 아래 강변에 있는 유적이다. 이곳은 운치리 수동과 점재 쪽에서 굽이 치는 강물에 의해 형성된 퇴적층으로 해발 882.5미터의 백운산 가파른 절벽 아래로 흐르는 중바닥여울 옆이다.

  납운돌 유적은 강물에서 20여 미터 정도 떨어진 곳에 위치하고 있으며, 1995년 이곳에서 강릉대학교 박물관 조사단이 적갈색의 단사선 무늬토기 조각 1점과 민무늬토기조각, 석기조각을 채집했다.

납운돌 강변에 있는 고인돌(사진 남준기 씨 제공)

# 2.청동기 시대 유적

## 정선군 신동읍 덕천리 제장 고인돌 유적

제장은 덕천리 소골과 강을 사이에 두고 남서쪽으로 서로 마주보고 있는 양지바른 마을이다. 마을 뒤쪽으로는 백운산 자락에서 가파르게 뻗어 내린 칠족령이 완만한 경사로 흘러 내렸으며, 앞으로는 동강 물굽이가 완만하게 휘돌아 퇴적지형을 이루어 놓았다.

제장의 고인돌 유적은 강에서 약 50미터 떨어진 고추밭 한가운데 위치하고 있다. 길이 212센티미터, 폭 123센티미터, 두께 24센티미터의 덮개돌 위에는 길이가 각각 143센티미터, 108센티미터, 폭 47센티미터, 66센티미터, 두께 12센티미터, 13센티미터 되는 판석 2개가 겹쳐쳐 있다. 이

동강일대에서 발견되는 청동기 시대의 돌창날(사진 남준기 씨 제공)

판석들은 주변에 있던 것으로 밭을 경작하면서 밭 한가운데에 있던 것들을 옮겨 놓은 것으로 보인다.

## 정선군 신동읍 덕천리 소골 유적

소골의 신석기 시대 유적이 발굴된 곳과 같은 곳에 있다. 1989년 단국대학교 중앙박물관 조사단이 집중 발굴한 유적으로 고인돌과 집터 일부를 정밀 조사했고, 골아가리구멍무늬토기조각, 구멍무늬토기조각, 석기 등 수많은 유물을 발굴한 바 있다.

소골의 청동기 시대 유적은 지금 옥수수 밭으로 이용되고 있는 곳에서 지표채집한 것으로, 길이 10센티미터 안팎의 돌도끼와 석기 등이다.

소골에서 조사된 고인돌은 모두 4기로 소골상회 북쪽 밤나무 주변에 자리하고 있다. 밤나무 바로 아래에 있는 고인돌은 덮개돌 크기가 2미터가 넘고 두께도 30센티미터가 넘는 큰 고인돌로, 덮개돌 위에는 10개 정도의 성혈이 드러나 있다. 이 고인돌 아래에서는 민무늬토기조각, 붉은 간 토기조각, 흙그물추, 숫돌 조각 등이 출토되기도 했다.

밤나무 밑 고인돌에서 서쪽으로 약 4미터 지점에는 3기의 고인돌이 몰려있다. 이곳에 있는 고인돌은 덮개돌의 크기가 밤나무 밑 고인돌 보다는 작고 일부는 덮개돌이 조각나는 등 심하게 훼손되기도 했다. 이밖에도 주

밤나무 옆으로 훼손된 고인돌이 밭 가장자리에 방치되어 있다

변에는 고인돌로 보이는 여러개의 판석들이 널려 있는데, 밭을 경작하면서 옮겨놓은 것으로 보인다.

## 정선군  신동읍 고성리 고인돌 유적

정선군 신동읍 고성리 고성분교 뒤에 위치하고 있다. 고성리 고림에서 흘러 내리는 냇물 옆 고추밭에 큰 고인돌이 있고 남쪽으로 11미터 거리에 작은 고인돌이 있다.

큰 고인돌은 둥그스레한 모습의 석회암을 덮개돌로 하고 있으며, 크기는 길이 263센티미터, 폭 254센티미터, 두께 67센티미터로 동강변에 있는 고인돌 가운데 규모가 가장 크고 형태 또한 완전한 것으로 보인다. 덮개돌 위에는 스무 곳이 넘는 성혈이 뚜렷하게 나 있다. 덮개돌 밑에는 서쪽 방향으로만 길이 163센티미터, 두께 32센티미터의 받침돌이 있고 동편 받침돌은 없어지고 많은 주먹돌로 채워져 있다.

작은 고인돌은 동쪽으로 비스듬하게 누운 상태로 석회암을 사용하였고 크기는 길이 210센티미터, 폭 137센티미터, 두께 58센티미터이다. 덮개돌 서쪽 면에는 많은 성혈이 나 있다.

1993년 강원의 얼 학술조사단에 의해 고인돌 주변에서 돌화살촉 4점이 지표채집 되기도 했다.

소골 밤나무 및 고인돌

## 정선군 신동읍 운치리 납운돌 유적

  납운돌의 청동기 유적지는 신석기 유적이 발굴된 곳과 같은 곳에 위치하고 있다. 장마로 인해 납운돌 위의 돈니치 쪽에서 흘러내린 냇물이 퇴적지를 흘러 가면서 많은 토기가 출토되었다.

  이곳에서  채집한 유물로는 민무늬토기 밑동조각과 몸통 조각, 돌창조각, 돌화살촉 몸통조각 등 다수이다.

  밭 둑 경사면에는 길이 233센티미터, 폭 1미터, 두께 50센티미터의 고인돌이 받침돌로 추정되는 길이 87센티미터, 폭 110센티미터, 두께 32센티미터의 판석과 함께 방치되어 있기도 하다. 그러나 이 고인돌은 밭 한가운데 있던 것으로 밭을 경작하면서 옮긴 것으로 보인다.

  운치리 납운돌의 유적지는 소골과 함께 동강변의 대표적인 청동기 유적지이기도 하다.

운치리 일대에는 여러기의 고인돌이 방치되어 있다. (사진 남준기 씨 제공)

## 정선군 정선읍 귤암리 고인돌 유적

  정선군 정선읍 귤암리 귤하 마을에는 모두 3기의 고인돌이 있다. 귤암리 귤하는 해발 693.4미터의  나팔봉의 가파른 절벽 아래를 흐르는 조양강물에 의해 이루어진 하상 퇴적지대에 형성된 마을이다.

이곳의 고인돌은 가수리와 광하리로 이어지는 도로 아래 묘 옆에 1기가 있고, 여기서 조금 더 들어가 마을 농산물 집하창고 아래쪽 밤나무 옆에 1기가 있다. 또 하나는 밤나무 옆 고인돌에서 남쪽으로 약 300미터지점 강변 풀밭에 있다.

도로 바로 아래에 있는 고인돌은 화강암으로 길이 273센티미터, 폭 236센티미터, 두께 57센티미터이다.

밤나무 옆에 있는 고인돌은 길이 193센티미터, 폭 120센티미터, 두께 23센티미터로 동서 방향으로 놓여 있으며, 덮개돌 중앙부에 직경 5센티미터 크기의 성혈이 나 있다.

강변 풀밭에 있는 고인돌은 길이 210센티미터, 폭 183센티미터, 두께 33센티미터로 동서 방향으로 놓여있다.

# 3. 철기 시대 유적

## 정선군 신동읍 덕천리 바새 적석총 유적

정선군 신동읍 고성리에서 물레재를 넘어 첫 마을인 덕천리 바새는 운치리에서 부터 이어지기 시작하는 감입사행천에 의해 형성된 마을로 물굽이가 감싸는 곳마다 퇴적지대가 형성되어 선사인들이 생활하기에 더없이 좋은 곳이었다.

바새마을 북쪽 퇴적지대 위 소나무 밭과 솔밭 사이에서 1995년 강릉대박물관 조사단에 의해 돌무지 무덤(積石塚)으로 보이는 높이 70센티미터~2미터, 직경 2미터~7미터의 돌무지 6기가 조사되었다.

돌무지 유구는 모두 강변에서 옮겨온 듯한 둥근 주먹돌로 차분하게 쌓아 놓아 안정감을 준다.

## 정선군 신동읍 덕천리 제장 유적

정선군 신동읍 덕천리 제장마을 고인돌이 있는 곳에서 남서쪽으로 약 400미터 떨어진 백운산 자락 산사면에 돌무지 무덤(積石塚)으로 보이는 돌무지 1기가 위치하고 있다. 강가에서 주워온 주먹돌을 쌓아 동서 방향으로 긴 타원형을 이루게 만들었으며 직경 10. 2미터, 높이 2.2미터에 이른다.

1993년 강원의 얼 학술조사단에 의해 돌무지 무덤과 함께 주변에서 적갈색 민무늬토기 조각 6점이 지표채집 되었다.

## 정선군 신동읍 운치리 수동 유적

정선군 신동읍 운치리 수동 마을은 마을 위쪽 삼형제바위 아래서부터 휘도는 물굽이에 의해 퇴적된 곳에 형성된 마을이다.

백운산자락 아래에 위치하고 있으며, 마을 앞으로는 강이 흐르고 강 건너편에는 번들 마을이 있다.

수동마을 나루터 바로 아래 강변 퇴적지에서 1995년 강릉대 박물관 조사단에 의해 바둑무늬가 찍힌 타날무늬토기조각과 돌그물추, 갈돌 등이 지표채집 되었다.

## 정선군 정선읍 가수리 뒷대벌 유적

뒷대벌 마을은 조양강과 동남천이 만나 동강이 시작되는 곳에 위치하고 있으며, 굴암리 쪽에서 흐르는 조양강의 완만한 물굽이에 의해 강옆으로 남북으로 길게 형성된 퇴적지형에 위치하고 있다.

마을 앞쪽 강변 퇴적지에서 1995년 강릉대 박물관 조사단에 의해 민무늬토기 조각, 타날무늬토기조각, 냇돌 등 많은 철기 시대 유물들이 조사 되었다.

가수리 뒷대벌 강변은 수많은 철기시대 유적이 발견된 곳이다

## 정선군 정선읍 용탄리 노미 유적

　노미마을은 정선읍에서 휘돌아 내려오는 조양강 물굽이에 의해 형성된 마을이다. 이곳에 사는 사람들은 오래 전부터 밭을 일구다가 토기 조각을 많이 보았다고 하는데, 1995년 강릉대 박물관 조사단에 의해 민무늬토기 조각, 숫돌 등이 지표채집 되기도 했다.

# 8. 동강 12경과 보호수

# 1. 동강 12경

　명승지란 경치가 좋기로 이름난 곳으로, 학술 및 관상적 가치가 높은 동물의 종과 서식지, 식물의 개체·종 및 자생지, 지질 및 광물을 보호하기 위해 법률로써 정한 천연기념물(天然記念物)과 강원도에서 정한 기념물 등이 있다. 또 8경이니 해서 마을 주민들과 단체 등에서 정해 전해져 내려오는 것들이 있다.

　우리나라에서는 일제 때인 1933년 8월 9일자로 전문 24조로 된 '조선보물고적명승 및 천연기념물 보존령'이 공포된 후부터 천연기념물을 지정하기 시작했다. 그 후 1962년에는 새로운 문화재 보호법을 제정하여 이듬 해인 1963년 728점의 지정 문화재를 재분류하면서 98점을 천연기념물로 다시 지정하였다. 그 후 천연기념물은 계속 늘어나 현재에는 식물이 184점, 동물이 61점, 광물이 21점으로 천연보호구역 5개소를 포함하여 모두 271점이 되었다. 이들 가운데 동굴 및 광물 분야는 21점으로 평창군 미탄면 마하리 산 1번지에 있는 백룡동굴이 여기에 포함되어 있다.

　동강 주변 지역은 천연기념물로 지정된 백룡동굴을 비롯해 물길을 따라 경치가 매우 아름다운 곳이 많다. 이에 따라 수 년 동안 동강 일대를 샅샅히 살핀 '우이령보존회'와 '동강을 사랑하는 문화예술인들의 모임' 두 단체가 발의하여 동강을 아끼는 중앙과 지역에 동강을 아끼는이들과 전문가들이 동강 12경으로 선정한 동강의 명승지를 상류로 부터 자리한대로 기록하고자 한다.

## 1경.  가수리 느티나무와 마을 풍경

동강 주변에 있는 마을 가운데 정선읍 가수리 수미(水美)는 아름다움과 평화로움이 깃든 대표적인 마을이다. 강을 끼고 서로 마주보는 마을을 오가는 줄배와 가수분교 정문 옆에 드리워진 느티나무는 평화로운 느낌을 한층 더해 준다.

물이 아름답다는 '수미' 마을은 이름부터가 아름답다. 하지만 수미 마을의 본래 이름은 '수며(水旀)'로 옛날 신라가 남진하던 고구려 세력을 몰아내고 한강 상류지역을 손에 넣으면서 명명한 것이다. 땅이름은 삼국시대에 생겨 났지만, 마을의 역사는 이보다 훨씬 더 길다. 강 건너편 뒷대벌 마을 앞을 굽이 도는 강변에 이미 철기 시대부터 사람이 살았음을 보여주는 흔적이 발견되기도 했다.

유구한 역사로 다져진 만큼 마을에는 수백 년의 세월을 꿋꿋하게 지켜온 느티나무가 우뚝 서 있다. 지금부터 약 700년 전 가수리에 처음 들어온 강릉 유씨(江陵劉氏)가 심은 나무라고 전해오는 이 나무의 높이는 약 35미터, 둘레는 7미터가 되는 나무로 품새가 매우 아름답다. 나무의 밑동에는 어린 아이가 몸을 굽히고 들어갈 만큼 큰 공동(空洞)이 나 있지만, 그 모습까지 아름답다고들 한다. 여름에는 마을 앞길을 오가는 사람들이 한 번 쯤은 들러 쉬면서 마을 앞 강을 오가는 줄배에 마음을 싣기도 한다.

조양강과 동남천의 합수지점을 내려다보는 느티나무가 동강 12경의 첫 문을 연다

느티나무와 함께 가수리의 상징이 되는 것은 오송정(五松亭)과 돌너와
집이다. 귤암리 쪽에서 가수리로 들어오면서 대하는 '붉은 뺑대' 끝에 선
소나무는 세 그루 뿐이다. 본래 이름대로 다섯 그루였던 것이 큰 재난이
닥치면서 하나씩 죽어갔다.

오송정 아래에 있는 돌너와집도 옛모습을 잘 간직하고 있다. '돌능애
집' 또는 '청석집'으로 불리는 돌너와집은 천 년을 버틴다는 집이다. 집
주인 조차도 언제 지었는지를 확실히 알지 못할 정도로 연륜이 쌓인 집이
다. 동강 유역에서 흔히 볼 수 있었던 돌너와집도 이제는 가수리 등 몇몇
곳에서나 볼 수 있는 명물이 되었다.

수미마을에는 20여 가구만 살 뿐 마을 규모에 비해 그다지 사람들이 많
지는 않다. 요즈음엔 보기 힘든 기름먹인 목재로 지은 가수분교에도 예전
만큼 아이들의 목소리가 들리지 않는다. 농사일이 버거워 줄줄이 고향을
떠난 탓도 있지만 마을 사람들은 다른 이유로 설명하곤 한다.

예로부터 내려오는 이야기지만 동남천과 조양강이 어우러지는 마을 형
국이 마치 조리와 같다는 것이다. 쌀을 씻을 때 가득 차면 부어내는 것처
럼 돈을 벌었을 때 마을을 떠나야지 계속 남아 있으면 알거지가 된다는 풍
수적 믿음 때문이라는 것이다.

떠나고자 하는 마음이 몸에 배어서일까. 동강의 영월댐 문제가 논란이
될 때 댐 건설을 찬성하는 목소리가 가장 컸던 마을이기도 하다. 평생 농
사를 지어도 늘어나는 건 부채 뿐인 삶을 하루빨리 벗어버리고 싶은 몸부
림이었는 지도 모른다. 고향을 수장시켜서는 안된다는 주민들의 목소리는
늘 입안에서 맴돌 뿐이었다.

수미 사람들은 언젠가는 가슴 깊은 아픔과 갈등도 도도히 흐르는 강물
에 씻어 버릴 수 있을 것이다. 그 이전의 이전처럼.

## 2경. 운치리 수동 섶다리

아득한 옛날부터 강이 흐르는 곳에는 사람들이 모여 들었다. 하나 둘씩
모여 마을을 이루고 오손도손 살아 갔다. 강을 두고 마주 보고 살아가는
사람들은 강 건너에 사는 사람들을 그리워 했고, 나룻배를 띄워 어우러지
곤 했다. 어제 오늘을 오가던 정은 곧 마을과 마을을 이어 다리를 놓기에

이르렀다.

동강 물길을 가로지르는 다리는 언제나 나무다리였다. 앞뒤로 빼곡한 산간마을에서 가장 구하기 쉬운 재료가 나무였기 때문이다.

동강의 다리 가운데 가장 빼어난 다리는 뭐니뭐니해도 정선군 신동읍 운치 2리의 섶다리일 것이다. 해마다 음력 9월 중순에 놓는 섶다리는 강 주위가 얼어 배가 뜨지 못하는 겨울을 나기 위해 놓는 한 해용 다리다. 이 듬해 여름 장마로 물살에 휩쓸릴 때까지 매서운 겨울 강바람을 견뎌야 하는 다리다. 수백 년을 거쳐오며 찬이슬만 내리면 놓는 다리이다 보니 모양도 그때마다 제각각이다. 어떤 때는 구름다리 모양으로 가운데가 높았고, 또 어떤 때는 휘고 구부러져 곡선미를 더하곤 했다. 산에 널려있는 목재를 눈대중으로 잘라 만들다보니 모양은 들쑥날쑥 했지만 보면 볼수록 새로웠다.

다리를 놓는 날이면 아침 일찍부터 마을 남자들은 지게와 경운기로 통나무를 옮겨왔고 여자들은 가마솥을 걸고 음식 준비에 부산했다.

둘레가 15센티미터 정도가 되는 Y자형 참나무와 벚나무 두 개를 한짝으로 교각을 세우고 그 위로 휨이 좋은 소나무로 상판을 얹었다. 그리고 소나무 가지와 갈나무 가지로 상판을 덮고 마대에 흙을 담아 나무가지가 떨어지지 않게 눌러 놓았다. 물의 흐름에 견디게 가운데가 높고 상류 쪽

동강 제일의 수동 섶다리를 놓고 있는 마을 주민들

으로 불룩하게 놓은 다리 위에 올라서면 울렁이지만 다리 양 옆으로 뻗은 소나무 가지는 발아래 물살을 가려 두려움을 덜어 준다.

섶다리를 건너 오가는 마을 주민들의 모습은 한 편의 서정시와도 같다. 그러나 그 서정시를 읽는 것과는 달리 농촌 사회의 고령화와 문명의 편리함으로 동강 물길에 흔했던 섶다리는 수동과 연포 등지에서나 겨우 볼 수 있는 정경이 되었다.

수동 섶다리는 마을 분위기와 가장 잘 어우러진 다리기에 오랫동안 지워지지 않을 것이다.

## 3경. 나리소와 바리소

정선군 신동읍 고성리에서 운치리로 넘어가는 나리재 왼쪽 아래에 있는 나리소(沼)는 동강 유역의 산세를 가장 가까운 거리에서 확인할 수 있는 장관이다. 가수리 쪽에서 흘러 내려오는 동강 물길이 벼랑에 막혀 휘돌면서 큰 소를 이루어 놓았는데, 강변의 기암 절벽과 백운산 자락의 소나무 숲과 어울린 경치는 이루 표현할 수 없을 만큼 아름답다.

나리소는 동강 물길 가운데 물굽이가 심한 사행천(蛇行川)이 본격적으로 시작되는 곳으로 상류에서 백운산이 빚어놓은 수직 절벽인 검은 뼝대와 그 아래로 흐르는 옥빛의 중바닥 여울과 어울려 비경을 연출한다.

나리소는 물이 깊고 조용한 까닭에 절벽 아래에 이무기가 살면서 물 속을 오간다는 이야기가 옛날부터 전해져 내려온다. 마을 노인들에 따르면 물에 잠겨있는 절벽 아래에 있는 굴에 큰 물뱀이 살면서 해마다 3, 4월이면 용이 되기 위해 운치리 점재 위에 있는 용바우로 오르내렸다고 한다.

30여년 전 몰지각한 읍내 사람들이 나리소에서 고기를 잡기 위해 '꽝(다이나마이트)'을 터뜨리자 온 강물이 붉어지고 뱀 동강이로 보이는 살점들이 강 아래로 떠내려 갔다. 그 이후로는 물빛도 예전과는 달리 깊은 맛이 덜해졌다.

나리소 바로 아래에 있는 바리소는 소골 마을 쪽으로 향한 소(沼)의 모양이 놋쇠로 만든 밥그릇인 바리와 닮았다고 해서 생겨난 이름이다. 주변에 펼쳐진 암반때문에 물이 흐르지 못하고 고여 깊은 소를 이루는 곳이기도 하다.

나리소와 바리소는 어름치, 쏘가리, 잉어, 꺽지, 쉬리 등의 물고기가 많아 여름철이면 낚시꾼들이 많이 몰려 들지만 앞으로 지양 해야 할 일이다. 소 옆으로 작은 샘물이 있어 이들의 목을 축여주기도 한다.

몇 년 전부터는 나리재에서 바라보는 나리소의 아름다움과 소골 앞 강변으로 바리소에 이르는 길을 찾아 서울 등지에서 많은 답사 여행단체들이 다녀가기도 한다.

나리재에서 송림 사이로 내려다 보이는 나리소의 비경

## 4경. 백운산과 칠족령

동강 상류인 정선군 신동읍 고성리에서 운치리로 넘어 가다가 보면 왼쪽으로 높게 솟은 산이 한눈에 들어오는데 바로 해발 882.5미터의 백운산(白雲山)이다. 마을 사람들이 흔히 '베비랑산'이라고 하는 백운산은 비행기를 타지 않고 굽이도는 동강의 물길을 가장 잘 확실하게 관찰할 수 있는 산이다.

백운산에 오르려면 운치리 납운돌 갈벌을 지나 점치 나루에서 배를 타고 강건너 마을인 점재로 가야한다.

점재 마을에서 남서쪽으로 다가가 산길을 오르면 잡목숲 사이로 운치리에서 덕천리 나리소로 흐르는 중바닥여울 푸른 물줄기가 한 눈에 들어온다. 45도가 넘는 가파른 산사면을 올라 능선에 거의 이르면 소골과 제장 마을을 돌아 백룡동굴 쪽으로 흐르는 동강 물줄기가 파노라마처럼 펼쳐진다. 백운산 정상에서 바라보는 강의 모습은 또다른 모습이다. 벼랑에 숨바꼭질 하듯 몸을 숨기고 이리저리 도는 물줄기. 입에서 연발하는 감탄사와 함께 평온하고 유유한 동강의 흐름을 맛볼 수 있는 곳이다.

백운산 정상으로 향하는 능선을 타고 가다가보면 평평한 바위 위에 핀 돌꽃(石花)이 있다. 마치 옛날 사람들이 새겨놓은 은은한 당초무늬와도 같

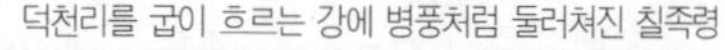
덕천리를 굽이 흐르는 강에 병풍처럼 둘러쳐진 칠족령

은 착각이 들 정도다.

　백운산은 정상에서 보면 동서쪽으로 멀리 운치리 마을 전체가 한눈에 들어오고 북쪽의 산세까지 훤히 꿰뚫어 볼 수 있다. 또 남서쪽으로는 거대한 봉우리가 죽순처럼 솟아난 칠족령을 거느리고, 북동쪽으로도 강인한 모습의 산세로 뻗어 있다.

　칠족령은 정선군 신동읍 덕천리 소골과 제장 마을을 둘러싼 웅장한 병풍과도 같다. 옛날 제장마을에서 옻을 끓일 때 이진사집 개가 발바닥에 옻을 묻힌 채 고개 마루를 올라가며 발자국을 남겼다고 해서 ‘옻 칠(漆)’자와 ‘발 족(足)’자를 써 ‘칠족령’이라 했다는 이야기가 전해 내려온다.

　칠족령 능선 위로는 평창군 미탄면 마하리 양지뉘룬 마을과 덕천리 제장으로 넘어가는 길이 나 있다. 백운산 정상에서 칠족령 능선을 타고 가다보면 소골 마을이 한눈에 들어온다. 산세가 험한 만큼 사람의 손길을 타지 않다보니 곳곳에 동식물의 자연생태계가 원형 그대로 보존되어 있는 곳이기도 하다.

　제장 마을이 숲 사이로 내려다 보이는 곳에서 평창 쪽으로 발길을 돌리면 고개마루에 성황나무가 서있다. 옛날 제장 마을 사람들이 평창으로 넘어다니며 무사함과 안녕을 빌었던 곳이다. 오랜 참나무와 소나무가 위 아래로 같이하여 사방으로 굵게 드리워진 가지는 숱한 세월 이곳을 오가며 머리를 숙여 빌었던 사람들의 바램이 배어 있는 것만 같다.

　백운산에서 칠족령으로 이어지는 길은 칼날같은 능선으로 나있어 위험하기도 하지만, 가슴이 시원하고 아름답다는 말 밖에는 그 어떤 다른 수식어도 떠오르지 않는 곳이다.

## 5경. 고성리 산성과 주변 조망

　고성리 산성은 정선군 신동읍 고성리 고방마을 앞산에 있는 석축 산성이다. 고방정 옆으로 난 길을 따라 20여분 정도 오르면 쉽게 만날 수 있는 성이다. 성을 쌓은 정확한 시기는 알 수 없으나 삼국시대 고구려가 남진을 하면서 전초 기지나 후방기지로서의 역할을 했던 요새로 추측된다.

　5, 6 세기 경 고구려와 신라는 한강 유역을 확보하기 위해 밀고 밀리는 치열한 공방을 펼쳤는데, 고성을 끼고 있는 지역은 영서지방의 평창에서

영남 지방으로 통하는 요충지에 위치하고 있어 전략적으로도 중요한 거점이었다.

당시 고구려는 한강 상류를 따라 남하하면서 충청북도 영춘에 온달산성을 전진기지로 삼고 영월 뱃나들이의 대야리 산성, 정양리의 왕검성, 영월 삼옥리의 완택산성 등을 연결해 한수유역을 확보하려고 애를 썼다.

해발 425미터가 되는 산을 중심으로 띠를 두른 듯이 쌓은 테뫼형 산성인 이 성은 북쪽으로 약 80미터의 성곽이 남아 있고 동쪽과 서쪽은 이에 비해 외벽과 내벽이 많이 훼손되어 있다. 축조 방식은 장방형의 모가 난 돌을 아래에 쌓고 위로 올라갈수록 10~15도 정도 기울여 쌓는 물림쌓기 방식으로 쌓았는데, 성을 연속해서 이어서 쌓지않고 가파른 곳에는 토축 방식으로 다져놓고 중요한 곳은 석축으로 했다.

그러나 고성리 산성을 둘러보면 어떻게 이런 곳을 찾아 성을 쌓았을까 하는 생각을 누구나 하게 된다. 진풍경을 찾아 성을 쌓았을 리는 없지만, 오늘의 모습은 사방의 전경에 취하기에 충분하다.성 위에서 보면 강 넘어 북으로 솟아 오른 백운산과 함께 동쪽으로는 가수리에서 운치리 수동과 점치를 서두르지 않고 에도는 강 상류가 훤히 들어오고, 남쪽으로는 읍내로 향하는 구레기 고개, 서쪽으로는 동강의 장관을 한눈에 보여주는 연포, 구포, 가정 마을을 휘도는 물줄기가 높은 겹겹의 벼랑에 몸을 숨긴다.

물목을 지키고 있는 동강 12경의 하나인 고성리 산성과 주변 풍광

눈 아래로는 가파른 뼝대와 강물에 휩싸여 제장 마을이 속살을 드러내고
있다. 강이 주는 넉넉함과 푸근함을 동시에 느낄 수 있는 마을이다. 오랜
옛날 이곳에 서서 바라보았을 병사들에게는 천연의 요새에 선 자신의 모
습에 가슴 뿌듯했을 것이다. 몇년 전까지만 해도 성 안에서 밭을 일구다
가 여러 개의 돌화살촉 등을 발견하기도 했다.

　고성리 산성은 애달픈 삶의 가락처럼 굽이굽이 흐르는 강과 역사의 함
성을 동시에 느낄 수 있는 곳이다.

　1993년부터 가까운 고성리 · 덕천리 · 운치리 주민들이 힘을 모아 고성
산성제를 열어 성곽 보존운동을 펴고 있다. 이러한 노력으로 1995년 강
원도 지방기념물 제 68호로 지정되었고, 주변과 잘 어울리지는 않지만 무
너진 부분 곳곳을 보수하는 혜택을 받기도 했다.

　그곳은 사시사철 산성을 둘러싸고 있는 주변의 경치가 아름다운 곳이
다. 성 아래 고방, 소골, 제장 등지의 마을에는 신석기 유적에서부터 고
인돌 등 청동기 유적도 널려 있어 역사의 산 교육장이 되고 있는 곳이다.

## 6경. 바새 앞 뼝창과 마을

　정선군 신동읍 고성리에서 연포쪽으로 난 길을 따라 자르메 마을과 덕
내 마을을 지나면 물레재라는 큰 고개길에 들어서게 된다. 물레에 실을 감
듯 돌아 간다고 해서 불려진 물레재는 몇년 전까지만 해도 큰 맘을 먹지
않고는 감히 넘을 수 없는 길이었다. 지금도 길을 오르다 차를 만나면 애
를 먹긴 마찬가지다.

　물레재 정상의 허름한 성황당을 지나 아래로 내려가면 바새 마을 앞으
로 흐르는 강 안에 또다른 세계가 펼쳐진다. 덕천리 나리소에서 소골과 제
장을 힘겹게 돌아온 물길이 바새에 이르러 힘겨운 몸을 푼다. 바새 앞 강
을 따라 길게 이어진 절벽은 마을 사람들이 '앞뼝창' 이라고 부른다. 백운
산과 제장의 깎아지른 듯한 절벽과는 달리 절벽 아래쪽으로 골이 파져 있
어 더욱 진풍경을 자아낸다.

　이곳 마을에 사는 사람들은 앞 뼝창이 그저 밋밋한 절벽이었다고 한다.
그런데 아득한 옛날 뼝대 위를 지나던 마고할멈이 은가락지를 잃어버리자
큰 손가락으로 반지를 찾기위해 벅벅 긁어놓아 지금과 같은 골이 파졌다

고 한다. 마고할멈의 잘못이든 석회암의 퇴적 작용이든 바새는 앞으로 흐
르는 강의 아름다움으로 인해 더욱 평화스런 마을이다.

　10여년 전까지만 해도 잎담배를 재배하는 농가가 많아 흙벽으로 쌓은
담배 건조막이 마을어귀에 남아 겨우 몸을 지탱하듯 서있다. 잊고 살았던
고향의 풋풋한 내음을 물씬 풍기는 모습이어서 마을을 찾는 외지인들이
둘러보고 감탄을 하지만, 정작 마을에 남은 노인들은 헐어버리기에도 힘
에 부치다고 한다.

　바새 마을이 아름다운건 앞뼝창을 배경으로 한 강 외에도 마을 앞으로
펼쳐진 강변 자갈밭이다. '장광'이라고 불리는 몽돌밭은 해마다 옷을 갈
아 입는다. 여름 장마에 큰 물이 나면 그동안 눈에 익었던 돌들은 또다른
돌로 자리를 채운다. 자연 하나하나에서 느낄 수 있는 이러한 변화는 바
새마을과 앞뼝창을 언제 보아도 새롭게 만드는 것인지도 모른다.

　바새앞 마을의 아름다움은 시단의 원로인 박희진 시인의 시 '바새 마을
앞 뼝창'에도 잘 배어나 다시 한번 아름답고 거대한 벼랑을 만날 수 있도
록 소개한다.

물레재에서 내려다 본 바세 앞 뼝창

## 바새 마을 앞 뼝창

朴喜璡

덕내에서 바새로 넘어가는
고개가 '물레재', 꽤 험하다
산중턱 굽이를 물레처럼 돌아간다
얼마나 더 달려야 하는 걸까?
그러자 느닷없이
눈 앞에 秘景이 기적처럼 나타난다
(東江의 모든 비경이 그렇듯이)
하늘에서 떨어졌나?
땅에서 솟아났나?

바새 마을 앞
강 건너에 길게, 그것도 끝도 없이
말하자면 수만 폭 돌병풍이 펼쳐진 양
石灰岩 '뼝창'이 장관을 이룬다
뼝창이란 이곳 말로 절벽을 뜻한다

거뭇거뭇한 뼝창이 그런대로
부드러워 보이는 건
초록의 수목을 두르고 있기 때문
위로는 빼곡히 소나무와 활엽수들
뒤섞여 울창하고 아래로는 돌단풍,
일명 바우나리 구석구석 수놓다
그리고 발밑에는 늘 유유히
짙푸른 강물이 흐르고 있으니,
뼝창은 사시사철 목마르지 않고
새록새록 아름다움 과시할밖에

황토밭 가까는 人家라야 대여섯 채,
벽공에는 수시로 흰 구름이 남몰래
詩를 썼다가는 지우곤 한다
마을 남쪽 강변에는 땅에서 솟아 올라
강물로 흘러드는 용천수 있다
그저 모든 것이 이곳에선 제멋대로
절로절로이면서도 무한 친화와 조화를 이룬다

## 7경. 연포마을과 황토 담배 건조막

동강 물길이 빚은 마을 가운데 유독 연포 마을만은 하루에 해가 세 번 뜬다고 한다. 강물이 굽이도는 마을 앞 강변으로 펼쳐진 칼봉, 작은 봉, 큰 봉으로 해가 뜨다 보면 봉우리에 가려져 어두워졌다가 다시 밝아지는 과정을 세 번이나 되풀이하기 때문이다.

바새에서 줄배로 건너야 하는 연포는 이렇듯 높은 봉우리가 빚은 낭떠러지가 많아 옛날부터 '베르메'라고 불렀다. 낭떠러지를 뜻하는 '베루'와 산을 뜻하는 '뫼'가 합쳐진 이름만 봐도 산과 벼랑으로 첩첩 둘러싸인 마을임을 알 수 있는 곳이다.

10여 가구 남짓 살고 있는 연포 마을의 초입은 연포분교 앞 커다랗게 드리운 느티나무 아래서부터 시작된다. 지금은 잔잔히 흐르는 물길을 박차고 나는 호사비오리의 몸짓에 깜짝 놀랄 정도지만 불과 40여년 전까지만  해도 떼꾼들로 붐비던 곳이다.

당시 떼꾼들을 상대로 하던 객주집이 바로 느티나무 아래에 있는 집이다. 떼꾼들을 상대로 밥과 술을 팔던 할머니는 칠순이 넘어서도 그때 그 자리를 떠나지 못하고 살고 있다. 떼꾼들로 북적거릴 때는 나무 밑에도 발 디딜 틈이 없었다고 한다. 아라리 가락이 온 산에 메아리쳐 산중의 별천지 였다고 한다. 몸이 고되기도 했지만 옛일이 그리워 한해 두해 머문게 어느덧 백발이 되었다고 한다.

현대를 살아가면서도 과거를 그리워 하는 곳이 바로 연포 마을이다.

객주집이 있던 자리 뒤로는 연포분교가 서 있다. 수년 전까지만 해도 20여 명의 학생들이 있었는데, 이제는 겨우 3명의 학생들 뿐이다. 젊은 사람들은 대처로 모두 나가고 마을에 남아 상록수의 꿈을 키우는 이들의 자녀들만이 겨우 학교를 지탱케 한다.

학교라고 해야 도시의 학교와는 사뭇 다르다. 학년이 모두 다르다보니 수업이라고 해야 개인 지도이고, 도시에서도 감히 하지 못하는 체험 학습과 현장 실습을 반복한다. 선생님과 강에 나가 물고기를 잡기도 하고 내일 일을 토론하기도 한다. 그래서인지 어설픈 시골 아이들과는 달리 자기 주장이 뚜렷하다. 학업 성취도는 뒤로 하고서라도 가장 개방적인 교육이

매일 반복되는 곳이다.

대부분의 동강 주변 마을과 마찬가지로 연포 마을에도 쉽게 눈에 띄는 게 잎담배 건조막이다. 예전에는 잎담배를 재배하는 것이 큰 벌이였다. 천재지변에도 정부가 보상을 해주고 수매도 확실하게 보장되었으니 괜찮은 벌이였다. 잎담배를 잘 말리기 위해서는 황토로 건조장을 지어야 했다.

보통 집의 지붕보다 훨씬 더 높게 기둥을 세우고 황토흙으로 벽돌을 만들어 쌓았다. 벽이 높다보니 쉬 무너지지 않게 하기 위해 모서리를 가로질러 통나무를 대기도 하고 황토에 갈대나 속새등을 섞어 흙의 결집력을 키우기도 했다. 벽에는 작은 문을 내고, 지붕 위로는 통풍구를 만들었다.

연포에 남아 있는 담배 건조막은 한결같이 옛 모습 그대로 남아있다. 비록 지금은 창고로 쓰는 곳이 많지만, 붉은 황토벽에 걸어놓은 옥수수 등의 곡식과 갖가지 연장은 산세를 빼닮은 주민들의 넉넉함과 함께 당장 농촌 생활사 박물관의 한 부분이라고 해도 어색하지 않다.

연포마을 뒤 언덕밭에서 바라보는 황토색 짙은 아름다운 봄의 정경

## 8경. 백룡동굴

정부가 동강에 댐을 건설하겠다고 했을 때 백룡동굴의 수장 문제가 처음으로 도마 위에 올랐다. 동강 물길에서 백룡동굴은 그만큼 국보급 이상이라는 점때문이다.

문회마을 상류로 나룻배를 타고 절매마을로 건너가 바라본 백룡동굴은 세속의 시달림에 몸을 숨기려는 모습이다.

평창군 미탄면 마하리 산 1번지 동강변에 있는 석회암 동굴인 백룡동굴의 입구는 해발고도 238미터 지점에 있으며, 동강의 수면으로 부터는 약 15미터 위에 있다. 동굴 입구의 좌우로는 모두 절벽이어서, 강 건너편 절매마을에서 배를 타고 가야만 접근이 가능하다.

지금도 절매마을에 살고 있는 정무룡씨 형제에게 1976년 여름은 동강 역사에 굵직한 한 획을 그었다고 해도 과언이 아니다. 동굴 통로 중간이 작아 출입할 수 없던 곳에 개구멍 정도의 구멍을 뚫어 동굴 내부의 규모와 경관이 학계에 처음 알려지게 되었다. 정씨가 처음 보았던 당시의 흥분은 분명 놀람과 충격이었을 것이다.

백룡동굴이란 이름은 동굴을 배태하고 있는 백운산의 '백'자와 동굴을

절매 정무룡 씨 집에서 강 건너로 보이는 백룡동굴 입구.
굳게 철문으로 밀봉되어 있고. 정씨의 눈길이 한치도 떨어지지 않고 있다

발견한 정무룡 형제의 돌림자인 '룡' 자를 따서 지어진 까닭도 이 때문이다. 백룡동굴의 발견 소식이 전해지자 부랴부랴 1976년 한국동굴학회는 한·일 합동 동굴조사를 실시하였고, 1년 만인 1977년 12월에 천연기념물 제 206호로 지정되었다.

백룡동굴의 총 길이는 1,240미터이며, 크게 3개의 굴로 이루어져 있다. 210미터가 되는 곳까지는 내부가 드러나 있고, 이 가운데 주굴의 길이는 780미터이다. 가지굴은 90미터, 199미터, 103.5미터로 조사된 바 있다. 백룡동굴이 다른 동굴보다 빼어난 점은 동굴 안에 있는 종유석과 석순이 특히 아름답고 최근까지도 활발하게 성장하고 있다는 점이다. 특히 기이한 모양의 종유석, 꽈배기 모양의 석순, 피아노 소리를 내는 커어튼형 종유석, 종유관, 동굴산호는 백룡동굴만이 가지는 특이한 동굴 생성물이다. 특히 달걀 후라이 모양을 한 석순은 다른 동굴에서도 발견되지만, 백룡동굴의 것들은 내부가 연노랑색이고 그 주위가 백색을 띄고 있어 계란 후라이와 똑같은 모양을 보이고 있다.

주굴은 통로가 넓어서 몇 사람이 같이 다닐 수 있을 만큼의 공간을 가지고 있으며 종유석, 석순, 석주, 유석 등 석회동굴 내에서 발견되는 거의 모든 동굴 생성물들이 전혀 훼손되지 않은 채 보존되어 있다. 주굴을 따라 왼쪽으로는 90미터의 가지굴이 발달되어 있

영구 보존키로 한 백룡동굴의 A굴의 석순 일명 김삿갓(사진 석동일 씨 제공)

302

는데, 여기에는 일반적인 종유석과는 다른 내부가 점토로 채워진 종유석이 발달되어 있다. 또 막장 부근의 주굴로부터 우측에 발달하고 있는 190미터의 굴에는 '별궁'이라고 명명된 작은 독방이 있다. 이 곳은 아름다운 휴석과 유석, 종유석이 어우러져 환상적인 경관을 보여주고 있다. 동굴 안에는 돌좀벌레, 장님굴새우, 장님애새우, 금띠노래기, 물좀벌레 등과 같은 30여 종의 동굴 생물이 서식하고 있다.

백룡동굴의 종유석과 석순 등의 동굴 생성물은 이미 세계에서 가장 아름다운 것으로 알려져 있고 학술적인 가치로도 또한 뛰어나다고 밝혀진 바 있다.

그러나 이러한 가치와는 달리 백룡동굴 내부를 표현하는 데는 곧 한계에 부딪치고 만다. 동굴 입구는 여러 겹의 쇠창살로 막히고 출입을 경고하는 살벌한 경고문이 눈을 의심케 한다.

동강의 영월댐을 건설하겠다는 의지를 굽히지 않는 수자원공사에서는 동굴 입구를 크라우팅 공법으로 막고 인근에 복제 동굴을 만들겠다고 했고 수장되면 스쿠버 다이버로 관광할 수 있는 명소가 될 것이라고도 했으니…

## 9경. 황새여울과 바위들

평창군 미탄면 마하리 뉘룬 마을 아래로 흐르는 강은 온통 여울밭이다. 문희 마을 앞의 무당소를 지나온 물이 마을을 지나 음지 뉘룬 쪽으로 돌면서 자갈여울, 큰 여울, 암반여울, 홍두깨여울, 황새여울로 이어진다. 그 가운데 황새여울은 물살이 가장 센 여울목으로 소문이 자자한 여울이다. 거센 물소리 틈으로 자리다툼을 하며 구르는 돌들의 부딪힘도 들린다. 황새여울은 뾰족한 바위가 물길에 널려 있어 물이 많지 않을 때 황새, 청둥오리와 같은 철새들이 날아들어 놀던 곳이라고 해 생겨난 이름이다. 그러나 정겨운 이름과는 달리 정선에서 영월로 내려가던 골안 떼꾼들의 숱한 애환이 젖어있는 여울이기도 하다.

황새여울은 여울 물길이 넓어 위험이 따를 것 같지는 않지만, 옛날 뗏목이 내려가다 걸리거나 줄이 끊어져 파손되는 일이 잦았던 곳이다. 물이 불어나면 여울목 한가운데에는 물이 쏠리는 '승문이 바우'라는 큰 바위가 있어 '쫌물'(물길 가운데 불룩하고 물살이 센 부분)을 타고 내려오는 뗏

황새여울은 위험한 여울에 보상이라도하듯 형형색색 크고 작은 바위들이 우쭐댄다.

목이 피하지 못하고 휩쓸려 들어가면 파손되는 일이 잦았다. 승문이 바우 뿐만 아니라 황새여울에 즐비한 날카로운 바위가 나무를 맨 칡줄이나 가래나무 줄을 훑어 끊어버리면 사공들은 나무와 물에 뒤엉켜 떠내려가게 된다. 이 때 목숨을 잃거나 다치는 경우가 비일비재했다.

황새여울은 정선 북면의 상투비리, 정선 용탄의 범여울, 영월 거운리의 된꼬까리와 함께 골안 뗏목길의 위험한 여울 중의 하나였다.

당시 동강 물길에서 황새여울이 얼마나 위험했는지는

      황새여울 된꼬까리 떼 무사히 지났으니
      만지산 전산옥이야 술판차려 놓게

라는 정선아리랑 가사만 봐도 알 수 있다.

황새여울을 타고 내려오는 래프팅 고무배가 황새여울에서 돌에 걸려 앞 뒤를 못가리는 것을 보면 오늘의 황새여울은 정도의 차이일 뿐 자갈 모래 톱과 물길을 내려오는 사람들을 긴장시키기도 한다.

이와는 대조적으로 물가에 드러나 모여 박힌 어른몸만한 바위들의 무리 는 형형색색의 모습과 함께 물, 바람과 햇볕 속에 정화된 느낌으로 하여 평화로운 하나의 자연조각 공원을 형성하고 있다. 이 암석정원은 작으나

304

그 어디에서도 볼 수 없는 경관으로, 돌들을 포함해 자연환경이 특별히 보
존되어야 할 곳이다.

## 10경. 두꺼비 바위와 어우러진 자갈·모래톱과 뻥대

영월읍 문산리 그무마을에서 남쪽으로 강을 따라 내려가면 강 옆으로
집채만한 커다란 바위가 길을 막아선다. 처음 봐선 바위 모양새를 알 수
없으나 바위 옆을 지나는 순간 두꺼비 한 마리가 웅크리고 앉아 금새 펄
쩍 뛸듯한 모습임을 알 수 있다.

동강 물길의 수많은 바위 가운데 이름에 가장 빼닮은 바위인지라 살아
있는 모습이다. 더욱이 물 한가운데에 있지 않고 물 가에서 숨을 쉬는 것
같다.

두꺼비 바위를 더욱 돋보이게 하는 것은 바위 앞뒤로 길게 이어지는 모
래밭과 강 건너편의 거무스레한 뻥대다. 두꺼비 바위가 있는 문산리 그무
마을 논들에서부터 길게 이어지는 모래톱은 동강의 모래밭 가운데 가장
길다고 해도 무리가 아니다. 또 강 건너편의 뻥대는 예사롭지가 않다.

동강 상류와 중류의 가파른 석회암 절벽과 같은 붉거나 희뿌연 모습을
드러내지는 않는다. 약간은 두리둥실하고 부드러운 모습은 주변 풍광을
담기에 부족함이 없다. 절벽 아래로 웅얼거리며 흐르는 물소리, 산마루에

동강 상류의 어리연 물목을 지키는 거대한 두꺼비바우. 모래톱, 앞 뻥대, 자갈톱이 물과 어울려 환상적이다.

서 강으로 내려부는 바람소리는 절벽에 어우러져 조화를 이룬다. 봄에는
흰 꽃을 얌전히 피우는 돌단풍들이 가을이 되면 옷을 갈아 입는다.

## 11경. 어라연(魚羅淵)

영월읍 거운리 동강에 위치하고 있다. 어라연은 일명 삼선암(三仙岩)이
라고도 하는데, 옛날 선인들이 내려와 놀던 곳이라고 하여 정자암이라고
부르기도 했다. 강의 상부, 중부, 하부에 3곳의 소(沼)가 형성되어 있고
그 소의 한가운데에 옥순봉(玉筍峯)을 중심으로 세 개의 봉우리가 물속에
서 솟아있는 형태이다. 푸르른 물속에서 솟아오른 듯한 기암 괴석은 주변
의 계곡과 어우러져 마치 한 폭의 산수화를 감상하는 느낌마저 주는 곳이
다. 바위 틈새로 솟은 소나무와 다양한 풀들은 맑은 물소리와 어우러져 금
강산을 축소해 놓은 모습에 비유되기도 한다.

1530년(중종 25년)에 간행된『신증동국여지승람(新增東國輿地勝覽)』에
는 세종 13년 어라연에 큰 뱀이 나타나 연못에서 놀기도 하고 물가를 꿈
틀대며 기어 다녔다는 기록이 있다. 하루는 물가의 돌무더기 위에 허물을
벗어 놓았는데, 길이가 수십 척이고 비늘은 동전만하고 두 귀가 있었다고
한다. 이곳 사람들이 비늘을 주워 보고하자 조정에서는 권극화(權克和)라
는 사람을 보내 실상을 조사하게 하였다. 권극화가 어라연에 당도해 연못

동강 12경의 절정을 이룬 어라연. 물길에서보나, 땅·하늘에서보나 모두 선경을 이룬다.

한가운데 배를 띄우자 갑자기 폭풍이 일어 배를 삼켜 버리고, 그 때부터 뱀의 모습 또한 보이지 않았다고 한다.

옛날 어라연 근처에는 어라사(於羅寺)라는 절이 있었으나 지금은 흔적만 남아 있다.

영월 읍내에서 약 35리 정도 떨어진 어라연은 길이 험해 사람들의 접근이 어려웠으나, 몇년 전부터 널리 알려지면서 여름철이면 관광객들이 많이 찾는 곳이기도 하다. 최근에는 정선군 신동읍 운치리 강변에서부터 레프팅으로 동강 물길을 따라 내려가던 사람들이 그 아름다움에 감동하던 곳이었으나, 영월댐 수몰 예정지의 골재 반출을 위한 임시 도로가 개설되면서 훼손되어 예전의 모습이 사라져 가고 있다.

## 12경. 된꼬까리와 만지

영월읍 거운리 만지 어라연을 돌아 내려가는 물길이 빚어놓은 여울목이다. 강물이 휘돌면서 물길 옆으로 강쪽을 향해 삐죽한 큰 돌이 향하고 있다. 옛날 떼꾼들은 이 바위를 가리켜 '문둥바우'라고 해 뗏목을 부딪히지 않기 위해 사투를 벌이곤 했다. 그러나 경험많은 앞사공이 바위를 피해가도 뒷사공은 떼를 틀지 못해 부딪혀 죽거나 다치는 일이 허다했다.

설사 문둥바우를 피했다고 해도 강에는 크고 뾰족한 바위들이 곳곳에 솟아있어 뗏목이 걸려 뒤틀리기 일쑤였다. 뗏목이 바위에 걸려 방향을 잡지 못하고 뒤틀리는 것을 '돼지우리친다'고 했는데, 긴 막대를 뗏목 밑에다가 집어넣고 사투를 벌이다가 뗏목이 미끌어져 내려가면 안도의 한숨을 쉬곤 했다.

정선에서 부터 영월로 가던 골안 뗏목길 가운데 위험한 곳으로는 아우라지 밑의 상투비리, 용탄의 범여울, 마하리의 황새여울, 거운리의 된꼬까리가 있었는데, 이 가운데 된꼬까리가 제일 넘어가기 버거운 물길이었단다.

된꼬까리를 지난 떼꾼들을 기다리는 것은 여울 바로 아래 만지에 있는 너댓곳의 술집이었다. 그 가운데 전산옥(全山玉)이 운영하던 주막은 가장 인기가 좋았다. 떼꾼들의 까다로운 눈썰미에 쏙 들 정도의 미모에다 정선 아리랑까지 잘 불러 밤새도록 떼꾼들과 잘 어울렸다. 더구나 된꼬까리를

지나 목이 좋은 곳에 위치한 까닭에 떼꾼들로 발디딜 틈이 없자 강변에 돌
로 움막을 지어놓고 술을 팔 정도였다.  오죽하면

> 황새여울 된꼬까리 떼 무사히 지났으니
> 만지산 전산옥이야 술판차려 놓게

라는 가사가 생길 정도였다.
　전산옥이 꾸리던 집터는 만지나루 산자락 아래에 밭으로 변해 남아 있
다. 멀리로는 된꼬까리의 거센 물소리가 들려오지만, 아리랑 가락은 들리
지 않는다.


　동강을 몇년째 답사하며 진경산수를 그려온 이호신화백의 귀한 ‘東江
12景(동강 12경)’을 접하매 가슴이 떨려 이에 여러분과 다시 한번 기쁨을
같이 하고자 한다.

# 東江 12景  李鎬信 作

1경. 가수리 느티나무와 마을 풍경

2경. 운치리 수동섶다리

3경. 나리소와 바리소

4경. 백운산과 칠족령

5경. 고성리산성과 주변 조망

6경. 바새 앞 뻥창과 마을

7경. 연포마을과 황토담배건조막

8경. 백룡동굴

9경. 황새여울과 바위들

10경. 두꺼비바위와 어우러진 자갈·모래톱과 뻥대

11경. 어라연

12경. 된꼬깔과 만지

# 2. 보호수

　보호수란 풍치 보존과 학술적 자료 및 번식을 위해 보호하는 나무다. 현재 동강 주변 마을에는 노거수(老巨樹)가 많이 분포하고 있다. 이는 이들 마을의 역사가 매우 오래되었다는 사실을 말해주고 있는 것이다. 현재 동강 유역에 있는 마을의 노거수는 몇몇을 제외하고는 특별히 보호수로 지정되어 관리되는 것은 없으나, 대부분 마을 수호목이라고 해서 마을 주민들 스스로가 보호하고 있다.

　마을에서 보호하고 있는 나무들은 대부분 관리가 양호한 편이나 평창군 미탄면 기화리의 수령 300년이 된 잣나무는 지난 1997년 벌채 당시 잘려나가는 피해를 당하기도 했다.

　따라서 남아있는 오래된 나무의 보호에 보다 정성을 기울이고, 그러지 않기를 간절히 바라지만 만에 하나 영월댐이 건설된다고 하면 동강 12경의 첫 자리를 차지하는 가수리 느티나무 등은 다른 곳으로 옮기는 필요성이 강구되어야 한다.

## 1) 삼옥 느티나무

영월군 영월읍 삼옥리

삼옥리 마을 아래 강변에 위치하고 있다. 수령은 약 530년이고, 높이는 약 28미터에 이르고 둘레는 7.3미터로 가지가 옆으로 넓게 드리워진 나무다. 1990년 수해당시 뿌리 부분이 유실된 적도 있으나 보호수로 관리되고 있다.

삼옥리 느티나무. 홍수의 맛을 단단히 보았다

## 2) 창마을 느티나무

정선군 신동읍 고성 2리

고성리 창마을 한가운데 위치하고 있다. 수령은 약 6백년이고, 높이는 약 40미터, 둘레는 9.5미터가 된다. 본래 3개의 가지로 이루어져 있었는데 1970년 폭풍우로 유실되고 지금은 두 가지만 남아있다. 마을의 수호목으로 보호받고 있으며, 한 쪽 가지는 부러질 위기여서 보호조치가 필요한 상태다. 1997년 나무를 보호하기 위해 나무 아래에 흙쌓기 공사와 주변정리를 마쳤으며, 1998년 2월 27일에는 마을 주민들이 모여 흥겹게 놀며 땅 다지기를 하기도 했다.

## 3) 고방 소나무

정선군 신동읍 고성 2리

정선읍 고성리 고방마을 옆 둔덕에 위치하고 있다. 수령은 약 300년이고, 높이는 약 20미터, 둘레는 4미터가 된다. 나무의 상태는 양호하며, 영월댐이 건설될 경우 나무 아래쪽 고성리 산성 입구에 있는 고방정(古芳亭)을 이 나무 아래로 옮길 계획이라고 한다.

창마을 느티나무. 나무도 사람의 애정어린 관심을 바라고 있다

고방 소나무. 고고하게 높게 자리하여 마을을 지켜주고 있다

## 4) 점재 느티나무

정선군 신동읍 운치리 점치

점재 나루터 위쪽에 위치하고 있다. 수령은 약 200년이고, 높이는 약 20미터, 둘레는 4.5미터가 된다.

점재 느티나무. 주민과 함께 이웃해서 살고 있다

## 5) 가수리 느티나무

정선군 정선읍 가수리 1반

정선초등학교 가수분교 교문 옆에 위치하고 있다. 수령은 약 700년으로 옛날 가수리에 들어온 강릉 유씨(江陵劉氏)가 심은 나무라고 전해온다. 높이는 약 35미터, 둘레는 7미터가 되는 나무로 가지가 무성해 매우 아름답다. 나무의 밑동은 어린 아이가 들어갈 만큼 큰 공동(空洞)상태여서 보호 조치가 필요하며, 현재는 마을에서 보호 관리하고 있다. 여름에는 나무 아래로 흐르는 강의 모습과 어우러져 마을 사람들의 휴식처이기도 하다.

318

가수리 느티나무.
동강변에 제일 나이가
많고 품격이 높다. 항상
어린이가 같이 놀아주고
주민이 벗하고 있다.

## 6)가수리 소나무

정선군 정선읍 가수리 1반

가수분교 옆 노인정 뒤에 있다. 수령은 약 300년 된 소나무로 높이는 약 20미터, 둘레는 1.5미터이다. 예전에는 절벽 위에 다섯 그루가 있어 오송적벽(五松赤碧)이라고 해 가수팔경(佳水八景)의 하나로 꼽았다. 상태가 양호하다.

# 9. 동강 마을 사람들의 옛 문헌

# 고문서와 전적

동강 유역은 영월, 평창, 정선의 경계 지역인데다 읍 소재지에서도 멀리 떨어져 있는 지역이다. 3개 군의 다른 지역에 비해 비교적 산세가 험한 곳에 위치하고 있으며 밭농사를 주로 하는 농경생활로, 경제적으로도 넉넉한 편은 아니었다. 또 옛날에는 전란의 피난처로 이용되어 전국에서 사람들이 숨어 들어와 살았다.

이때문에 이 지역에 오래 전부터 뿌리를 내리고 사는 사람들이 많았어도 글공부를 할 여유가 많지 않았기에 전적(典籍) 및 고문서(古文書)는 거의 없으리라고 생각되었다. 다만 대대로 사는 사람들이 많아 기대를 버리지 않았으나 실제로 많은 전적류를 가지고 있는 집안은 그리 많지 않았다. 그나마 한두 권쯤 물려받은 전적(典籍)은 한국전쟁 때 대부분 소실되었고, 간혹 전란의 피해를 입지 않은 집안도 후손들의 무지와 관리 소홀로 인멸된 경우를 볼 수 있었다.

그럼에도 불구하고 이번 조사에서 발굴된 자료는 그 양에 비해 중요한 것들이 많았다. 특히 평창군 미탄면 기화리 이화균 씨가 소장하고 있는 교지(敎旨)와 홍패(紅牌)는 조선시대 이 지역에서 살던 한 인물의 일생을 그려 볼 수 있을 만큼 개인사적으로도 큰 의미를 지님을 확인할 수 있다. 조선시대 사대부가 관직에서 일생을 보내며 어떤 경로를 거쳤는가를 보여주는 교지도 중요하지 만, 홍패는 더욱 귀중한 것이라고 할 수 있다. 조선시대 문과 급제자에게만 내리는 홍패는 붉은색의 종이에 급제 내용을 써서 내리는 일종의 문과 합격증서로, 그것 하나만으로도 사대부의 위상이 사회적으로도 인정받는 중요한 문서였다.

더군다나 보관의 부실과 전란 등의 영향으로 대부분의 홍패가 사라져 버린 현실에서 이화균 씨가 소장하고 있는 홍패는 보관 상태가 매우 좋아 평창 지역의 지방 행정사는 물론이려니와 향토사 연구에도 귀중한 자료라고 할 수 있다. 이 외에도 이화균 씨는 여러 권의 고문서를 소장하고 있는데, 보관 상태가 매우 양호하다.

정선읍 가수리와 신동읍 덕천리에도 전적류를 소장하고 있을 것으로 추정되는 몇몇 집을 찾아가 보았으나 대부분 인멸되고 더러는 드러내기를 극히 꺼리는 집안도 있었다. 따라서 보다 많은 자료가 있음에도 불구하고 여기에 빠진 전적 및 고문서들이 다수가 있다고 생각된다.

이번 조사를 통해 동강 유역에 있는 전적 및 고문서들을 발굴하고, 이들을 보다 잘 보존할 수 있는 계기가 마련되었으면 한다.

## 이화균(李和均) 씨 소장본

주소 : 평창군 미탄면 기화리

이도성 교지( 李道馨 教旨) 1
수필(手筆), 1첩(帖), 66×55.9cm
1887년(光緒 13年) 윤사월에 이도성을 법전에 의거하여 선략장군 행충무위부사(宣略將軍 行忠武衛副同)로 추증한다는 교지이다.

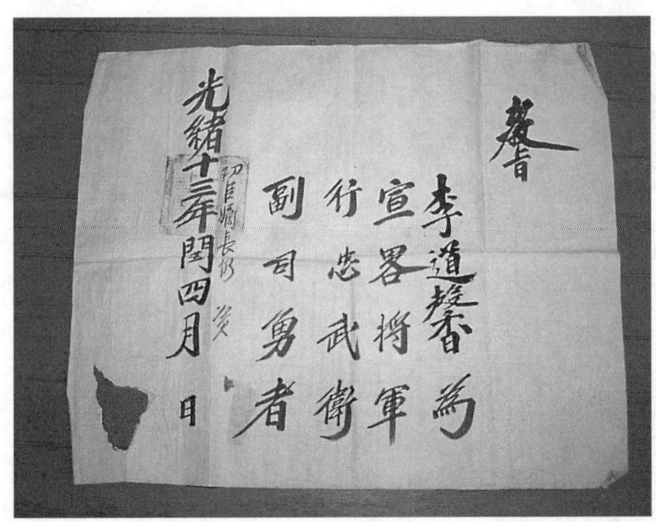

이도성 교지 1

이도성 교지 (李道馨 敎旨) 2

수필(手筆), 1첩(帖), 58.8×39.2cm

1902년(光武 6年) 11월 8일에 이도성을 정상품(正3品) 통정대부(通政大夫)에 추증하는 교지이다.

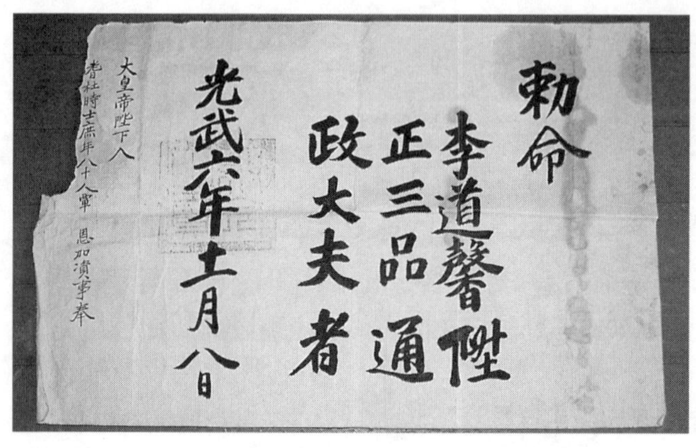

이도성 교지2

이동운 홍패(李東運 紅牌)

수필(手筆), 1첩(帖), 53.3×74.5cm

1888년(光緒 14年)에 이동운이 무과 병과에 38등으로 합격한 내용을 기록한 문서이다. 홍패란 문과·무과에 합격한 사람에게 내리는 일종의 합격증서로서 붉은색의 종이에 써서 내리는 급제 증서이다.

문과 급제자에게 내리는 홍패는 흔하나 무과 급제자에게 내리는 홍패는 그리 흔하지 않다.

이동운 홍패 앞면

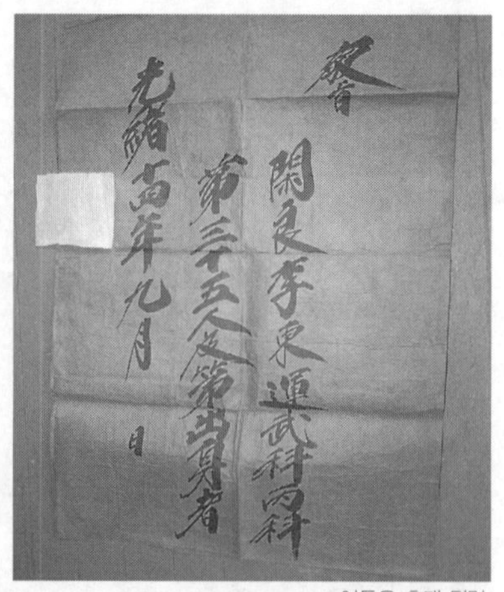

이동운 홍패 뒷면

이동운 교지 (李東運 敎旨)

수필(手筆), 1첩(帖), 52×47.3cm

1888년(光緒 14년)에 이동운을 선략장군 행용마위부사(宣略將軍 行龍衛副司)로 임명하는 교지이다.

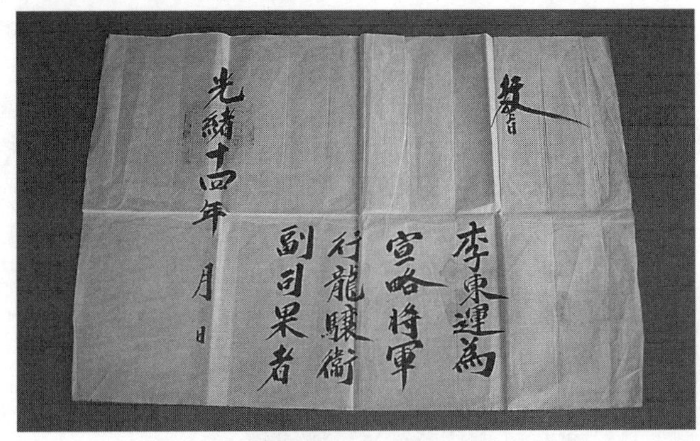

이동운 교지

천기대요 상,하 (天機大要 上·下)

필사본(筆寫本), 2책(冊), 18.5×26.3cm

1737년(英祖 13年) 여름(丁巳夏)에 간행된 책이다.

천기대요
상권과 하권

후비(后妃)

필사본(筆寫本), 1책(冊), 16.5×22.3cm

상국(相國), 성현(聖賢), 열녀(烈女), 비첩(妓 ) 등에 관하여 기록한 책이다.

이들 외에도 이화균 씨 집안에 소장하고 있는 전적들이 더 있으나 비교적 중요한 것들만 소개하고 나머지는 생략하였다.

## 이영재(李英宰) 씨 소장본

주 소 : 정선군 신동읍 덕천리 바새

신식유서필지(新式儒胥必知)
목판본(木版本), 1책(冊), 18.2×25.6cm
　조선시대의 서식, 상소문, 팔도 13계 등 생활에 필요한 글들을 기록해
놓은 책이다.

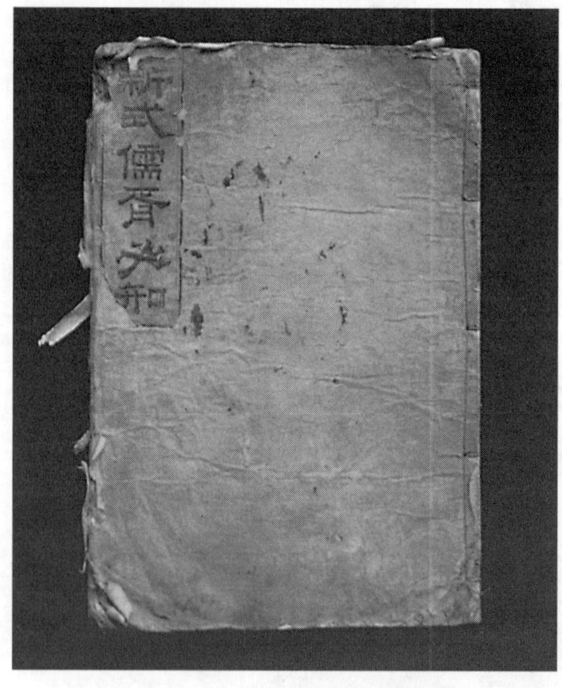

신식유사필지 표지

# 10. 정선 뗏목과 떼꾼들의 삶

# 1. 뗏목의 역사

동강은 신석기 시대 이래로 사람들이 모여 살면서 오랜 역사를 같이 흘러 왔다. 그러나 아득한 역사와는 달리 강다운 모습으로 흐르기 시작한 때는 고려가 멸망하고 조선왕조를 세운 이성계가 한양에 도읍을 정하면서 부터다.

태조는 즉위 2년 8월 신하들과 함께 한양을 중심으로 흐르는 한강을 보고 '조운(漕運)하는 배가 통하고 사방의 이수(里數)도 고르니 백성들에게 편리할 것'이라고 했다. 한양천도를 염두에 둔 이 말에 좌정승 조준(趙浚)과 우정승 김사형(金士衡) 등이 '한양 안팎으로 사방 도로의 거리가 균평(均平)하고 수륙의 교통이 잘 되는 곳이니 여기에 도읍을 정하여 길이 후세에 전하는 것이 참으로 하늘과 사람의 뜻에 합치되는 바입니다.'고 아뢰어 태조의 한양천도를 결심케 했다.

한양천도는 정치·군사적 정황 외에도 풍수지리적인 영향이 컸다.

당시 한양으로 흐르는 강의 기능 가운데 가장 중요시 되었던 것은 조운이었다. 조세로 징수한 미곡(米穀)과 포백(布帛:베와 비단)을 강을 통해 운송하는 조운제도는 이미 고려 초 성종때 제도화 되었지만, 도읍을 한양으로 옮긴 뒤 부터는 전국의 세곡이 물길을 따라 운송되었다.

『경국대전』에는 조선시대에 9곳의 조창(漕倉)을 두었다는 기록이 있다. 한강에는 소양강창(昭陽江倉)을 춘천에, 가흥창(可興倉)을 충주에, 그리고 수곡 구역이 영월·평창·정선인 흥원창(興源倉)을 원주에 두어 강원·충청도의 세곡을 한양의 경창(京倉)으로 옮겼다.

한강의 조운 기능이 활발해지면서부터 상류인 동강 유역 또한 사람들로 붐비기 시작했다.

# 2. 벌목과 뗏목 제작

동강은 물길이 험한 관계로 배의 이동에 어려움이 컸다. 이 때문에 강 상류에서 벌목된 나무를 서울까지 실어 나르는 수단으로 뗏목을 이용하게 되었다.

태조 이성계는 한양천도와 함께 1년만에 새 궁궐인 경복궁을 짓기 시작하면서 엄청난 물량의 원목이 필요했다. 이렇게 지은 경복궁은 그 후 임진왜란때 모두 불에 타 273년 동안 방치되었다가 1876년 대원군이 중수를 시작했다. 공사 초기에는 신분 구별없이 고른 원납전 징수와 부역으로 공사가 순조로웠지만, 공사 시작 이듬해 봄 재목장에 큰 불이 나 나무가 모두 타면서 공사에 차질을 빚게 되었다. 대원군은 전국의 원목 산지에 재목을 급히 보낼 것을 명했고, 한강 상류인 인제와 정선에서 뗏목으로 엮은 원목의 수송은 본격적으로 시작되었다.

『영건일람』(營建日覽)에는 경복궁 중수 당시 정선과 인제 등지에서 대부분의 목재가 운송되었다는 사실과 대원군이 인부들을 위로할 겸 종종 잔치를 베풀었다고 기록하고 있다.

동강 물길 상류인 태백산, 오대산, 노추산, 황병산 등지에 지천으로 널린 소나무들은 생장활동이 느린 늦가을이나 겨울에 산치성(山致誠)을 드리고 벌목되었다. 목재로 쓰이는 소나무들을 봄, 여름에 베면 청태가 끼거나 빛깔이 변해 목재로서의 가치가 떨어지기 때문이다.

이렇게 강 상류 곳곳에서 벌채된 원목(原木)은 골지천(骨只川)을 통해, 오대산 지역에서 벌채된 나무들은 송천(松川)을 이용해 아우라지로 떠내려와 강가에 차곡차곡 쌓였다.

우수, 경칩이 지나  강물이 붙거나 큰 비가 내리면 겨우내 수북하게 쌓

아 놓았던 나무를 목도꾼들이 풀어 강으로 옮긴다. 두사람, 네사람, 여섯
사람, 여덟사람 등이 한 조가 되어 목재의 양 끝에 줄을 매고 목도채를 끼
워 옮긴다.

　보통 아름드리 원목을 옮기는 일에 발을 맞춰 쉽게 옮기기 위해 소리를
주고 받는 목도소리를 불렀다.


　오 허이
　　오 허이
　어 허이
　　어 허이
　허여차 허여
　　허여차 허여
　허여헝 허여
　　허여헝 허여
　어 놓고
　　여 놓고
　허이 요
　　허이

정선 떼꾼 문선수씨로부터 뗏목 만드는 과정을 기록하는 필자

  강에 옮겨진 나무들을 떼를 타고 갈 앞사공과 뒷사공이 직접 떼로 엮는
데는 2, 3일이 걸렸다. 일제시대 전까지 떼를 매는데는 칡줄기나 다래나
무, 느릅나무 껍데기를 꼬아 썼으며 나중에는 새끼줄을 사용하기도 했다.
  뗏목은 12자에서 18자 정도의 소나무 15개 내지 20개를 엮어 한 동(棟)
으로 만들고, 5동(棟) 내지 6동(棟)을 하나로 이어 한 바닥(한 판)을 만들
었다. 물길에 뗏목이 쉽게 풀어지지 않게 하기위해 원목 위에 가로질러
'둔테'를 메고 ×자 모양의 '가줄'을 치기도 했다. 뗏목의 앞뒤로는 Y자
모양의 '깍장발이'를 만들어 노의 구실을 하는 '그레'를 나무 가랭이에 얹
었다. 그레는 스무 자쯤 되는 소나무나 참나무를 깎아 물살을 받는 아래
부분은 넙적하게 만들고, 손에 쥐는 부분은 젓기에 편할 만큼 만든다.

# 3. 강치성과 벌류

뗏목이 떠내려갈 무렵이면 인근 마을까지 술렁거렸다. 그러나 떼가 떠나는 날에는 떼꾼의 아내는 물론 부녀자들은 부정을 탄다고 해 나루터에 접근할 수 없었다.

떼가 출발하기에 앞서 목상은 떼꾼들과 함께 안전한 운행을 빌며 고사를 지내는데 이를 '강치성'(江致誠)이라고 한다. 돼지머리를 가운데에 두고 채나물 세접시, 메 세 그릇을 진설한다. 이때 올리는 강치성의 제문(祭文)은 다음과 같이 시작되는데 무사하강을 비는 내용으로 끝난다.

유세차
불계부정 택일하여
홍동백서 좌포우혜
외적내통 진설하고
소질발원 하나이다.
동해갑을 용왕신
남방병정 용왕신
서방경신 용왕신
북방임계 용왕신
소례로 드린 정성
대례로 받으시고
아우라지를 출발하니
아우라지밑 상투비리
......〈중략〉......

여울 여울 굽이 지나
무사하강을 비나이다
무사하강을 비나이다


치성을 잘못 드리거나 부정을 타면 물귀신이 잡아간다고 해 정성을 다
해 올렸다.

1900년대 초반에 들어서면서 강치성은 거의 사라져 일제시대부터는 특
별한 경우를 제외하곤 치성을 드리지 않았다고 한다.

강치성이 끝난 떼꾼들은 목상으로부터 목재의 수가 기록된 '발기'와 여
비를 받아 출발한다. 떼꾼들은 부수입을 올리기 위해 목상 몰래 떼 밑바
닥에 몇 개의 나무를 더 달아 떠나곤 했다.

뗏목은 봄철부터 늦가을까지 계속 되었다. 해빙과 더불어 한식(寒食)이
지나면 시작되는 첫 떼인 '갯떼기'는 보통 이른 봄인 3, 4월에 떠나고 마
지막 떼인 '막서리'는 늦가을에 떠났다.

뗏목에는 앞사공과 뒷사공이 탄다. 정선에서 영월 덕포나루까지 골안
물길을 가는 사공들이 있고, 정선에서 서울까지 줄곧 가는 사공들이 있
다.

정선~서울행 떼는 목상이 신뢰하는 떼꾼 만이 탈 수 있었다. 거친 골
안 물길을 안전하게 지나고 서울에 나무를 시간에 맞게 운송해 목상의 눈
에 든 떼꾼들은 겨울에도 돈을 미리 받아 쓰며 생활을 할 정도였다.

앞사공은 강물의 유속이 빠르고 겉보기에도 물의 볼록한 부분인 '물말
기'(쫌물)를 잘 타면서 떼가 물길에 뒤엉키는 '돼지우리'를 치지 않도록
물길을 찾아 운행하는 일이고 뒷사공은 앞사공을 보조하는 역할을 한다.

정선을 출발한 떼 세 바닥은 영월에 도착해서 한 바닥으로 합쳐지고 다
시 서울로 향하게 된다. 열흘에서 보름정도 걸려 서울 광나루, 삼개나루
(마포나루) 등지에 도착해 뗏목을 주인에게 넘긴다. 정선을 출발할 때 받
은 '발기'에 기록된 나무와 도착한 떼의 나무 수량을 강주인(江主人)이 확
인한 후 운임을 받았다.

당시 서울을 오가던 많은 떼꾼들은 술과 투전(鬪錢)으로 돈을 날리고 빈
털털이로 고향 땅에 돌아오기 일쑤였다. 극히 드물기는 했지만 건실하고

334

재리에 밝은 떼꾼은 광목 등의 물건을 사와 팔면서 경제적 발판을 마련하기도 했다.

 사람들이 떼꾼들을 '떼강아지'라고 비하시키는데 반해 스스로를 가리켜 '강통(江通, 江統)'이라고 평가절상 시키는 이들은 한국전쟁 이후 트럭이 운목의 역할을 대신하고 1960년대 들어 태백선 열차가 개통되면서 서서히 손에서 일을 놓게 되었다. 간헐적으로 1970년 초까지 계속되던 뗏목은 도로가 개통되면서 사라지고 떼꾼들과 술집 여자들 또한 뿔뿔이 흩어져 갔다.

현재 살아있는 떼꾼들 가운데 서울을
갔다온 경험이 가장 많은 신경우
할아버지

# 4.동강 물길의 여울과 주막

정선에서 영월까지 골안 물길은 뗏목으로 하루 남짓 걸리고, 영월에서
서울까지는 통상 보름 가량이 걸리지만, 물이 많고 적음에 따라 약간은 달
랐다. 그러나 갈길 바쁜 떼꾼들의 발길을 붙잡았던 것은 동강 물길 옆으
로 즐비한 술집들이었다. 40여년 전까지만해도 동강 물길에는 백여 곳이
넘는 객주집이 들어서 강변 경제권을 이루었다. 아우라지에서 이른 아침
에 출발한 떼꾼들은 강변 곳곳의 술집에 들러 흥겨운 술판을 벌이고 떠나
곤 했다.

떼꾼들이 술과 여자와 투전 등에 빠지는 것은 위험한 물길때문이기도
했다. 아우라지에서 출발한 뗏목은 아우라지 밑에 칼돌이 삐죽삐죽한 상
투비리를 지나 용탄의 범여울, 평창군 미탄면 마하리의 황새여울, 영월 거
운리의 된꼬까리와 같은 위험한 물길과 싸워야 했다. 바위들이 가득한 여
울은 뗏목을 엮은 줄을 끊어놓아 떼를 파손시켰고, 떼꾼들의 목숨을 앗아
가기도 했다.

떼가 자주 파손되는 곳 아래에 있는 술집은 떼를 고쳐 매려는 떼꾼들로
인해 매상이 급상승하기도 했다.

시간이 급박한 경우를 제외하고는 해가 지면 운행하지 않았으며, 밤에
는 떼를 '버레'에 단단히 매고 잤다.

## 아우라지-덕포간의 여울

상투비리(아우라지 밑)-소가리골(북평아래)-비귀미여울(정선읍 덕송 1
리)-왕바우서리(봉양리)-진펄(봉양리)-범여울(정선읍 용탄리 노미)-새 범
여울(범여울 아래)-열두절(정선읍 광하리)-큰여울(평창군 미탄면 마하리
뉘룬)-암반여울(큰여울 아래)-홍두깨여울(암반여울 아래)-황새여울(평창
군 미탄면 마하리)-된꼬까리(영월읍 거운리 만지)-재남문(영월읍 삼옥리)

아우라지에서 덕포 간의 여울 가운데 가장 험난한 여울은 용탄의 범여
울, 평창 미탄의 황새여울, 영월 거운리의 된꼬까리로 뗏목이 파손되거나
떼꾼들의 목숨을 잃는 경우가 많았다. 이 때문인지 떼를 보낸 아낙네들은

우리집의 서방님은 떼를 타고 가셨는데
황새여울 된꼬까리 무사히 다녀가셨나

라는 아라리를 부르곤 했다.

동강 물길에서 가장 위험한 여울중의 하나인 용탄의 범여울이 도도하기만 하다

## 정선-영월간 정류처(停留處)와 주막(酒幕)이 있는 마을

아우라지-장열-나전-애산리-진펄-세대-노미-귀리뻘-광하-귤하-뒷대벌-수미-가탄-해매-고재뻘-수동-점치-갈벌-소골-제장-바새-연포-가정-문희-진탄-그무-만지-섭새-먹골-둥글바우-덕포

이 가운데서 조양강이 동남천과 만나는 정선읍 가수리 수미에 있는 주막과 정선군 신동읍 운치리 점재의 욕쟁이 할머니집, 정선군 신동읍 덕천리 연포, 영월읍 문산리 그무와 거운리 만지의 전산옥이 꾸리던 집은 비교적 규모가 큰 주막이었다.

특히 만지의 전산옥이 꾸리던 주막은 동강 물길에서 가장 큰 주막으로 술시중을 들던 여자만도 10여 명에 이르렀다. 전산옥은 빼어난 미모에다 정선아리랑과 같은 소리를 잘해 떼꾼들에게 특히 인기가 많았으며, 정선아리랑 가사에 실명으로 등장하는 몇 안되는 인물이기도 하다.

# 5. 떼꾼에 얽힌 일화

떼꾼들의 힘겨우면서도 질펀한 삶만큼 그 이면에 깔린 일화(逸話)는 많다. 특히 동료의식에 가득찬 그들의 의리와 술집 여자들과의 '편력(遍歷)'에 얽힌 생활사적 이야기는 도덕의 잣대로 평가할 수 없는 무한한 가치를 지닌다고 볼 수 있다.

## 1) 썩쟁이와의 유희

떼꾼들이 머무르던 주막집의 여자를 '갈보' 또는 '썩쟁이'라고 불렀다. 보통 '썩정이', '썩재이'라고 하는데, 이 말은 경기도에 있는 '석정(石貞)네'라는 유명한 주막집에서 따온 것이다.

'갈보'라고 불리는 여자들의 나이는 대개 20대에서 30대로 전국 각지에서 몰려 들었다. 이들은 떼꾼들의 술시중을 들거나 몸을 팔기도 했다. 흔치는 않았지만 떼꾼과 눈이 맞은 여자들은 이른 아침 몰래 뗏목에 올라 떼꾼들과 도망을 가 경기도 등지에서 살기도 했다.

동강 물길에서와는 달리 잔잔한 남한강 물길에서는 거룻배에 술과 안주와 장구를 싣고 여자들이 다가왔다. '들병장수'라고 하는 이들 여자들은 배를 떼 뒤에 매달고는 떼판에서 떼꾼들을 상대로 술을 팔고 장사를 했다. 바다의 어선과는 달리 떼위에 여자들이 오르는 것을 떼꾼들은 전혀 금기(禁忌)로 여기지 않고 오히려 반기기까지 했다.

## 2) '떼돈 벌었다'는 돈

떼꾼들이 받는 품삯을 '고전(高錢)'이라고 했다. 정선에서 영월까지 떼를 운행하고 받는 돈은 농사를 짓는 일에 비해 큰 돈이었다. 30여년 전까지만 해도 동강 유역 사람들이 죽을 때까지 쌀 두 말을 못먹고 죽었다고 할 무렵 서울까지 한 번 다녀오는데 받는 돈은 쌀 다섯 가마를 살 정도였다. 떼꾼들은 떼를 한번 타면 "떼돈번다"고 할 정도로 운행삯은 큰 돈이었다. 당시 농사짓는 사람들에게 현금은 매우 가치있는 것이어서 떼 한두 번만 타면 1년은 먹고 살 수 있었기에 너도나도 떼를 타려고 했다. 더욱

떼꾼들의 아리리가 메아리치던 연포마을의 주막집

연포마을에서 주막집을 꾸리던
이행복 할머니

이 서울까지 가면 큰 돈을 번다는 사실을 알고있는 떼꾼들 사이에는 뇌물을 주면서까지 서울행 떼를 타려고 애를 썼다.

### 3) '돼지우리 쳐라'는 말

떼꾼들이 험한 물길을 내려가면서 가장 많이 듣던 말 가운데 하나가 바로 '돼지우리 쳐라'는 말이다. 뗏목이 여울살을 빠져 나가다 보면 바위에 걸리거나 부딪쳐 방향을 잡지 못하고 뒤엉켜 꼼짝도 하지 못하는데, 이러한 현상을 '돼지우리 짓는다'고 했다.

떼가 돼지우리를 지으면 떼꾼들은 떼에 싣고 다니던 긴 막대기를 떼 밑바닥 쪽으로 밀어넣고 떼를 넘기려고 안간힘을 썼다.

이러한 떼꾼들의 고통과는 달리 떼가 내려갈 때면 강변에서 놀던 아이들은 떼꾼들을 향해 '돼지우리 쳐라'며 고래고래 소리를 질러대곤 했다.

대부분의 떼꾼들이 이런 말을 들으면 흘려 넘겼지만, 몇몇 떼꾼들은 떼를 강가에 대고 화를 내면 어린 아이들은 좋아라고 오곤 했다.

동강 물길에서 '돼지우리 쳐라'는 말은 어린 아이에서부터 노인들에 이르기 까지 가장 흔하게 쓰던 말이었다.

# 6.떼꾼들이 부른 소리

## 1) 아라리

떼꾼들은 떼를 타고 내려가는 동안 따분함과 무료함을 달래기 위해 소리를 하게 된다. 자기와 자연(물)과의 싸움에서 이겨야만 살 수 있다는 생각에서 무사함을 빌며 적막함을 달래기 위해 아라리를 불렀고 술집에서 여자들과 어울려서도 아라리를 불렀다. 이 때의 아라리는 그들에게 고(苦)는 낙(樂)으로, 애(哀)는 환(歡)으로 바꾸려는 의지가 담긴 노동요(勞動謠)이자 유희요(遊戲謠)와도 같았다.

가) 황새여울 된꼬까리 떼 무사히 지냈으니
영월덕포 공지갈보 술판을 닦아놓게


나) 황새여울 된꼬까리에 떼를 지어 놓았네
만지산 전산옥(全山玉)이야 술상 차려놓게


다) 오늘갈런지 내일갈런지 뜬구름만 흘러도
팔당주막 들병장수야 술판벌여 놓아라


라) 술잘먹고 돈 잘 쓸때는 금수강산 일러나
술 못먹고 돈 못쓰니 적막강산 일세


가), 나), 다)는 떼를 타고 가며 부른 아라리 가사지만, 라)는 술과 여

주막에서 여자들과 어우러져 부르던 소리는 아라리였다.

자와 노름판에서 투전으로 빈털털이가 되어 귀향하며 부른 가사이다.

떼꾼들이 떼를 타고 아라리를 부르면서 지나가면 주막의 여자들은 술을 팔기 위해 다음과 같은 노래로 받았다.

놀다가세요 자다가세요 잠자다 가세요
그믐초성 반달 뜨도록 놀다가만 가세요

정선 떼꾼이 오고가던 곳에 심어진 정선아라리는 듣는 이의 가슴을 울리는 청승맞음으로 인해 입에서 입으로 곳곳에 전해지게 되었고, 그 곳의 가락과 문화적인 특징이 더해지고 용해되면서 또 다른 아리랑을 싹틔워 놓았다.

동강 물길은 물론 한강 유역의 충주, 여주 등지에 정선아리랑과 유사한 소리가 많다는 사실은 떼꾼들이 소리의 전파자였음을 증명해 준다.

## 2) 뗏목 넘기는 소리

뗏목이 내려가다가 바위에 걸리면 떼가 뒤엉켜 '돼지우리'를 짓게 된
다. 대부분의 경우에는 앞사공과 뒷사공이 떼에 싣고 가던 긴 막대를 떼
밑에 넣고 들썩거리다 보면 떼가 미끄러져 내려가지만, 꼼짝하지 않을 때
도 많았다. 앞사공과 뒷사공만으로 힘에 부치면 지나가던 떼꾼들의 도움
을 청하기도 했다. 떼꾼사이의 동료의식은 대단해 앞서 가던 떼가 파손되
거나 걸리기라도 하면 갈 길을 멈추고 도와 주었다.

떼꾼 여럿이 긴 막대를 밑바닥에 다시 넣고 뗏목을 넘기기 위해 힘을 썼
다. 뗏목을 달래듯 힘을 안배하며 한 사람이 소리를 메기면 나머지 사람
들이 '오오차' 하는 소리를 받아 부르며 힘을 썼다.

  오호차
이낭구 보게 몸부림을 한다네
  어어차
한 번만 더하이면 될듯하네
  어어차
한치두치
  어어차
일세 번쩍에
  오호차
이고개 보게 옛날부턴 소문이 났다네
  오어차
목상은 보믄 흔심 적겠네
  오오차
우리야 사공들 앳고갤세
  오오차
여차하니 한번만 더하이면 될듯하네
정동같은 팔심으로

오허차

삼동허리를 고분 곱상에

오오차

어데가 절렸나 저린데 마끔

오오차

이낭기 지남석이 찡얼어 붙었다네

오오차

어데가 절련지 절린데 마끔

오오차아

무지 공산에 잘자란 낭기

오오차

이렇게 가도 한양을 간다네

오오차

떳목 넘기는 소리를 부르는 이명근
할아버지

'무지 공산에 잘자란 낭기 이렇게 가도 한양을 간다'며 달래던 떼가 미끄러 빠지면 뗏목을 강가에 대고 풀어지지 않도록 고쳐 매고 다시 출발을 했다.

떼꾼들이 부르던 뗏목 넘기는 소리는 즉흥성으로 인해 노랫말이 다양했지만, 뗏목이 동강 물길에서 사라지면서 몇몇 떼꾼들의 기억에나 남아있는 소리가 되었다.

참 고 문 헌

『조선왕조실록』
『신증 동국여지승람』
『정선총쇄록』


강원도, 『민속지』, 1989.

　　　　『강원도사』역사편, 1995.

　　　　『조선왕조실록 강원도 사료집』상 · 하권, 1995.

강대현 외, 『한강사』, 서울특별시, 1985.

김삼기 외, 『강원도 산간지역의 가옥과 생활』, 국립민속박물관, 1994.

김의숙, 『강원도민속문화론』, 집문당, 1995.

김태정, 『약이 되는 한국의 산야초』, 국일미디어, 1994.

김호길 외, 『남한강 천리 물길 따라서』, 한국이동통신 강원지사, 1995.

박수현, 『한국의 외래 · 귀화식물, 대원사』, 1996.

백홍기 외, 『정선군의 역사와 문화유적』, 정선군 · 강릉대학교 박물관,
　　　　　　1996.

엄흥용, 『영월 땅이름의 뿌리를 찾아서』, 영월군, 1995.

원종관 외, 『백룡동굴 학술조사 보고서』, 평창군, 1989.

이형석, 『한국의 하천』, 홍익재, 1989.

이형석 외, 『한강』, 대원사,1990.

진용선, 『정선아리랑 찾아가세』, 다움, 1997.

　　　　『정선아라리, 그 삶의 소리 사랑의 소리』, 집문당, 1993.

　　　　『정선 신동읍 지명유래』, 정선아라리문화연구소, 1996.

　　　　『강원도 산성 기행』, 집문당, 1996.

　　　　『정선의 민요』, 정선아리랑연구소, 1998.

차용걸 외, 『정선 고성리산성과 송계리 산성 및 고분군』,
　　　　　　충북대 호서문화연구소, 1997.

최영희 외, 『영월군의 역사와 문화유적, 한림대학교 박물관』, 1995.

한창균 외, 『정선 덕천리 소골 유적』, 단국대학교 중앙박물관, 1993.

영월군, 『영월군지』, 1992.

평창군, 『평창군지』, 1979.

평창문화원, 『미탄면지』, 1988.

정선군, 『정선군지』, 1978.

　　　　『정선의 향사』, 1993.


김소구, 「동강댐의 안전과 지진문제」, 〈동강댐대토론회자료집〉,
　　　　환경운동연합, 1999.

김혜정, 「우리도 '동강 국립공원'을 가져보자」, 〈산〉(1998. 9),
　　　　조선일보사.

박현철, 「동강 주변 동굴 2백 30개 넘는다」, 〈함께 사는 길〉(1998. 12),
　　　　환경운동연합.

석동일, 「백룡굴 남근석」, 〈함께 사는 길〉(1998. 10), 환경운동연합.

전영우, 「조선시대의 소나무 시책」, 〈숲과 문화〉통권 7호, 1993.

지현병, 「영월댐 수몰지구의 문화유적」, 〈동강댐대토론회자료집〉,
　　　　환경운동연합, 1999.

진용선, 「아리랑이 흐르는 강, 동강」, 〈동강댐대토론회자료집〉,
　　　　환경운동연합, 1999.

　　　　「영월댐 수몰 예정지역의 지명유래」, 〈아라리문학〉제17집, 1998.

　　　　「뗏목과 정선아리랑이 함께 흐르던 강」, 〈산〉(1998. 9),
　　　　조선일보사.

　　　　「정선 뗏목길 따라 천리길」, 〈코리아라이프〉(1994.7~1994.12),
　　　　코리아라이프사.

　　　　「정선 동강」, 〈태백〉(1995. 8), 강원일보사.

　　　　「정선 뗏목아라리」, 〈미래정선〉, 정선미래발전연구회, 1992.

　　　　「동강 유역의 민요·설화 녹음자료」(1~16), 1991~1998.

　　　　「정선의 약재」(미발표), 1992.

한상훈, 「동강의 자연생태적 가치」, 〈동강댐대토론회자료집〉,
　　　　환경운동연합, 1999.

현진오, 「동강의 희귀 식물」, 〈동강댐대토론회자료집〉,

환경운동연합, 1999.

강원일보 1998년 8월 21일자 기사. '영월군민 83% 댐건설 반대
    (유병욱)'.

강원도민일보 1997년 11월 24일자. '영월댐 수몰지 대규모 지표조사'.

경향신문 1999년 4월 9일자. 영월·정선일대 '지진공포'(김판수)'.

국민일보 1998년 4월 29일자 시론. '영월댐 백지화해야(이규섭)'.

내일신문 1999년 3월 10일자. 긴급보고 '사라지는 것은 동강만이
    아니다'. 기사.

뉴스메이커 1999년 1월 14일자(통권 306호). '동강은 흐르고싶다'
    특집(p42~55).

동아일보 1998년 10월 30일자 사설. '동강댐 재고해야'.

대한매일 1999년 4월 1일~4일자 특집 기사. '심층조명 영월댐'.

문화일보 1998년 7월 29일자 특집 기사. '영월 동강댐 긴급진단'.

서울신문 1993년 7월 2일자 기사. '영월댐 건설싸고 찬반 팽팽(정호성)'.

영월저널 1993년~1999년 기사 및 시론.

조선일보 1997년 9월 12일자 사설. '동강을 택해야'.

조선일보 1999년 4월 16일자 시론. '동강 개발, 정말 안된다(최재문)'.

조선일보 1999년 4월 23일자 시론. '동강댐, 반대만 할 것인가(김승권)'.

한겨레신문 1998년 8월 18일자 사설. '영월댐의 득실'

한겨레신문 1999년 3월 12일자 기사. '굽이굽이 아리랑가락이 흐르는
    물줄기(김종태)'.

한국일보 1999년 2월 25일자 기사. '다시 못볼 선계의 비경 동강
    (권오현)'.

한국일보 1999년 3월 15~19일자 특집 기사. '동강댐 총점검'.

**진 용 선** (秦 庸 瑄 )

강원도 정선군 신동읍 조동리 출생.
인하대학교 독문과와 대학원 졸업.
1985년 심상(心象) 신인상 당선으로 등단.
싱가폴휴먼서비스 통역관 역임.
저서「정선 아라리, 그 삶의 소리 사랑의 소리」,「아라리 정선 아라리」,
「강원도 산성 기행」,「정선 신동읍 지명유래」,「정선 아리랑 찾아가세」,
「정선의 민요」,「중국 조선족의 아리랑」,
「해외동포 아리랑」CD
현재 정선아리랑 연구소장, 정선아리랑학교장, 강원도 문화재 전문위원

# 동강 아리랑

글 쓴 이 · 진 용 선
펴 낸 이 · 이 수 용
편집디자인 · 관훈 기획
제 판 인 쇄 · 홍진프로세스
제 책 · 민중제책
펴 낸 곳 · **수문출판사**

1999. 5. 17  초 판 인 쇄
1999. 5. 22  초 판 발 행

출판등록 1988. 2. 15 제 7- 35
132—033 서울 도봉구 쌍문 3동 103-1
전화 994-2626, 904-4774  전송 906-0707

ⓒ 진용선

*파본은 바꾸어 드립니다.

ISBN 89-7301-701-2